한국산업인력공단 최근 시행 출제기준!!

최단기완성

조리기능사 필기시험문제 총정리

박 순 저

한식·양식·중식·일식·복어조리 통합 수험서

NCS 기반 출제기준에 따른 최단기 명품 수험서!!

시험 과목별 출제예상문제 및 문제와 정답 완전해설!!

시험 과목별 핵심이론 완전요약 정리하여 수록!!

대한민국 대표브랜드

국가자격 시험문제 전문출판

에듀크라운
국가자격시험문제 전문출판
www.educrown.co.kr

최고의 적중률!! 최고의 합격률!!

크라운출판사
조리·제과제빵·조주 등 서비스 서적사업부
http://www.crownbook.com

머리말

PREFACE

15년 전 수험생의 입장으로 조리기능사 시험을 준비하면서 어떻게 해야 하는지 막막했었습니다. 앞서 간 선배들은 좋은 문제집 한 권만 제대로 공부하면 거뜬하게 합격할 거라 용기를 주었지만 수많은 수험서 중에서 나에게 맞는 책을 고른다는 것이 쉬운 일은 아니었습니다.

지금은 시험방법도 달라졌고 온·오프라인에 넘쳐나는 정보로 인해 한결 선택의 폭은 넓어졌지만 시험이라는 상황에 대한 고민과 걱정은 여전하지 않을까 합니다.

그리고 올해부터는 통합 과목에서 각 분야별로 시험 내용이 바뀌게 되면서 난이도와 과목별 중점 내용이 어떻게 출제되는가에 관심이 집중되었습니다.

본 교재는 10년 넘게 학생들을 가르치면서 조금 더 쉽게 이해할 수 있는 방법과 노하우를 바탕으로 핵심내용을 최대한 요약·정리하여 담았습니다. 또한 올해 처음 출제되는 문제들도 다각도로 접근하여 풀어볼 수 있도록 구성하여 출제하였습니다.

끝으로, 처음 시험 준비를 하던 그때의 그 절실함, 기대감, 미래에 대한 희망을 담아 조리기능사 준비를 하는 모든 분들에게 이 책이 도움이 되었으면 하는 마음으로 최선을 다했습니다.

교재의 출판을 허락해주신 크라운 출판사 이상원 회장님과 배연수 차장님, 김태광 부장님께 감사의 말씀을 드립니다.

저자

박 순 드림

목 차

제 1 장 조리기능사 핵심 및 요점정리

제 2 장 조리기능사 출제예상문제

01

조리기능사 핵심 및 요점정리

PART 1 조리기능사 (공통)

Chapter 1 위생관리

Ⅰ. 개인위생관리

1. 위생관리의 목적

공중위생에서의 목적은 식중독 예방, 전염병 차단에 있다. 음식물 처리, 쓰레기와 폐기물 처리, 공중이용시설 및 위생용품의 위생관리, 시설, 도구, 장비관리는 물론 위생기준에 맞는 위생 관련 업무를 말한다.

2. 위생관리의 필요성

식중독 예방, 안전한 먹거리로 상품 가치 상승, 청결한 업장 유지, 고객 만족

3. 개인·조리장의 위생관리

1) 개인위생 점검사항
   ① 위생복, 위생모, 위생화, 앞치마는 항시 착용해야 하며 매일 갈아입어야 한다.
   ② 조리작업 전에는 손을 청결히 하고 손톱, 매니큐어 제거와 장신구(목걸이, 시계, 반지, 귀걸이)는 착용하지 않는다.
   ③ 상처에 의한 오염과 염증, 발열, 설사 복통 등도 주의해야 한다.
   ④ 위생복을 착용한 상태로 조리실 외의 장소에 나가는 경우 외부 오염의 가능성이 있으므로 조리장 내 전용신발 등을 사용하도록 한다.
   ⑤ 그 외 금지해야 할 사항에는 외부인 출입금지, 세제나 소독약을 식재료 근처에 두는 것 등이다.

2) 작업자의 손 위생 불량으로 인한 오염
   ① 작업 전 물로만 씻거나 물 묻은 손으로 작업할 경우
   ② 손을 씻고 앞치마나 위생복에 물기를 닦는 행위
   ③ 손에 화농성이 있는 사람은 조리에서 제외시켜야 하며 칼 등에 의한 상처를 입었을 경우 치료 후 밴드, 핑거코트를 끼운 후 고무장갑을 착용한다.

3) 조리복으로 인한 오염
   ① 조리복은 매일 세탁해야하며 조리복을 입은 상태로 화장실 등 외부 출입 시
   ② 조리복을 착용하지 않고 조리하는 경우

4) 앞치마로 인한 오염
   ① 앞치마가 불결하거나 미착용 상태로 조리할 경우
   ② 앞치마를 조리대 혹은 식기에 닿게 보관하는 경우

5) 도마·칼로 인한 오염
   ① 도마나 칼을 소독기가 아닌 바닥, 싱크대 하단, 틈새에 보관할 경우
   ② 도마 상태가 파이거나 갈라짐 등에 의한 오염
   ③ 도마를 구분하지 않고 사용 시 교차오염
   ④ 칼이 녹슬었거나 이물질이 남아있을 경우

6) 도구 및 용기로 인한 오염
   ① 세척 후 잔류 세제나 물기 제거 불량
   ② 가위, 집게, 국자 등을 전처리용·조리용·배식용 구분 없이 사용
   ③ 집기류 보관함이 불량 → 소독기 보관
   ④ 식품 절단기는 분해하여 세척, 살균 보관
   ⑤ 목제, 금속, 멜라민 기구(100℃ 30초 이상 열탕 소독)
   ⑥ 플라스틱, 실리콘, 고무제품은 화학소독제 사용 소독

7) 행주로 인한 오염
   ① 배식용, 조리용, 청소용 구분 사용
   ② 예비세척(음식물 찌꺼기 제거) 후 세제로 세척 헹굼
   ③ 조리 중 반복 사용하지 않으며, 열탕 소독(100℃ 10분 이상)·염소 소독 후 건조하여 사용

8) 구충·구서
   ① 바퀴벌레, 쥐, 파리 등의 위생 동물 침입 방지를 위해 배수구, 출입구, 화장실에 방서 설비 필요
   ② 방충망, 에어커튼, 살충제 등의 사용으로 위생 해충 방제

> **※ 식품영업에 종사하지 못하는 질병(식품위생법 시행규칙 제 50조)**
> - 제1군 감염병 : 장티푸스, 콜레라, 파라티푸스, 세균성 이질, 장출혈 대장균 감염증, A형 간염
> - 결핵(비감염성인 경우 제외)
> - 피부병과 화농성 피부 질환
> - B형 간염(전염의 우려가 없는 비활동성 간염은 제외)
> - 후천성 면역 결핍증증('감염병의 예방 및 관리에 관한 법률'에 의하여 성병에 관한 건강진단을 받아야 하는 영업에 종사하는 자에 한함)

Ⅱ. 식품위생관리

1. 식품위생의 정의

식품, 첨가물, 기구, 용기와 포장을 대상으로 하는 음식에 관한 위생

2. 목 적

1) 식품으로 인해 생기는 위생상의 위해 방지
2) 식품영양의 질적 향상 도모
3) 식품에 관한 올바른 정보 제공
4) 국민보건 증진에 이바지

3. 식품과 미생물

미생물이란 육안으로 볼 수 없으며 현미경으로만 식별 가능한 생물군을 말한다.

1) 미생물의 종류와 특성
   ① 곰팡이(Mold) : 균사체를 발육기관으로 삼는 진균류로 항생물질과 발효식품에 이용된다.
      ㉠ 누룩 곰팡이 - 누룩, 메주 제조

㉡ 푸른 곰팡이 - 치즈 제조, 떡과 빵에 번식
㉢ 털 곰팡이 - 전분의 당화, 치즈 숙성
㉣ 거미줄 곰팡이 - 술 양조에 이용, 채소와 과일에 번식

② 효모(Yeast) : 형태는 원형, 타원형, 균사형, 소시지형 곰팡이와 세균의 중간 크기로 비운동성이며 산소와 상관없이 증식한다.
③ 스피로헤타(Spirochaeta) : 운동성을 갖는 병원체로 매독균, 재귀열, 와일씨병
④ 세균(Bacteria) : 대부분이 병원성 미생물로 단세포이며 분열에 의해 증식한다.
⑤ 리케차(Rickettsia) : 살아있는 세포에서 증식, 발진티푸스·발진열의 병원체
⑥ 바이러스(Virus) : 미생물 중 크기가 가장 작아 세균 여과기를 통과한다. 살아있는 세포에서 증식하며 천연두, 인플루엔자, 소아마비, 일본뇌염의 병원체

※ 미생물의 크기
곰팡이 〉 효모 〉 스피로헤타 〉 세균 〉 리케차 〉 바이러스

2) 미생물 증식에 필요한 조건 : 영양소, 수분, 온도, pH, 산소
① 미생물 생육의 3대 요소 : 영양소, 수분, 온도
② 미생물 생육에 필요한 수분활성도(Aw) : 세균(0.94) 〉 효모(0.88) 〉 곰팡이(0.80)

3) 미생물에 의한 식품의 변질
① 변질의 원인 : 미생물의 번식(세균, 곰팡이, 효모), 자가 소화, 효소적 갈변, 지방의 산패
② 변질의 유형
㉠ 부패 : 단백질 식품이 미생물에 의해 분해되어 악취, 유해물질(암모니아, 아민, 트리메틸아민)이 생성
㉡ 변패 : 탄수화물, 지방이 분해되어 변질
㉢ 산패 : 유지류가 산화되어 색이 변하고 불쾌취가 나는 현상
㉣ 발효 : 탄수화물이 미생물의 분해작용으로 알코올과 유기산을 생성하여 유용한 물질을 만들어 내는 현상

※ 식품의 부패과정에서 생기는 냄새
암모니아, 황화수소, 인돌, 피페리딘

4. 식품과 기생충병

기생충 주원인은 환경 불량이나 비위생적인 식생활 습관 등이다.

1) 매개체별 기생충 분류
① 채소를 통한 감염증 : 중간 숙주가 없는 것

기생충명	감염형태	특 징
회충	경구 감염	우리나라에서 감염률 가장 높음
요충	경구 감염, 집단 감염	항문 주위에 산란(항문소양증)
편충	경구 감염	자각 증상 없음
구충(십이지장충)	경구 감염, 경피 감염	급성위장 증상
동양모양선충	경구 감염	자각 증상 없음

② 육류를 통한 감염증 : 중간 숙주가 1개

기생충명	중간 숙주
무구촌충(민촌충)	소
유구촌충(갈고리촌충)	돼지
선모충	돼지, 개
만손열두조충	뱀, 개구리, 닭

③ 어패류를 통한 감염증 : 중간 숙주가 2개

기생충명	제1중간 숙주	제2중간 숙주
간흡충(간디스토마)	쇠우렁이	민물고기
폐흡충(폐디스토마)	다슬기	민물게, 가재
고래회충(아니사키스)	바다 갑각류	바다어류, 오징어
요코가와흡충	다슬기	민물고기
광절열두조충(긴촌충)	물벼룩	연어, 송어
유극악구충	물벼룩	가물치, 미꾸라지, 양서류

2) 기생충 예방법
① 육류나 어패류는 익혀 먹는다.
② 채소류는 충분히 세척 후 섭취한다.
③ 개인위생 관리와 조리도구 소독을 철저히 한다.
④ 해충, 쥐에 대한 관리를 철저히 한다.
⑤ 인분을 비료로 사용하지 않는다.

5. 살균 및 소독

살균·소독이란 세척 시 병원성 미생물의 수를 안전한 수준으로 줄이는 과정이다. 찌꺼기가 남아있게 되면 소독제의 효과가 감소되며, 소독제가 필요로 하는 미생물과의 접촉시간이 줄어들기 때문에 1차로 세척 후에 살균·소독제를 적정 온도, 농도, pH 등에 맞춰 2단계로 나누어 해야 한다.

1) 살균·소독의 정의
① 멸균 : 미생물(세균, 곰팡이), 아포 등을 사멸시켜 무균의 상태로 만드는 것
② 살균 : 박테리아, 바이러스 등 여러 가지 미생물들을 사멸하거나 불활성화시키는 것
③ 소독 : 병원성 미생물을 죽이거나 활성을 억제하여 감염을 약화시키는 것
④ 방부 : 미생물의 번식을 억제하고 식품의 부패나 발효를 막는 것

2) 물리적 방법
① 비열 처리법
㉠ 일광법(자외선 조사) : 실내 소독은 2500~2800Å(옹스트롬), 표면 살균
㉡ 방사선 조사법 : ^{60}Co, ^{137}Cs 등에서 발생하는 방사선을 이용하여 살균
㉢ 여과법 : 음료, 의약품 등을 세균 여과기로 걸러내는 방법, 바이러스는 제거되지 않는다.
② 가열 처리법
㉠ 화염 멸균법 : 화염에서 20초 이상 접촉, 금속, 유리병, 도자기 등의 표면 살균
㉡ 건열 멸균법 : 건열멸균기를 이용하여 160℃에서 1시간 이상 소독
㉢ 자비 소독법(열탕 소독) : 끓는 물(100℃)에 30분간 가열, 식기류, 행주
㉣ 유통증기 소독법 : 100℃의 증기 속에서 30~60분간 소독, 의류, 도자기
㉤ 유통증기간헐 멸균법 : 100℃의 증기로 30분씩, 3회 반복 살균, 내열성 포자까지 완전 멸균
㉥ 고압증기 멸균법 : 고압증기 멸균기를 이용, 121℃에서 15~20분간 살균, 아포형성균까지 사멸, 통조림, 거즈
㉦ 저온 살균법(LTLT) : 고온 처리가 어려운 유제품에 대해 61~65℃로 30분간 가열

ⓞ 고온 단시간 살균법(HTST) : 70~75℃에서 15~20초간 가열
ⓩ 초고온 순간 살균법(UHT) : 130~140℃에서 2초간 살균

3) 화학적 방법
① 염소·차아염소산나트륨 : 과일, 채소, 수돗물(0.2ppm), 식기 소독
② 표백분(클로르칼키) : 우물물, 수영장, 채소, 식기 소독
③ 석탄산(3%) : 변소, 하수도, 오물 소독
㉠ 석탄산 계수는 소독약의 살균력을 나타내는 기준
㉡ 살균력이 안전하고 유기물에도 소독력이 약화되지 않음
㉢ 냄새, 독성이 강하여 피부에 강한 자극이 있으며 금속 부식성이 있다.
④ 역성 비누(양성 비누) : 과일, 채소(0.01~0.1%), 식기, 손 소독(10%)
⑤ 크레졸비누액(3%) : 변소, 하수도 등의 오물 소독에 이용되며 소독력은 석탄산보다 2배 강하다.
⑥ 포름알데히드(기체) : 병원, 도서관 등의 소독
⑦ 생석회 : 습기가 있는 변소, 하수도, 진개 등의 오물 소독에 우선 이용
⑧ 승홍수 : 0.1% 용액을 사용하고 금속 부식성이 있어 주방에 부적합

※ 세척제 구분
- 1종 : 과일, 채소용 세척제
- 2종 : 식기류용 세척제
- 3종 : 식품 가공용 기구, 조리기구 세척제

6. 식품의 위생적 취급기준

1) 조리기구 관리
① 식품관련 장비는 세척이 쉬워야하고 표면 재질은 독성이 없어야 함은 물론 세제와 소독약품에 부식되거나 녹슬지 않아야 한다.
② 매일 작업 시작 전, 후로 식품 관련 도구와 용기는 물론 바닥까지 물청소를 해야 하며 식품과 접촉되는 표면은 염소계 소독제 200ppm을 사용하여 살균, 건조시키도록 한다.

2) 항목별 관리 방법
① 조리대 : 매일 세제 세척
② 칼·도마 : 조리 시마다 세척, 환절기에는 열탕 소독 필수
③ 식기 : 중성세제로 세척 후 지정 장소에 수납
④ 가스버너 : 가스버너 표면은 전용세제를 사용, 금속수세미로 세척
⑤ 닥트와 환기구 : 월 2회 가성소다로 기름때 청소
⑥ 쓰레기통 : 가성소다로 씻어 건조 또는 세제 청소 후 락스로 헹굼 건조
⑦ 바닥청소 : 기름때는 가성소다로 닦아내고 1일 2회 물 청소 후 건조 상태 유지

3) 식재료의 위생관리
① 유통기간, 보존 상태 확인 후 구입
② 냉장, 냉동식품의 상태 확인. 통조림의 경우 찌그러짐이나 팽창 확인
③ 식재료는 바닥에 직접 닿지 않게 한다.
④ 남은 식재료는 뚜껑, 랩 포장하여 냉장 보관(유통기한 스티커 부착)
⑤ 조리 시 남은 채소류의 경우 매일 폐기를 원칙으로 한다.

4) 식재료 반품 기준
① 유통기한을 넘긴 제품
② 통조림, 캔류가 파손되어 내용물이 흐르는 경우
③ 훈제제품 등의 진공포장이 풀린 경우
④ 제품의 변색, 곰팡이 생긴 경우

7. 식품첨가물과 유해물질

1) 식품첨가물의 정의
식품을 제조, 가공 또는 보존하는 과정에서 감미, 착색, 표백, 산화 방지 등을 목적으로 사용되는 물질을 말한다. 또한 기구, 용기, 포장을 살균·소독하는 데에 사용되어 간접적으로 식품으로 옮아갈 수 있는 물질을 포함한다.

2) 식품첨가물의 기본요건
① 건강에 해를 끼치지 않아야 할 것
② 식품에 나쁜 영향을 주지 않을 것
③ 소량만으로 효과가 충분할 것
④ 식품의 외관을 좋게 하여 상품가치를 향상시킬 것
⑤ 사용법이 간편하고 경제적일 것
⑥ 식품성분에서 첨가물을 확인할 수 있을 것

3) 식품첨가물의 사용 목적
① 식품의 부패와 변질을 방지하여 보존력을 향상시킨다.
② 식품의 영양을 강화한다.
③ 식품의 기호 및 관능 만족을 위하여 사용한다.
④ 식품의 품질 유지와 개량을 위하여 사용한다.

4) 식품첨가물의 종류
① 변질 및 부패를 방지하는 식품첨가물
㉠ 보존료(방부제) : 미생물 증식을 억제하여 식품의 변질, 부패를 방지
- 데히드로초산 - 버터, 마가린, 치즈 외 사용 금지
- 소르빈산 - 육류제품, 절임류, 잼, 케찹
- 안식향산, 안식향산 나트륨 - 청량음료, 간장, 식초
- 프로피온산 - 빵

㉡ 살균제(소독) : 식품의 부패 원인균을 단시간에 사멸
- 차아염소산나트륨 - 과일과 채소 살균 목적
- 표백분
- 에틸렌옥사이드

㉢ 산화 방지제(항산화제) : 식품의 지질이 산화에 의해 변질되는 것을 방지
- 비타민 C(아스코르브산), 비타민 E(토코페롤), BHA(부틸히드록시아니솔), BHT(디부틸히드록시톨루엔), 에르소르빈산, L-아스코르브산나트륨, 고시폴

② 기호 향상을 위한 식품첨가물
㉠ 조미료(식품첨가물, 감칠맛을 나게 하는 것으로 가장 많이 사용)
- 구연산나트륨, 이노신산염, 글루타민산나트륨(MSG), 글리신, 주석산나트륨, 호박산나트륨

㉡ 산미료 : 식품에 신맛(산미) 부여, 청량감으로 식욕 증진
- 주석산, 구연산, 젖산, 초산, 사과산

㉢ 감미료 : 식품에 단맛(감미) 부여, 천연 감미료와 인공감미료로 구분
- 사카린나트륨, D-소르비톨, 글리실리진산나트륨, 아스파탐, 자일리톨, 스테비오사이드

㉣ 발색제 : 발색제는 색이 없지만 식품 중 색소 성분과 반응하여 색을 안정시키고 선명하게 한다.
- 아질산나트륨, 질산칼륨, 질산나트륨 - 육류제품, 어육소시지, 햄, 명란젓
- 황산제1철, 황산제2철, 소명반 - 채소, 과일의 변색 방지

㉤ 표백제 : 식품 제조 중 갈변, 착색 변화 억제, 흰색을 더 희게 만들 때
- 과산화수소, 차아염소산나트륨, 아황산염

㉥ 착향료 : 식품 본래의 냄새를 제거하거나 강화시킬 때, 향을 부여할 때 사용
- 천연 착향료 - 지방산, 레몬유, 에스테르류
- 계피알데히드, 멘톨, 바닐린

③ 품질 유지·개량을 위한 식품첨가물

㉠ 호료(증점제, 안정제) : 점착성, 형체 보존, 유화 안전성 향상
- 젤라틴, 한천, 알긴산프로필렌글리콜, 카세인나트륨

㉡ 피막제 : 채소, 과실류의 표면에 피막 형성, 수분 증발 방지, 호흡작용 제한으로 신선도 유지
- 몰포린지방산염, 초산비닐수지

㉢ 이형제 : 제빵 시 형태를 유지하며 쉽게 분리되도록 한다.
- 유동파라핀

④ 식품 제조 및 가공을 위한 식품첨가물

㉠ 팽창제 : 빵, 과자 제조 시 부풀게 하여 연하고 맛을 좋게 한다.
- 효모, 명반(황산알루미늄칼륨), 탄산수소나트륨, 탄산암모늄

㉡ 소포제 : 거품생성을 억제시키기 위해 사용
- 규소수지

㉢ 껌 기초제 : 껌의 탄성력과 점성 부여
- 초산비닐수지, 에스테르껌

5) 조리 및 가공 시 유해물질(불량식품 첨가물)

① 유해 착색제
- 아우라민 - 황색색소, 단무지
- 로다민 B - 과자류, 토마토케첩
- 파라니트로아닐린(황색색소)

② 유해 감미료
- 에틸렌글리콜, 파라니트로오르토톨루이딘, 둘신, 페릴라틴

③ 유해 표백제
- 롱갈리트, 형광표백제, 아황산납, 삼염화질소

④ 유해 보존제
- 붕산, 포름알데히드, 불소화합물, 승홍

⑤ 메탄올 : 주류 발효 과정에서 메탄올 생성(포도주, 사과주)
- 허용량 - 0.5mg/ml 이하
- 증상 - 시신경 염증, 두통, 구토, 설사, 실명, 호흡 곤란으로 사망

Ⅲ. 주방위생관리

1. 주방위생관리의 중요성

위생관리란 음식이 조리되어 고객에게 제공되기까지의 조리업무 전반에 관한 것으로 범위를 정한다. 위생관리를 어떻게 했느냐에 따라 직접적인 결과를 예측할 수 있다. 그러기 위해선 주방 업무를 담당하는 개개인은 정신적, 신체적으로 건강해야 하는 것은 물론 위생관념이 확실해야 한다. 또한 주방시설과 장비 등은 안전하고 위생적으로 관리되어야 한다.

1) 주방 내 주요 교차 오염의 원인 파악

① 주방바닥, 나무재질 도마, 생선과 육류, 채소, 과일 코너의 교차 오염 발생

② 특히 바닥, 행주, 생선취급 코너의 집중적인 위생관리 필요

③ 원재료 상태의 식품 취급 시 준비과정에서 교차 오염이 발생할 가능성

2) 시설물의 용도에 따라 위생관리 필요

① 냉장, 냉동 시설 : 저온의 저장 시설은 세균증식이 쉽지는 않지만 식재료와 음식물 출입이 많기 때문에 교차 오염이 발생할 수 있다.

㉠ 식재료나 음식물이 직접 닿는 내부는 매일 세척·살균한다.

② 상온 저장고 : 적재용 선반, 팔레트, 환풍기, 방충망 등

㉠ 바닥의 먼지 제거와 건조 상태 유지

㉡ 선입선출의 원칙을 지킨다.

㉢ 사용되는 소모품은 제 위치에 정리하도록 한다.

③ 매장

㉠ 매장 내에 식재료를 보관하지 않는다.

㉡ 매장 근무자들이 주방 출입 시 교차 오염이 생길 수 있다.

㉢ 음식이 식탁에 서빙되기 전, 깨끗하게 닦고 알콜 소독 후 제공하도록 한다.

④ 화장실

㉠ 바닥타일은 깨지거나 균열이 없도록 한다.

㉡ 벽, 천정, 환기팬, 조명 기구 등에 먼지가 없도록 한다.

㉢ 변기는 항상 청결히 관리한다.

㉣ 손 세정제, 화장지, 위생타월 등을 상시 구비해 놓는다.

⑤ 청소도구

㉠ 청소용 빗자루, 걸레는 사용 후 깨끗이 세척하고 지정된 장소에 보이지 않도록 보관한다.

2. 식품안전관리인증기준(HACCP)

Hazard Analysis and Critical Control Point은 식품의 원재료부터 생산, 제조, 가공, 보존, 유통, 조리단계를 거쳐 최종소비자가 섭취하기 전까지의 각 단계별 위해요소를 규명하고 중점 관리하기 위한 위생관리시스템이다.

1) HACCP 제도의 목적

① 식품의 안전성 확보

② 식품업체의 자율적, 과학적 위생관리 정착을 모색한다.

③ 국제기준 및 규격과의 조화를 도모한다.

2) HACCP 적용 준비단계(5절차)

① HACCP 팀 구성

② 제품설명서 작성

③ 해당 식품의 의도된 사용방법과 소비 대상을 파악한다.

④ 공정단계를 이해하고 공정 흐름도를 작성한다.

⑤ 작성된 공정 흐름도가 현장과 일치하는지 검증한다.

3) HACCP 관리의 기본단계인 7원칙에 따라 관리체계를 구축한다.

① 원칙 1 : 위해요소 분석

② 원칙 2 : 잠재적 위해 요소를 제거하기 위한 중점 관리요소 결정

③ 원칙 3 : 중점 관리요소에 대한 한계기준 설정

④ 원칙 4 : 중점 관리요소를 지속적으로 관찰하기 위한 모니터링 방법을 설정

⑤ 원칙 5 : 식품의 위해요소가 발생하지 않도록 개선조치 방법을 수립

⑥ 원칙 6 : HACCP 시스템이 안전하게 운영되는지에 대한 검증 절차와 방법을 설정

⑦ 원칙 7 : 기록 유지 및 문서관리

Ⅳ. 식중독 관리

식중독이란 음식물, 포장용기, 첨가물 등을 통해 유독·유해한 물질이 섭취되어 생리적 이상을 일으키는 것으로 원인균과 균이 생성한 독소로 발생하는 것을 말한다.

식중독의 종류		
세균성 식중독	감염형	살모넬라
		장염 비브리오
		병원성 대장균
		클로스트리디움 퍼프리젠스(웰치균)
	독소형	황색포도상구균
		클로스트리디움 보툴리늄(뉴로톡신)
자연독 식중독	식물성	독버섯, 감자, 고사리
	동물성	복어독, 조개류
	곰팡이	아플라톡신, 황변미
	알러지	프로테우스 모리가니(고등어, 꽁치 등 가공식품의 부패산물인 히스타민)
화학적 식중독	첨가물	유해성 식품첨가물, 농약, 유기염소제
	화학물질·금속물질	수은, 납, 비소, 카드뮴
바이러스성 식중독	감염형	노로바이러스, 아스트로바이러스, 로타바이러스, 장관아데노바이러스

1. 감염형

미생물에 의해 병원체가 증식된 식품을 섭취하게 되어 일으키는 식중독으로 잠복기가 긴 편이다.

살모넬라 식중독	
원인균	살모넬라균
감염 경로	쥐, 바퀴벌레, 파리, 닭, 오리 등 장내 세균 서식
원인식품	난류, 어패류와 가공품, 육류와 가공품, 유제품, 채소 샐러드
증 상	발열, 두통, 복통, 설사
잠복기	12~72시간(평균 18시간)
예방대책	식품 오염 방지, 가열 조리 섭취(60℃ 30분), 냉장 보관

장염 비브리오 식중독	3% 식염 농도에서 생육
원인균	비브리오균, 호염성 세균
감염 경로	오염된 해수나 흙을 통한 생식, 오염된 조리기구로 2차 감염
원인식품	어패류 생식(6월~10월 집중 발생)
증 상	심한 복통, 설사, 발열, 구토, 점혈 설사
잠복기	10~18시간
예방대책	여름철 어패류 생식 금지, 가열 조리 섭취(60℃ 5분), 조리도구 소독

병원성 대장균 식중독	영유아 설사증의 원인, 분변 오염 지표
원인균	병원성 대장균
감염 경로	우유, 환자, 보균자, 동물 분변에 직·간접적으로 오염된 식품 섭취
원인식품	주원인으로는 우유, 햄, 치즈, 수제마요네즈
증 상	복통, 지속적 설사(점액성), 발열, 구토
잠복기	13시간
예방대책	분변 오염에 대한 위생상태 관리

웰치균 식중독	내열성 균으로 열에 강함
원인균	A형 웰치균
감염 경로	사람·동물의 분변, 식품에 오염되어 증식
원인식품	육류·어패류, 가공품, 수육, 족발 등의 재가열 식품
증 상	복통, 설사
잠복기	8~22시간(평균12시간)
예방대책	조리된 식품은 10℃ 이하 또는 60℃ 이상에서 보관

2. 독소형

식품에 세균이 증식할 때 생성된 독소를 함유, 잠복기가 짧다.

황색포도상구균 식중독	포도상구균은 80℃에서 30분 가열 시 사멸 독소인 엔테로톡신은 열에 강함
원인균	황색포도상구균
원인 독소	엔테로톡신(Enterotoxin)
감염 경로	식품에 황색포도상구균이 증식하여 장독소(엔테로톡신) 생성
원인식품	화농성 질환자에 의해 오염된 식품, 유가공품, 김밥, 떡, 빵
증 상	복통, 설사 등의 급성 위장염
잠복기	1~6시간(평균 3시간)으로 잠복기가 가장 짧음
예방대책	화농성 질환자의 식품 조리 금지

클로스트리디움 보툴리늄 식중독	아포는 열에 강함(120℃에서 20분 가열시 사멸) 독소인 뉴로톡신은 열에 약함(80℃에서 30분 가열 시 사멸)
원인균	보툴리늄균(A, B, E)
원인 독소	뉴로톡신(Neurotoxin)
감염 경로	식품에 증식한 세균이 신경독소를 형성
원인식품	살균이 덜 된 통조림, 햄, 소지지 가공품
증 상	신경 마비(시야 흐림, 안면 마비, 동공 확대), 치사율 40%
잠복기	12~36시간으로 잠복기가 가장 길다.
예방대책	음식물 가열 처리, 통조림의 살균 등 위생적 가공

3. 식물성 식중독

감자 중독	
원인 독소	솔라닌(Soanine) – 발아한 곳, 녹색 부분 셉신(Sepsine) – 썩은 감자에서 생성
증 상	복통, 구토, 설사, 언어 장애
예방대책	서늘한 곳에 보관하고, 싹 난 부분과 녹색 부위는 제거 후 섭취

독버섯 중독	
원인 독소	무스카린, 아마톡신, 아마니타톡신, 팔린
증 상	2시간 내 발병, 경련, 복통, 구토, 설사, 중추신경 장애
특 징	화려한 색과 악취, 점액질, 줄기가 세로로 찢어지지 않는 것

구 분	독 소
독미나리	시큐톡신(Cicutoxin)
청매실, 살구씨	아미그달린(Amygdalin)
피마자	리신(Ricin)
목화씨	고시폴(Gossypol)
독보리	테물린(Temuline)
미치광이풀	히오시아민과 스코폴라민

4. 동물성 식중독

복어 중독	
원인 독소	테트로도톡신(Tetrodotoxin)
독소량	난소 〉 간 〉 내장 〉 피부
치사량	2mg (끓여도 파괴되지 않음)
증 상	구토, 사지 마비, 호흡 곤란, 의식 불명, 치사율 50~60%
유독시기	5~6월(산란기)
예방대책	전문 조리사만 취급

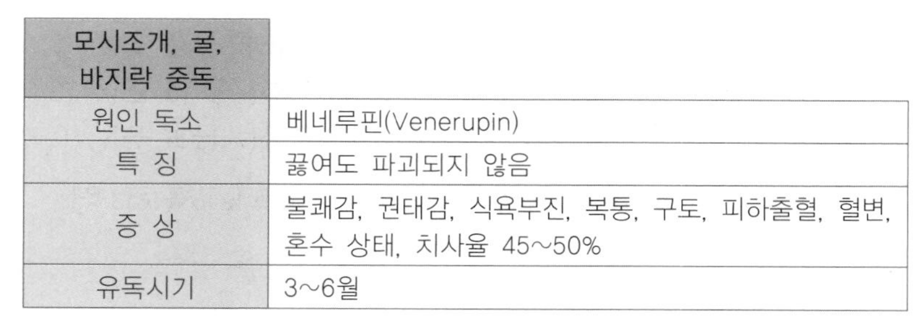

모시조개, 굴, 바지락 중독	
원인 독소	베네루핀(Venerupin)
특 징	끓여도 파괴되지 않음
증 상	불쾌감, 권태감, 식욕부진, 복통, 구토, 피하출혈, 혈변, 혼수 상태, 치사율 45~50%
유독시기	3~6월

대합, 섭조개 중독	
원인 독소	삭시톡신(Saxitoxin)
특 징	끓여도 파괴되지 않음
증 상	신경 마비, 전신무력감, 호흡 곤란, 치사율 10%
유독시기	2~4월

5. 알러지

고등어, 꽁치 등의 붉은살 생선에 들어있는 히스티딘이 프로테우스 모르가니에 의해 히스타민으로 되면 알러지성 식중독을 일으키게 된다.

알러지성 식중독	세균의 효소 작용에 의해 유독 물질 생성
원인균	프로테우스 모르가니
원인 독소	히스타민
원인식품	고등어, 꽁치, 정어리, 건어물 및 가공품
증 상	두드러기, 발열, 복통,
반응시간	30~60분
예방대책	항히스타민제 투여, 개인관리(부패 식품 아닌 것도 증상 유발)

6. 곰팡이 식중독(Mycotoxin)

곡류, 사료 등 탄수화물 식품에서 많이 발생, 감염성은 없고 항생제 효과가 없다.

아플라톡신(Aflatoxin)	
원인곰팡이	아스퍼질러스 플라버스 곰팡이
원인식품	된장, 곶감, 땅콩, 곡류
독 소	아플라톡신(간장독)
증 상	간암 유발

황변미	
원인곰팡이	페니실리움속 푸른곰팡이
원인식품	저장 쌀(곰팡이로 누렇게 변함)
독 소	시트리닌(신장독), 시트레오비리딘(신경독)
증 상	인체에 신장, 신경, 간장독을 유발

맥 각	
원인곰팡이	맥각균
원인식품	보리, 호밀, 밀
독 소	에르고톡신(간장독), 에르고타민
증 상	구토, 복통, 설사, 임산부의 경우 유산 또는 조산의 위험

7. 바이러스 식중독

감염형으로 식중독으로 나뉜다. 미량의 개체로 발병 가능하며 대부분 2차 감염으로 전이 가능, 치료방법·백신이 없다.

종 류	노로 바이러스, 아스트로 바이러스, 로타 바이러스, 장내아데노 바이러스
감염 경로	경구 감염(오염 식수) 접촉 감염(감염 환자의 가검물) 비말 감염(기침, 재채기)
잠복기	24~48시간
증 상	구토, 복통, 설사
예방대책	손 씻기, 식품 충분히 가열 섭취

8. 화학적 식중독

화학물질에 의한 식중독

유해금속	원 인	증 상
수은(Hg)	오염수, 유기수은, 해산물	구토, 경련, 미나마타병
카드뮴(Cd)	식기, 기구	골연화증(이타이 이타이)
아연(Zn)	음료수캔	위장 장애, 두통, 구토
구리(Cu)	첨가물, 용기	구토, 메스꺼움
비소(As)	농약, 살충제	구토, 설사, 심정지
납(Pb)	각종 오염, 용기, 토양	소화 장애, 현기증, 체중 감소(만성 중독)
주석(Sn)	통조림	급성위장염

기구, 용기, 포장	
종이류	형광증백제, 착색제, 파라핀
금속제품	조리기구를 금속, 합금으로 사용 시 금속과 불순물 용출
도자기, 법랑, 유리	도자기 표면 채색 시 붕산 사용, 유리 제작 시 규산 사용
플라스틱제품	안정제, 착색제, 가소제, 산화 방지제 사용 → 페놀, 포르말린 용출

Ⅴ. 식품위생 관계 법규

1. 총 칙

1) 식품위생법의 목적 : 식품에 의한 위해를 방지하고 식품영양의 질적 향상을 도모하며 올바른 정보를 제공하여 국민보건의 증진에 이바지한다.

2) 식품위생법 관련 용어 정의
① 식품 : 모든 음식물(의약으로 섭취하는 것 제외)
② 식품첨가물 : 식품을 제조·가공 또는 보존을 함에 있어 식품에 첨가·혼합·침윤, 기타의 방법(기구·용기·포장을 살균, 소독하면서 간접적으로 식품에 옮아갈 수 있는 물질 포함)으로 사용되는 물질
③ 화학적 합성품 : 화학적 수단으로 원소 또는 화합물에 분해 반응 외의 화학 반응을 일으켜서 얻은 물질
④ 기구 : 식품과 식품첨가물을 제조, 가공, 조리, 저장, 소분, 운반, 진열 시 직접 접촉되는 기계나 기구
⑤ 위해 : 식품, 식품첨가물, 기구, 포장용기에 존재하는 위험 요소로 인체의 건강을 해치거나 해칠 우려가 있는 것
⑥ 표시 : 식품, 식품첨가물, 기구, 포장용기에 적는 문자, 숫자, 도형
⑦ 영양표시 : 식품에 들어있는 영양소 등에 관한 정보 표시
⑧ 영업 : 식품, 식품첨가물을 채취·제조·수입·가공·조리·저장·소분·운반·판매하거나 기구·용기 포장을 제조·수입·운반·판매하는 업(농업과 수산업의 식품채취는 제외)
⑨ 영업자 : 영업 허가를 받은 자, 영업 신고를 한 자, 영업 등록을 한 자
⑩ 식품위생 : 식품, 식품첨가물, 기구, 포장용기를 대상으로 하는 음식에 관한 위생
⑪ 집단 급식소 : 영리를 목적으로 하지 아니하고 지속적으로 특정 다수인에게 음식물을 공급하는 학교, 기숙사, 병원, 사회복지시설, 산업체, 국가, 지방자치단체 및 공공기관과 기타후생기관으로 대통령령으로 정한 곳

⑫ 집단급식소에서의 식단 : 급식 대상 집단의 영양섭취기준에 따라 음식명, 식재료, 영양성분, 조리방법, 조리인력 등을 고려하여 작성한 급식 계획서
⑬ 식품이력 추적관리 : 식품을 제조·가공 단계부터 판매까지 각 단계별 정보를 기록·관리하여 식품의 안전성에 문제가 발생할 경우 그 식품을 추적, 원인 규명을 하고 필요한 조치를 취할 수 있도록 관리하는 것
⑭ 식중독 : 식품 섭취로 인하여 인체에 유해한 미생물 또는 유독 물질에 의하여 발생하였거나 발생한 것으로 판단되는 감염성 질환 또는 독소형 질환

2. 식품 및 식품첨가물

1) 위해 식품 등의 판매 등 금지 : 누구든지 다음의 각 호의 어느 하나에 해당하는 식품 등을 판매하거나 판매할 목적으로 채취·제조·수입·가공·사용·조리·저장·소분·운반 또는 진열하여서는 아니 된다.
① 썩거나 상하거나 설익어서 인체의 건강을 해칠 우려가 있는 것
② 유독·유해물질이 들어 있거나 묻어 있는 것 또는 그러할 염려가 있는 것. 다만, 식품의약품안전처장이 인체의 건강을 해칠 우려가 없다고 인정하는 것은 제외한다.
③ 병을 일으키는 미생물에 오염되었거나 그러할 염려가 있어 인체의 건강을 해칠 우려가 있는 것
④ 불결하거나 다른 물질이 섞이거나 첨가된 것 또는 그 밖의 사유로 인체의 건강을 해칠 우려가 있는 것
⑤ 제18조에 따른 안전성 심사 대상인 농·축·수산물 등 가운데 안전성 심사를 받지 아니하였거나 안전성 심사에서 식용으로 부적합하다고 인정된 것
⑥ 수입이 금지된 것 또는 「수입식품안전관리 특별법」 제20조 제1항에 따른 수입신고를 하지 아니하고 수입한 것
⑦ 영업자가 아닌 자가 제조·가공·소분한 것

2) 병든 동물 등의 판매 금지 : 축산물위생관리법규정 중 총리령으로 정하는 질병으로는 도축이 금지되는 가축 감염병, 리스테리아병, 살모넬라병, 파스튜렐라병, 선모충증이 있다.

3) 기준·규격이 고시되지 않은 화학적 합성품 등의 판매 금지

3. 기구와 용기·포장

① 유독기구 등의 판매·사용 금지
② 기구 및 용기·포장에 관한 기준 및 규격

4. 표 시

① 표시 기준 : 식품의약품안전처장은 표시에 관한 기준을 정하여 고시할 수 있다.
② 식품의 영양 표시
③ 유전자 재조합 식품 등의 표시
④ 표시·광고의 심의
⑤ 광고 심의 이의 신청
⑥ 허위표시 등의 금지

5. 식품 등의 공전(公典)

식품의약품안전처장은 식품 등의 공전을 작성·보급하여야 한다.

① 식품 또는 식품첨가물의 기준과 규격
② 기구 및 용기·포장의 기준과 규격
③ 식품 등의 표시 기준

6. 검 사

1) 검사 및 수거
① 관계 공무원은 무상으로 수거할 수 있는 식품에 대해서는 수거증을 발급해야 하며 그 식품 등을 수거 장소에서 봉합하고 관계 공무원과 피수거자의 인장으로 봉인하도록 한다.
② 식품의약품안전처장, 시·도지사, 시장·군수·구청장은 수거한 식품 등에 대해서는 지체없이 식품의약품안전처장이 지정한 식품전문 시험·검사기관 또는 총리령으로 정하는 시험·검사기관에 검사를 의뢰하여야 한다.
③ 식품의약품안전처장, 시·도지사, 시장·군수·구청장은 관계 공무원으로 하여금 출입·검사·수거를 하게 한 경우에는 수거검사 처리대장에 그 내용을 기록하고 이를 갖춰 두어야 한다.

2) 식품 등의 재검사 제외 대상 : 검사 제외 항목은 이물, 미생물, 곰팡이 독소, 잔류 농약 등 잔류 동물용 의약품에 관한 검사로 한다.

3) 식품위생 검사기관
① 식품의약품안전평가원
② 지방식품의약품안전청
③ 시·도 보건환경연구원

4) 식품위생 감시원의 직무
① 식품 등의 위생적인 취급에 관한 기준의 이행 지도
② 수입·판매 또는 사용 등이 금지된 식품 등의 취급 여부에 관한 단속
③ 표시 기준 또는 과대광고 금지의 위반 여부에 관한 단속
④ 출입·검사 및 검사에 필요한 식품 등의 수거
⑤ 시설기준의 적합 여부의 확인·검사
⑥ 영업자 및 종업원의 건강진단 및 위생교육의 이행 여부 확인·지도
⑦ 조리사 및 영양사의 법령 준수사항 이행 여부의 확인·지도
⑧ 행정처분의 이행 여부 확인
⑨ 식품 등의 압류·폐기 등
⑩ 영업소의 폐쇄를 위한 간판 제거 등의 조치
⑪ 그 밖에 영업자의 법령 이행 여부에 관한 확인·지도

7. 영 업

1) 시설기준
① 식품의 제조·원료·가공·보관시설 등이 설비된 건축물은 시설기준에 맞추어야 한다.
② 작업장
③ 식품취급시설
④ 급수시설
⑤ 검사실
⑥ 운반·창고 시설

2) 허가를 받아야 하는 영업
① 식품조사 처리업 : 식품의약품안전처장
② 단란주점, 유흥주점 : 특별자치도지사, 시장·군수·구청장

3) 영업신고를 해야 하는 업종
① 특별자치도지사, 시장·군수·구청장에게 신고한다.
② 즉석판매제조·가공업
③ 식품운반업
④ 식품소분·판매업
⑤ 식품냉동·냉장업
⑥ 용기·포장류 제조업
⑦ 휴게 음식점, 일반 음식점, 위탁급식업, 제과점

4) 건강진단
① 영업자 및 종업원은 영업 시작 전 또는 영업에 종사하기 전에 건강진단을 받아야 한다.
단지 다른 법령에 따라 같은 내용의 건강진단을 받은 경우에는 이 법에 따른 건강진단을 받은 것으로 본다.
② 건강진단 항목 : 장티푸스, 폐결핵, 전염성 피부질환
③ 횟수 : 1년 1회

5) 업종별 식품위생교육 시간
① 식품 제조·가공업, 즉석판매제조·가공업, 식품첨가물제조업 : 8시간
② 식품운반업, 식품소분·판매업, 식품보존업, 용기·포장류제조업 : 4시간
③ 식품접객업 : 6시간
④ 집단급식소를 설치·운영하려는 자 : 6시간

6) 위생등급에 따른 우수업소·모범업소의 지정
① 우수업소의 지정 : 식품의약품안전처장 또는 특별자치도지사, 시장·군수·구청장
② 모범업소의 지정 : 특별자치도지사, 시장·군수·구청장
③ 우수업소와 모범업소 구분
㉠ 식품 제조·가공업 및 식품첨가물제조업 - 우수업소 / 일반업소
㉡ 집단급식소 및 일반 음식점 - 모범업소 / 일반업소

8. 조리사 및 영양사

1) 조리사
① 집단급식소 운영자, 식품접객업자는 조리사를 두어야 한다.
② 복어를 조리·판매하는 영업을 하는 자
③ 집단급식소 운영자
㉠ 국가 및 지방자치단체
㉡ 학교·병원 및 사회복지시설
㉢ 공기업 중 식품의약품안전처장이 지정, 고시하는 기관
㉣ 지방공사와 지방공단
㉤ 특별법으로 설립된 법인
④ 조리사를 두지 않아도 되는 경우
㉠ 집단급식소 운영자, 식품접객업자 자신이 조리사로 음식물을 조리하는 경우
㉡ 1회 급식인원 100명 미만인 산업체
㉢ 영양사가 조리사 면허를 받은 경우

2) 영양사
① 영양사를 두지 않아도 되는 경우
㉠ 집단급식소 운영자 자신이 영양사로 직접 영양지도를 하는 경우
㉡ 1회 급식인원 100명 미만인 산업체
㉢ 조리사가 영양사의 면허를 받은 경우
② 영양사의 직무
㉠ 집단급식소에서의 식단 작성, 검식 및 배식관리
㉡ 구매식품의 검수 및 관리
㉢ 급식시설의 위생적 관리
㉣ 집단급식소의 운영일지 작성
㉤ 종업원에 대한 영양지도 및 식품위생교육

3) 면허의 결격사유
① 정신질환자
② 감염병 환자(B형 간염 환자는 제외)
③ 마약 또는 약물 중독자
④ 조리사 면허 취소처분을 받고 취소된 날로부터 1년이 지나지 아니한 자

9. 시정명령·허가취소 등 행정제재

면허를 취소하거나 6개월 이내의 기간을 정하여 업무정지를 명하는 경우

① 결격사유 조항 중 해당사항이 있는 경우
② 식품위생 관련 교육 규정에 따른 교육을 받지 아니한 경우
③ 식중독 또는 식품위생상 중대한 위해가 발생했을 시 직무상 책임이 있는 경우
④ 면허를 타인에게 대여 사용한 경우
⑤ 업무정지 기간 중 조리사의 업무를 하는 경우

※ 행정처분기준

위반사항	1차 위반	2차 위반	3차 위반
조리사·영양사가 보수교육을 받지 아니한 경우	시정명령	업무정지 15일	업무정지 1개월
식중독, 위생과 관련 중대한 사고 발생에 직무상 책임이 있는 경우	업무정지 1개월	업무정지 2개월	면허취소
면허를 타인에게 대여 사용하게 한 경우	업무정지 2개월	업무정지 3개월	면허취소
업무정지 기간 중 조리사의 업무를 하는 경우	면허취소		

10. 보 칙

1) 식중독에 관한 조사 보고
① 의사나 한의사는 대통령령으로 정하는 바에 따라 식중독 환자나 식중독이 의심되는 자의 혈액 또는 배설물을 보관하는 데에 필요한 조치를 하여야 한다.
② 시장·군수·구청장은 위에 따른 보고를 받을 때에는 지체 없이 그 사실을 식품의약품안전처장 및 시·도지사에게 보고하고, 대통령령으로 정하는 바에 따라 원인을 조사하여 그 결과를 보고하여야 한다.

2) 집단급식소를 설치·운영하는 자가 위생적인 관리를 위해 지켜야 할 사항
① 식중독 환자가 발생하지 아니하도록 위생관리를 철저히 할 것
② 조리·제공한 식품의 매회 1인분 분량을 총리령으로 정하는 바에 따라 144시간 이상 보관할 것
③ 영양사를 두고 있는 경우 그 업무를 방해하지 아니할 것
④ 영양사를 두고 있는 경우 영양사가 집단급식소의 위생관리를 위하여 요청하는 사항에 대하여는 정당한 사유가 없으면 따를 것
⑤ 그 밖에 식품 등의 위생적 관리를 위하여 필요하다고 총리령으로 정하는 사항을 지킬 것

11. 벌 칙

1) 질병에 걸린 동물을 판매할 목적으로 식품 또는 식품첨가물을 제조·가공·수입·조리한 자는 3년 이상의 징역에 처한다.
① 소해면상뇌증(광우병)
② 탄저병
③ 가금 인플루엔자

2) 다음의 원료나 성분을 사용하여 판매할 목적으로 식품 또는 식품첨가물을 제조·가공·수입·조리한 자는 1년 이상의 징역에 처한다.
① 마황 ② 부자
③ 천오 ④ 초오
⑤ 섬수 ⑥ 백선피
⑦ 사리풀

3) 3년 이하의 징역 또는 3천만 원 이하의 벌금이나 병과
① 조리사를 두지 않은 집단급식소 운영자와 식품접객업자
② 영양사를 두지 않은 집단급식소 운영자

4) 1년 이하의 징역 또는 1천만 원 이하의 벌금
① 영리를 목적으로 식품접객업을 하는 장소에서 손님과 함께 술을 마시거나 노래 또는 춤으로 손님의 유흥을 돋우는 접객 행위를 하거나 다른 사람에게 그 행위를 알선한 자
② 소비자로부터 이물 발견의 신고를 접수하고 이를 거짓으로 보고한 자
③ 이물질의 발견을 거짓으로 신고한 자
④ 식품회수조치계획 보고를 하지 아니하거나 거짓으로 보고한 자

12. 원산지 표시에 관한 법규

원산지 표시대상 : 쇠고기, 돼지고기, 닭고기, 오리고기, 양, 쌀(찐쌀포함), 배추김치(고춧가루 포함), 두부류(가공 두부, 유부 제외), 콩국수 콩, 수산물(수족관에 보관되어 있는 살아있는 수산물 포함)

13. 식품 등의 표시 기준

1) 표시 대상
① 식품 또는 식품첨가물
② 기구 또는 용기·포장(수입제품 포함)

2) 표시사항
① 제품명
② 식품의 유형
③ 업소명 및 소재지
④ 제조연월일
⑤ 유통기한 또는 품질 유지기한
⑥ 내용량 : 고체나 반고체(중량), 액체(용량), 고체+액체(중량 또는 용량)
⑦ 내용량에 해당하는 열량
⑧ 원재료명 및 함량
⑨ 성분명 및 함량
⑩ 영양성분(탄수화물, 단백질, 지방, 포화지방, 트랜스지방, 콜레스테롤, 당류, 나트륨)

VI. 공중보건

1. 공중보건의 정의

① 질병을 예방하고 건강을 유지, 증진시킴으로써 육체적·정신적 능력을 발휘할 수 있게 하기 위한 과학적 지식을 사회의 조직적 노력으로 사람들에게 적용하는 기술이다.
② 윈슬로우(C.E.A Winslow)의 정의 : 지역사회의 조직적인 공동 노력을 통해 질병 예방, 생명 연장, 신체적·정신적 효율을 증진 시키는 기술이요 과학이다.

※ 세계보건기구(W.H.O)

설립연도	1948년 4월 7일
본 부	스위스 제네바
설립목적	세계 모든 사람들이 가능한 한 최고의 건강 수준에 도달하는 것
주요기능	국제적 보건산업의 지휘 및 조정, 회원국에 기술지원 및 자료공급, 전문가 파견 등 기술적 자문 활동
우리나라 가입	1949년 6월 (65번째)

2. 공중보건의 대상 및 범위

① 대상 : 개인이 아닌 지역사회의 인간집단, 최소단위는 지역사회
② 범위 : 감염병예방학, 환경위생학, 식품위생학, 산업보건학, 모자보건학, 정신보건학, 학교보건학, 보건통계학
③ 공중보건의 3대 정의 : 질병 예방, 생명 연장, 건강 증진
④ 공중보건 평가 지표 : 한 지역이나 국가의 보건 수준을 나타내는 보건 지표 {영아 사망률(가장 많이 사용하는 지표), 조사망률, 질병 이환률, 사인별 사망률, 모성 사망률, 평균 수명}

※ 영아 사망률 = $\frac{\text{연간 영아 사망자 수}}{\text{연간 출생아 수}} \times 1,000$

3. 환경위생 및 환경오염

인간의 건강 및 생존에 영향을 주는 생활환경의 요소들을 개선·조정하여 건강한 생활을 영위하게 하는 것으로 그 분류는 다음과 같다.

· 자연 환경 - 기후(일광·기온·기습·기류·기온), 공기, 물
· 인위적 환경 - 채광, 조명, 환기, 냉난방, 상하수도, 오물 처리, 공해, 해충구제
· 사회적 환경 - 교통, 인구, 종교

1) 일광
① 자외선
㉠ 태양광선 중 파장이 가장 짧다.
㉡ 2,500~2,800Å에서 살균작용이 강해 소독에 이용된다.
㉢ 비타민 D의 형성으로 구루병 예방, 관절염 치료에 효과가 있다.
㉣ 신진대사를 촉진시키고 적혈구를 생성한다.
㉤ 과다 노출 시 피부색소 침착과 피부암을 유발할 수 있다.
② 가시광선(4,000~7,700Å) : 망막을 자극하여 색채와 명암을 구분할 수 있게 한다.
③ 적외선(7,800Å이상)
㉠ 태양광선 중 파장이 가장 길다.
㉡ 적외선의 복사열은 기온에 영향을 준다.
㉢ 과다 노출 시 일사병과 백내장을 유발한다.

2) 온열 환경
① 감각 온도의 3요소 : 기온, 기습, 기류 + 복사열(4요소)
② 기온 역전 현상 : 대기가 안정화되어 수직확산이 일어나지 않게 되는 현상으로 대기오염으로 상부기온이 하부기온보다 높을 때를 말함
③ 불쾌지수(Discomfort Index)
: DI = (건구 온도℃+습구 온도℃)×0.72+40.6
DI 지수가 70일 때 10%의 사람이 불쾌감을 느끼고, 80일 때 대부분의 사람이 불쾌감을 느끼게 된다.

3) 공기 및 대기오염
① 질소(N) : 공기 중 78%, 고압 환경 - 잠수병, 저압 환경 - 고산병
② 산소(O_2) : 공기 중 28%, 10% 이하일 때 호흡 곤란, 7% 이하면 질식사
③ 이산화탄소(CO_2) : 실내공기 오염의 측정 지표. 위생학적 허용한계는 0.1%(1,000ppm), 7% 이상이면 호흡 곤란, 10% 이상이면 질식사
④ 일산화탄소(CO) : 무색, 무미, 무취, 무자극성 기체로 연탄 불완전 연소, 매연가스 등에서 발생. 혈중 헤모글로빈과의 친화력이 산소보다 250~300배 강하여 산소결핍증 유발. 위생학적 허용한계는 실내기준 8시간 - 0.001%(10ppm)

⑤ 아황산가스(SO_2) : 대기오염(실외)의 지표로 경유의 연소과정에서 발생하고 자극적인 냄새가 난다. 호흡 곤란, 식물의 고사 현상, 금속을 부식시킨다.
⑥ 군집독 : 많은 사람들이 밀집한 실내에서 공기가 물리적·화학적 조성의 변화를 일으켜 불쾌감, 두통, 현기증, 권태감 등의 증상을 일으키는 것
⑦ 먼지
㉠ 실내외의 환경조건에 의해 발생, 허용기준 - 100㎍/㎥
㉡ 진폐증, 기관지염, 알러지, 결막염
⑧ 공기의 자정작용
㉠ 기류의 변화에 따른 자체 희석작용
㉡ 눈, 비에 의한 세정작용
㉢ 오존에 의한 산화작용
㉣ 자외선에 의한 살균작용
㉤ 식물의 광합성에 의한 탄소동화작용(CO_2와 O_2의 교환)

4) 물의 위생, 환경과 질병
① 물의 소독
㉠ 물리적 소독 : 열 처리법(100℃ 이상), 오존(O_3), 자외선
㉡ 화학적 소독 : 수도 - 염소, 우물 - 표백분
② 물의 자정작용 : 희석, 침전, 일광소독, 산화
③ 수인성 감염병
㉠ 분변 오염수, 소독하지 않은 물에 의해 감염
㉡ 환자 발생이 순식간에 증가, 감소한다.
㉢ 감염지역과 음용수 사용지역이 일치
㉣ 2차 감염이 거의 없고 잠복기가 짧으며 치명적이지 않다.
㉤ 계절, 성별, 나이, 직업에 따른 발생 빈도차가 없다.
㉥ 장티푸스, 파라티푸스, 콜레라, 세균성 이질, 아메바성 이질, 전염성 설사, 유행성 간염의 원인이 된다.

※ 대장균을 수질 오염의 지표로 사용하는 이유
- 검출방법이 정확하고 간편하다.
- 분포도가 오염원(분변)과 공존한다.
- 병원성 미생물을 추측할 수 있다.

④ 상수도 처리 과정

취수 → 정수 → 침전 → 여과 → 소독 → 급수

㉠ 염소소독 종류 : 차아염소산나트륨, 이산화염소, 표백분
㉡ 염소소독의 장점 : 강한 소독력, 잔류 효과의 우수성, 간편한 조작, 경제적 비용
㉢ 염소소독의 단점 : 강한 냄새, 독성
⑤ 하수도 처리 과정

예비 처리 → 본 처리 → 오니 처리

㉠ 예비 처리 : 스크린을 설치, 부유물 제거 후 유속을 느리게 하여 침전시키는 방법
㉡ 본 처리 : 활성오니법은 진보된 하수처리 방식으로 도시 하수 처리에 가장 많이 이용된다.
㉢ 오니 처리 : 본 처리에서 생기는 슬러지를 탈수, 소각하는 과정
⑥ 하수의 오염 측정법
㉠ 용존산소(DO) : 하수에 용해되어 있는 산소량으로 4~5ppm 이상이어야 하고 수치가 낮을수록 오염도가 높다.
㉡ 생화학적 산소요구량(BOD) : 하수의 오염도를 나타내며, BOD가 높다는 것은 하수오염도가 높다는 것이다. 20ppm 이하이어야 한다.

⑦ 오물 처리
㉠ 분뇨 처리 : 매립법, 소화 처리법, 화학 처리법, 소각법
㉡ 진개(쓰레기) 처리 : 주방의 주개, 잡개, 공공건물의 진개
· 매립법 - 진개 두께 2m이하, 복토 두께 60cm~1m, 매립장에서 암모니아, 메탄가스, 유황수소가스 등 발생
· 소각법 - 위생적이지만 대기오염(다이옥신) 발생, 처리 비용 비싸다.
· 비료화법 - 발효시켜 퇴비로 이용

5) 소음 및 진동
① 소음 : 불쾌감을 주는 듣기 싫은 소리로 측정 단위는 데시벨(dB)
㉠ 소음의 피해 : 불쾌감, 불안증, 신경과민, 두통, 작업능률 저하, 90(dB) 이상 시 청력 장애
㉡ 소음 허용기준 : 1일 8시간 기준 90(dB)을 넘기면 안 된다.
② 진동 : 외부의 힘에 의해 전후, 좌우, 상하로 흔들리는 것으로 신체가 함께 떨릴 때 피해가 발생한다.
㉠ 진동의 피해 : 전신 장애(위장 장애), 국소 장애(레이노드병)

6) 구충·구서
① 구충·구서는 발생 초기에 실시
② 발생원인 및 서식지 제거
③ 구제 대상의 생태, 습성에 맞추어 실시
④ 광범위하고 동시적으로 실시

4. 역학 및 감염병

역학이란 인간 집단 내에서 일어나는 유행병의 원인을 의학적, 생태학적으로서 보건학적 진단학을 연구하는 학문을 말한다.

1) 감염병의 3대 원인
① 감염원(병원체, 병원소) : 질병의 원인으로 토양, 환자, 보균자
② 환경(감염 경로) : 질병의 전파과정
③ 숙주(사람) : 숙주의 면역력이 낮으면 질병이 발병하기 쉽다.

2) 감염병 생성 6단계
병원체(세균, 바이러스, 리케차, 기생충) → 병원소(보균자, 동물 병원소, 매개곤충) → 병원소로부터 병원체 탈출(호흡기, 장관, 비뇨기관, 개방병소, 기계적) → 병원체 전파(직접, 간접, 공기 전파) → 병원체 침입(호흡기, 소화기, 피부점막) → 숙주의 감수성(면역력 있으면 감염되지 않음)

3) 법정 감염병
① 제1급 감염병 : 생물테러 감염병 또는 치명률이 높거나 집단 발생의 우려가 큰, 음압격리와 같은 높은 수준의 격리가 필요한 감염병이다. 감염 속도가 빠르고 집단발생 가능성, 발생 즉시 방역대책을 수립한다.

에볼라바이러스, 마버그열, 라싸열, 크리미안콩고 출혈열, 남아메리카 출혈열, 리프트밸리열, 두창, 페스트, 탄저, 보툴리눔독소증, 야토병, 신종감염병증후군, 중증 급성호흡기 증후군(SARS), 중동 호흡기 증후군(MERS), 동물 인플루엔자 인체감염증, 신종 인플루엔자, 디프테리아 등

② 제2급 감염병 : 예방접종을 통해 예방관리가 가능하고 유행 시 24시간 이내 신고해야 하며 격리가 필요한 감염병이다.

결핵, 수두, 홍역, 콜레라, 장티푸스, 파라티푸스, 세균성 이질, 장출혈성대장균감염증, A형 간염, 백일해, 유행성이하선염, 풍진, 폴리오, 수막구균감염증, b형헤모필루스인플루엔자, 폐렴구균감염증, 한센병, 성홍열, 반코마이신내성황색포도알균(VRSA) 감염증, 카바페넴내성장내세균속균종(CRE) 감염증 등

③ 제3급 감염병 : 간헐적으로 유행할 가능성, 지속적으로 감시하고 방역대책 수립

파상풍, B형 간염, 일본뇌염, C형 간염, 말라리아, 레지오넬라증, 비브리오패혈증, 발진티푸스, 발진열, 쯔쯔가무시증, 렙토스피라증, 브루셀라증, 공수병, 신증후군출혈열, 후천성면역결핍증(AIDS), 크로이츠펠트-야콥병(CJD) 및 변종크로이츠펠트-야콥병(vCJD), 황열, 뎅기열, 큐열, 웨스트나일열, 라임병, 진드기매개뇌염, 유비저, 치쿤구니야열, 중증열성혈소판감소증후군(SFTS), 지카바이러스감염증 등

④ 제4급 감염병 : 제1급 감염병부터 제3급 감염병에 포함된 감염병 이외에 유행 여부를 조사하기 위해 표본 감시 활동이 필요한 감염병이다. 신고 시기는 7일 이내다.

인플루엔자, 매독, 회충증, 편충증, 요충증, 간흡충증, 폐흡충증, 장흡충증, 수족구병, 임질, 클라미디아감염증, 연성하감, 성기단순포진, 첨규콘딜롬, 반코마이신내성장알균(VRE)감염증, 메티실린내성황색포도알균(MRSA)감염증, 다제내성녹농균(MRPA)감염증, 다제내성아시네토박터바우마니균(MRAB)감염증, 장관감염증, 급성호흡기감염증, 해외유입기생충감염증, 엔테로바이러스감염증, 사람유두종바이러스감염증 등

⑤ 보건복지부장관 고시 감염병 : 보건복지부장관이 필요에 따라 지정하는 감염병이다.

기생충 감염병, 세계보건기구 감시대상 감염병, 생물테러 감염병, 성매개 감염병, 인수 공통감염병, 의료관련 감염병 등

4) 병원체에 따른 분류
① 바이러스(Virus) : 전자현미경으로 관찰, 가장 작은 크기로 세균 여과기 통과
㉠ 호흡기계 침입 : 인플루엔자, 홍역, 유행성 이하선염
㉡ 소화기계 침입 : 유행성간염, 폴리오(소아마비)
㉢ 피부점막 침입 : 일본뇌염, 공수병, AIDS
② 세균(Bacteria) : 병원성 박테리아는 적절한 온도와 습도의 환경 조건에서 급속하게 증식
㉠ 호흡기계 침입 : 디프테리아, 백일해, 결핵, 성홍열, 폐렴
㉡ 소화기계 침입 : 콜레라, 장티푸스, 파라티푸스, 세균성 이질
㉢ 피부점막 침입 : 파상풍, 페스트
③ 리케차(Rickettsia) : 생세포에 존재, 발진티푸스, 발진열, 양충병

5) 잠복기에 따른 분류
① 잠복기간이 짧은 것 : 콜레라*, 이질, 성홍열, 파라티푸스, 디프테리아, 뇌염, 황열, 인플루엔자
② 잠복기간이 긴 것 : 결핵*, 한센병, 매독, AIDS

6) 인체 침입에 따른 분류
① 호흡기계 침입 : 인플루엔자, 홍역, 유행성 이하선염, 디프테리아, 백일해, 결핵, 성홍열, 폐렴, 풍진, 레지오넬라증, 수막구균성수막염
② 소화기계 침입 : 식중독, 콜레라, 장티푸스, 파라티푸스, 세균성 이질, 유행성 간염, 폴리오(소아마비), 아메바성 이질
③ 피부점막 침입 : 파상풍, 페스트, 한센병, 매독, 탄저

7) 기타 감염 경로에 따른 분류
① 직접 전파
㉠ 체접촉 - 매독, 임질, 성병
㉡ 토양으로부터 감염 - 파상풍, 탄저병
② 간접 전파
㉠ 비말 감염(기침, 재채기) - 홍역, 인플루엔자, 폴리오
㉡ 진애 감염(먼지) - 결핵, 디프테리아
③ 절족동물 매개
㉠ 이 - 발진티푸스, 벼룩 - 페스트, 발진열
㉡ 모기 - 황열, 말라리아, 일본뇌염
㉢ 진드기 - 양충병, 유행성 출혈열
④ 수인성 감염 : 콜레라, 장티푸스, 이질, 파라티푸스
⑤ 음식물 감염 : 콜레라, 장티푸스, 이질, 폴리오, 유행성 간염
⑥ 개달물(의복, 침구, 서적, 완구) 전파 : 결핵, 트리코마
⑦ 토양 감염 : 파상풍, 구충

8) 인수 공통 감염병
사람과 동물 사이에서 동일한 병원체에 의해 발생하는 질병

질 병	가 축
결 핵	소
탄 저	소, 양, 말
야 토	산토끼, 쥐, 다람쥐
브루셀라	소, 돼지, 양, 말
돈단독	돼지가 대표
큐 열	쥐, 소, 양
구제역	돼지, 소, 양, 염소
광우병	소
조류인플루엔자	닭, 칠면조, 야생조류

9) 예방대책
① 병원체 : 환자의 조기 발견, 격리 및 치료, 보균자 조사
② 감염 경로 : 소독, 살균, 구충, 구서, 상하수도 위생관리
③ 감수성 숙주 관리 : 예방접종, 저항력 증진, 면역력 강화
④ 역학조사 및 외래감염인자 대책 : 병에 감염된 가축 처리, 수입 가축·육류·유제품에 대한 철저한 검역과 병원균 차단

※ 보균자란 병원체를 보유하고 있지만 증상은 나타나지 않는 것으로 〈건강 보균자〉, 〈잠복기 보균자〉, 〈병후 보균자〉로 나눌 수 있다.

10) 면역과 질병대책
① 선천적 면역과 후천적 면역

종 류		특 징
선천적 면역		자연적으로 형성된 면역으로 개인 면역, 종속 면역, 인종 면역
후천적 면역	능동 면역	- 자연 능동 면역 : 질병감염 후 얻은 면역 - 인공 능동 면역 : 예방접종을 통해 얻은 면역
	수동 면역	- 자연 수동 면역 : 태반, 모유 등을 통해 모체로부터 항체를 받음 - 인공 수동 면역 : 면역 혈청을 접종하여 면역력 생김

② 예방접종

구 분	연 령	예방접종 종류
기본 접종	4주 이내	BCG(결핵)
	2, 4, 6개월	경구용 소아마비, 디프테리아, 백일해, 파상풍
	15개월	홍역, 볼거리, 풍진
	3~15세	일본뇌염
추가 접종	18개월, 4~6세, 11~13세	경구용 소아마비, 디프테리아
	매년	일본뇌염

5. 산업보건

모든 산업장의 근로자들이 건강한 심신으로 높은 작업능률을 유지하면서 생산성을 높이기 위하여 근로자의 근로 및 생활 조건을 어떻게 관리 정비해 나갈 것인가를 연구하는 일이 산업보건학의 주된 임무이자 목적이다. 이는 근로자의 건강과 행복을 전제로 하고 있다.

1) 산업 재해 : 작업활동 시 발생하는 사고로 인적·물적 손해를 말한다. 환경적 요인, 기계적 요인, 인적 요인이 있다.

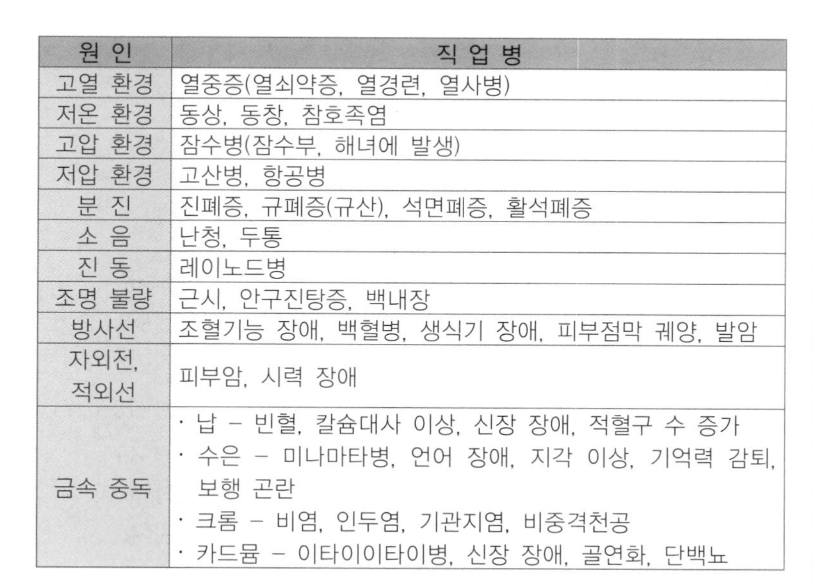

원 인	직 업 병
고열 환경	열중증(열쇠약증, 열경련, 열사병)
저온 환경	동상, 동창, 참호족염
고압 환경	잠수병(잠수부, 해녀에 발생)
저압 환경	고산병, 항공병
분 진	진폐증, 규폐증(규산), 석면폐증, 활석폐증
소 음	난청, 두통
진 동	레이노드병
조명 불량	근시, 안구진탕증, 백내장
방사선	조혈기능 장애, 백혈병, 생식기 장애, 피부점막 궤양, 발암
자외전, 적외선	피부암, 시력 장애
금속 중독	· 납 – 빈혈, 칼슘대사 이상, 신장 장애, 적혈구 수 증가 · 수은 – 미나마타병, 언어 장애, 지각 이상, 기억력 감퇴, 보행 곤란 · 크롬 – 비염, 인두염, 기관지염, 비중격천공 · 카드뮴 – 이타이이타이병, 신장 장애, 골연화, 단백뇨

6. 보건행정

공중보건의 목적 달성을 위한 행정기술로 지역사회 주민의 질병 예방, 육체적·정신적 건강증진을 위해 보건법을 확립, 보건교육을 시행하고 있다.

1) 보건행정 분류
   ① 일반보건행정 : 보건복지부
   ② 근로보건행정 : 고용노동부
   ③ 학교보건행정 : 교육부

2) 보건 영양
   ① 목적 : 지역사회 주민의 건강을 위해 식생활의 문제를 해결, 개선하여 영양부족이 일어나지 않게 하는 것
   ② 영양관리의 중요성 : 국민의 체력 증진, 건강 유지, 질병 감소

3) 모자보건
   ① 목적 : 우리나라 모자보건법은 "모성 및 영유아의 생명과 건강을 보호하고 건전한 자녀의 출산과 양육을 도모함으로써 국민보건 향상에 이바지함을 목적으로 한다" 라고 규정되어 있다.
   ② 대상 : 임신과 분만, 수유하는 여성

4) 성인 및 노인보건
   ① 성인병 예방대책 : 식생활 개선, 규칙적인 운동, 충분한 휴식, 음주·흡연의 절제
   ② 노인질병의 특징 : 자각 증상이 적고 만성적으로 진행, 가족과 사회의 협력 필요

5) 학교보건
   ① 학교보건법(교육부 제정) : 학교의 보건관리에 필요한 사항을 규정하고 학생과 교직원의 건강을 보호·증진을 목적으로 한다.
   ② 시행내용 : 학교의 환경위생, 식품위생, 학생건강증진계획 수립 및 시행, 질병예방, 감염병 예방접종 등
   ③ 학교 급식법(교육부 제정) : 학교 급식의 질을 향상시키고 학생의 건전한 심신발달과 국민 식생활 개선에 기여한다.

6) 인구 구성형태

유 형	성 격	특 징
피라미드형	후진국형 (인구 증가형)	출생률은 높고 사망률은 낮은 형
종형	이상형 (인구 정체형)	출생률과 사망률이 낮음
항아리형	선진국형 (인구 감소형)	평균수명이 높고 사망률이 낮음
별형	도시형 (인구 유입형)	도시 지역의 인구 유입으로 생산층 인구가 점차 증가
표주박형	농촌형 (인구 유출형)	노년층 인구가 높고 생산층 인구가 유출

Chapter 2 안전관리

Ⅰ. 개인안전 관리

1. 개인 안전사고 예방 및 사후조치

산업활동을 하는 조직의 근로자들에게 안전사고 예방의 의미는 매우 중요하다. 안전사고예방은 조직구성원들의 행동 및 태도, 구성원들 간의 의사소통, 교육 및 훈련, 개인의 책임감 등에 영향을 끼친다.

1) 안전사고 예방 과정
   위험 요인 제거 → 위험 요인 차단 → 오류 예방 → 재발 방지를 위한 개선

2) 안전사고 원인(4M) : 인간(man), 기계(machine), 매체(media), 관리(management)
   ① 인간 : 심리적, 생리적, 직장 내 원인
   ② 기계 : 기계설비 결함, 표준화 부족, 점검정비 부족
   ③ 매체 : 작업정보 부족, 작업자세·작업방법의 부적절, 작업환경 불량
   ④ 관리 : 관리조직의 결함, 규정매뉴얼 미구비, 안전관리계획 불량, 교육·훈련부족, 지도·감독부족, 건강관리 불량

※ 안전사고의 직접적 원인이 불안전상태나 행동에 있다고 했을 때 4M이 어떤 상태의 문제점을 갖고 있는지 파악하기 위해선 개인과 시설물에 대한 안전관리 점검표를 만들도록 한다.
또한 개인 안전관리 점검표는 점검항목 내용을 준수하는 것이 중요하다.

2. 주방 안전관리

안전의식이란 사람의 상해, 사망 또는 설비의 경제적 손해가 전혀 없는 것을 말하며, 물질적인 위험 및 정신적인 스트레스로부터 자유로워지는 것을 말한다. 즉, 사고나 재해의 위험을 사전에 방지할 수 있도록 하는 상태를 의미한다.

1) 주방 내 안전사고 유형
   ① 인적 안전사고 원인
      ㉠ 개인의 정서적 요인 : 선·후천적 기질로서 과격함, 신경질, 시력이나 청력의 결함, 지식·기능 부족, 중독증
      ㉡ 개인의 행동적 요인 : 부주의함, 독단적 행동, 미숙함, 안전장치 점검 소홀, 결함 있는 기계 사용
      ㉢ 개인의 생리적 요인 : 피로감이 한계능력을 넘어섰을 때, 뜻하지 않은 실수를 유발하게 된다.
   ② 물적 안전사고 원인 : 각종 기계, 장비, 시설 요인으로 결함 있는 장비나 시설물의 노후에 의한 붕괴·화재 등
   ③ 환경적 요인에 의한 안전사고 : 건축물의 부적절한 설계, 통로의 협소, 채광, 조명, 환기 시설의 문제, 고열, 먼지, 소음, 진동, 가스 누출, 누전 등

원 인	증 상
고온, 다습한 환경	땀띠, 접촉성 피부염
장화 착용	무좀, 아킬레스 건염
젖어있는 바닥, 기름기, 시야 차단, 낮은 조도	낙상 등 미끄러지는 사고
청소 시 호스를 사용 물청소	전기 누전
전기설비의 고장	감전 사고

2) 개인 안전보호장비를 용도에 맞게 착용한다.
   – 안전모, 보안경, 귀덮개, 방진마스크, 방열복, 안전화, 절연화 등

3) 칼 사용 시 사용안전, 이동안전, 보관안전을 실행한다.
① 작업 시 안정된 자세로 집중할 것
② 칼을 다른 용도로 사용하지 말 것
③ 떨어뜨렸을 시 한 걸음 물러나 피할 것
④ 칼을 들고 이동 시 칼끝은 지면을 향하게, 칼날은 뒤로 향하게 할 것
⑤ 칼은 늘 잘 보이는 곳에 둘 것(물이 채워진 싱크대에 담그거나 음식물 사이에 두지 말 것)
⑥ 사용하지 않을 시 보관함에 넣어 둘 것

4) 조리장 미끄럼 방지
① 조리장 바닥은 미끄럽지 않은 재질로 시공
② 배수로 뚜껑은 스텐레스 재질로 물과 닿으면 매우 미끄럽기 때문에 가용접을 하거나 미끄럼방지 테이프를 붙여둔다.
③ 기름 사용 시 바닥에 흘리지 않도록 한다.

5) 안전사고와 응급조치
안전사고 발생 시 신속하고 정확한 현장에서의 응급조치는 환자의 사망률을 현저하게 감소시킨다.
① 현장의 안전 상태와 위험요소 파악
② 구조자 자신의 안전 여부 확인
③ 현장상황을 파악한 후 전문 의료기관(119)에 응급상황을 알린다.
④ 응급환자를 처치할 때 원칙적으로 의약품을 사용하지 않는다.

※ 응급조치 교육내용

교육 내용	교육 시간
• 응급활동의 원칙 및 내용 • 응급구조 시 안전수칙 • 응급의료 관련 법령	1시간
기본 인명구조술 – 이론	1시간
기본 인명구조술 – 실습	2시간

6) 상처 소독 및 응급치료
① 상처의 이물질 제거 : 식염수를 상처 부위에 흘려주면 이물질이 제거된다.
② 물기 제거 : 상처 부위에 거즈를 대고 누르면 지혈과 식염수가 제거된다.
③ 소독약을 바르고 멸균거즈·밴드로 감는다.

7) 화상 응급처치
① 1도 화상 : 피부표피에 화상을 입은 것으로 수포가 생기지 않는다. 소독된 수건을 대고 찬 물로 식혀준 뒤 화상 거즈나 연고를 바른다.
② 2도 화상 : 표피층과 진피층에 화상을 입은 것으로 수포가 생기고 반점이 생길 수도 있다.
화상 원인 물질, 상처를 덮은 옷, 장갑 등을 제거하고 상처 부위를 찬물로 식힌 뒤 깨끗한 거즈로 감싸서 병원 치료를 받는다.
③ 3도 화상 : 표피와 진피가 심하게 화상을 입은 상태로 신경까지 손상을 입게 되면 통증을 느끼지 못할 수도 있다. 화상 원인 물질, 상처를 덮은 옷, 장갑 등을 제거하고 응급으로 신속하게 병원 치료를 받는다.

Ⅱ. 장비·도구 안전작업

1. 조리장비·도구 안전관리 지침

주방에서의 조리장비와 도구들의 관리 목적은 원활한 작업수행과 지속적인 기능유지를 위한 것이므로 모든 시설물에 대한 사용법과 용도, 사용기한 등을 숙지하고 있어야 한다.

구 분		사용도구 및 용품
조리과정	준비(재료손질)	앞치마, 위생모, 스텐볼, 도마, 가위, 칼 등
	조리(조리)	냄비, 솥, 팬, 찜기 등
	보조(조리)	국자, 주걱, 뒤집개, 집게 등
식사과정	조리된 음식을 제공 및 시식	그릇, 용기, 쟁반, 수저 등
정리과정	설거지, 정리	수세미, 세제, 행주, 식기건조대 등

1) 주방 조리장비와 도구는 주기적 관리로 안전위생과 장비의 수리로 인한 비용 발생을 사전에 방지하도록 한다.
① 조리장비·도구의 안전 및 유지관리를 위한 관리기준 수립
㉠ 사전점검을 통한 유지관리 계획서 작성
㉡ 현장조사를 통한 일상점검
㉢ 정기점검
㉣ 자연재해나 사고 등 갑작스런 요인에 의한 긴급점검
㉤ 정기적 유지보수를 통한 안전관리, 유지관리 정립

Ⅲ. 작업환경 안전관리

1. 작업장 환경관리

주방에서의 열, 온도, 습도, 소음 등은 작업자의 건강 및 작업태도 등에 영향을 주어 제품과 서비스 품질, 생산성에 직접적인 영향을 미친다.

1) 작업장의 온도와 습도 관리
① 주방종사자는 상대적으로 온도에 민감한데 지속적으로 높은 온도와 습도, 기기의 방열 등은 신체적 정신적 건강에 피로를 증가시킨다.
② 기기의 뜨겁거나 차가운 표면에 지속적으로 노출 시, 피부 온도의 증가나 저온에 의해 추위를 느끼게 된다.
③ 적정 상대습도는 40~60%로 높은 습도와 온도는 무기력증, 이명증 등 정신건강에 문제가 생기고 낮은 습도에서는 피부 건조증을 일으킨다.

2. 작업장 안전관리

작업장의 시설들은 안전관리 인증을 통과한 시설물로 동일한 수준으로 유지되어야하며 지속적인 품질향상과 사후 유지관리를 통해 운영되어야 한다.

1) 개인 안전보호용품 관리
① 안전보호용품은 목적에 맞게 준비, 작업 시 착용하는 것을 원칙으로 한다.
② 개인전용으로 청결하게 관리한다.

2) 안전보호용품 종류

구분	내용
위생장갑	작업자의 손을 보호하고 위생적인 조리를 위해 착용
안전화	날카로운 물체의 낙하, 충격으로부터 발을 보호하거나 감전 등을 방지하기 위한 보호구
안전마스크	조리 중 침이나 기침 등으로부터 위생을 개선하기 위한 보호구
위생모자	조리 작업 시 음식에 머리카락이 들어가지 않도록 예방하는 보호구

3) 유해물질·위험물질·화학물질에 대한 안전취급기준에 따라 관리한다.
① 유해, 위험, 화학물질은 물질안전보건 자료를 비치하고 취급방법에 대하여 교육한다.
② 유해, 위험, 화학물질은 경고표지를 부착(내용물, 주의사항, 조제일자)한다.
③ 유해, 위험, 화학물질은 보관 중 넘어지지 않도록 주의하고 보관 상태를 수시로 점검한다.

3. 화재예방 및 조치방법

1) 화재예방을 위한 안전 수칙
① 화재 안전교육
② 조리 시 자리 비우지 않기
③ 화구 근처에 인화성 물질 금지-부탄가스, 성냥, 라이타, 휴지, 행주
④ 후드 및 환풍기 기름때 제거
⑤ 주방 내 소화기 비치 및 소화전함 관리
⑥ 가스 누출 점검
⑦ 화재 시 비상통로 확보, 비상조명등 작동상태 점검
⑧ 출입구, 통로에 적재물 쌓아두지 않기

2) 화재 발생 대처법
① 비상벨 작동
② 소화기를 사용해 초기 진화
③ 119신고, 인명대피 및 구조
④ 계단을 이용한 탈출

3) 용도에 따른 소화기 종류
① 일반 화재용 : 목재, 종이, 섬유, 스펀지 등
② 유류 화재용 : 석유, 경유, 휘발유, 기름 등의 가연성 액체
③ 전기 화재용 : 전자제품, 전기합선, 전기누전 등

4) 소화기 사용방법
① 소화기는 화재 발생장소에서 바람을 등지고 자리잡는다.
② 소화기의 안전핀을 뺀다.
③ 호스를 화재방향, 가연물 쪽으로 향하게 한다.
④ 손잡이를 누르고 좌우로 흔들어주며 방사한다.

5) 소화기 보관
① 소화기는 눈에 잘 띄는 곳에 보관한다.
② 직사광선, 온도가 높은 곳은 피한다.
③ 습기가 많은 곳은 피한다.
④ 소화기 내부의 약제가 굳어지지 않게 한 달에 한 번 정도 뒤집어서 흔들어 준다.
⑤ 축압식 소화기는 압력계 게이지가 초록색에 있는 지 수시로 점검한다.

Chapter 3 재료관리

Ⅰ. 식품과 영양

식품의 정의는 사람에게 필요한 영양소가 한 가지 이상 들어있는 것으로 유해하지 않은 천연물 또는 가공품을 말한다.

1) 식품의 조건 : 영양적 가치, 위생적 가치, 기호적 가치, 경제적 가치

2) 기초 식품군 분류

식품군	식품류
단백질	육류, 생선, 달걀, 콩
탄수화물	곡류, 서류, 전분류
비타민과 무기질	채소, 과일, 해조류, 버섯류
칼슘	우유, 유제품, 뼈째 먹는 생선
유지류	식물성 유지, 동물성 유지, 가공 유지

3) 기타식품군

기호식품	영양소는 없지만 맛, 향, 색으로 식욕을 증진시키는 식품(커피, 차, 조미료)
강화식품	영양소를 첨가하거나 강화한 식품(강화미, 강화우유)
즉석식품	간단한 조리법으로 먹기 편리하고 저장·보관이 용이한 식품(통조림, 냉동식품, 반조리 식품)

4) 식품의 영양 : 영양은 생리활동을 유지하기 위한 현상으로 유지를 위해 외부에서 공급되는 물질이다.
① 영양소의 역할
㉠ 체조직 구성 - 단백질, 무기질
㉡ 생리작용 조절 - 무기질, 비타민
② 열량 영양소 : 활동에 필요한 에너지 공급(탄수화물1g 4kcal, 단백질1g 4kcal, 지방1g 9kcal, 알코올1g 7kcal)
③ 구성 영양소 : 발육을 위한 몸의 조직 성분 공급
④ 조절 영양소 : 섭취 영양소가 효과적으로 이용될 수 있도록 보조역할

Ⅱ. 식품재료의 구성 성분

· 일반성분 : 수분, 유기질(단백질, 지질, 탄수화물), 무기질(칼슘, 칼륨, 철분, 인, 나트륨)
· 특수성분 : 색, 향, 맛, 효소

1. 수 분

1) 수분의 기능
① 생리작용 조절 : 영양소 운반, 체온 조절, 노폐물 배출, 삼투압 현상 관여
② 체내 수분 부족 시 발열, 혈액순환 장애가 일어난다. 20% 이상 손실 시 사망
③ 식품 성분의 물리적·화학적 변화, 조리·가공·저장에도 영향

2) 순수한 물은 수분활성도(Aw)가 1로 탄수화물이나 단백질 등 가용성 영양소가 포함되어 있는 식품들의 수분활성도는 항상 1보다 작다.

3) 식품별 수분활성도
① 채소, 과일, 어류, 육류 : 0.90~0.98
② 곡류, 콩 : 0.60~0.64
③ 건조식품 : 0.2

4) 수분활성도에 따른 미생물 번식
① 세균 :·0.90~0.95
② 효모 : 0.88~0.90
③ 곰팡이 : 0.65~0.8

2. 탄수화물

1) 특성
① 에너지 공급원으로 전체 열량의 65%를 당질로 공급
② 지방의 완전 연소를 위한 필수영양소
③ 과잉 섭취 시 간과 근육에 글리코겐 형태로 저장되고 나머지는 피하지방으로 축적됨
④ 결핍 시 체중 감소와 저혈당, 면역력 저하

2) 분류
① 단당류 : 탄수화물의 가장 간단한 구조로 더 이상 가수분해 되지 않는다.
㉠ 포도당(Glucose) : 탄수화물의 최종분해산물로 혈액 중 0.1%존재
㉡ 과당(Fructose) : 단맛이 가장 강하고 과일, 꽃, 벌꿀에 존재
㉢ 갈락토오스(Galactose) : 유당의 구성 성분, 한천에 다당류 형태로 존재
② 이당류 : 단당류가 2개 결합된 당
㉠ 자당(Sucrose) : 설탕, 포도당+과당이 결합된 당, 단맛의 표준으로 사탕수수·사탕무에 함유
㉡ 맥아당(Maltose) : 엿당, 포도당+포도당, 물엿의 주성분
㉢ 유당(Lactose) : 젖당, 갈락토오스+포도당, 포유류의 유즙에 존재, 칼슘과 인의 흡수를 돕는다.
③ 다당류 : 단당류가 2개 이상 결합된 당으로 단맛이 거의 없고 물에 녹지 않는다.
㉠ 전분(Starch) : 포도당의 중합체로 아밀로오즈와 아밀로펙틴으로 구성, 단맛은 없고 식물의 뿌리, 줄기에 존재
㉡ 글리코겐(Glycogen) : 동물의 간과 근육에 존재
㉢ 섬유소(Cellulose) : 소화되지 않는 전분, 소화운동을 촉진
㉣ 펙틴(Pectin) : 세포막 사이에 존재, 과일과 해조류에 함유되어 있으며 gel화 되는 성질을 이용해 잼이나 젤리를 만든다.
㉤ 이눌린(Inulin) : 과당의 결합체로 돼지감자, 우엉에 함유
㉥ 만난(Manan) : 만노오스+포도당의 결합체, 소화가 안 된다. 곤약감자에 존재
㉦ 알긴산(Alginic Acid) : 갈조류의 세포막 성분으로 미역, 다시마에 함유
㉧ 리그닌(Lignin) : 목재, 대나무 등에 함유
㉨ 키틴(Chitin) : 갑각류의 껍질에 분포하는 단백질과 복합체를 이루는 다당류

> ※ 감미도
> 과당(170) 〉 전화당(85~130) 〉 설탕(100) 〉 포도당(74) 〉 맥아당(60) 〉 갈락토오스(33) 〉 젖당(16)

3. 단백질

1) 특성
① 체조직의 구성 물질로 효소, 항체, 호르몬을 구성
② 몸의 근육, 혈액 생성의 주성분
③ 체액, 혈액의 중성 유지와 조직의 삼투압 조절
④ 총열량의 15% 섭취가 적당함

2) 성분상 분류
① 단순 단백질 : 아미노산으로 구성 - 알부민, 글로불린, 글루텔린, 프롤라민, 히스톤 및 프로타민
② 복합 단백질 : 가수분해하면 아미노산 뿐만 아니라 유기물이나 무기물이 생성되는 단백질. 복합 단백질은 그 함유성분에 따라 - 핵단백질, 당단백질, 리포단백질, 인단백질, 금속단백질
③ 유도 단백질 : 단백질이 산, 알칼리, 효소 등의 작용이나 가열 등에 의하여 만들어진 것
㉠ 변성 단백질 - 젤라틴(콜라겐), 응고 단백질(알부민, 달걀)
㉡ 분해 단백질 - 펩톤, 펩타이드

3) 영양상 분류
① 필수아미노산 : 체내 합성이 되질 않아 음식물로 섭취 - 트레오닌, 트립토판, 발린, 이소루신, 류신, 라이신, 페닐알라닌, 메티오닌+히스티딘, 아르기닌
② 완전 단백질 : 성장과 생명 유지에 필요한 필수아미노산을 가지고 있는 단백질(달걀 - 알부민, 우유 - 카세인)
③ 부분적 불완전 단백질 : 일부 아미노산의 함량이 부족한 단백질(쌀 - 오리자닌, 보리 - 호르데인)
④ 불완전 단백질 : 필수아미노산이 결여되어 생명 유지와 성장이 어려운 단백질(옥수수 - 제인)

4) 구조적 특징상 분류
① 섬유 단백질 : 용매에 녹지 않는다.(콜라겐 - 동물의 뼈·연골을 구성, 엘라스틴 - 힘줄·혈관, 케라틴 - 모발·깃털)
② 구상 단백질 : 분자의 형상이 구상에 가까운 단백질로 효소 단백질, 알부민, 글로불린, 프로타민 등 산·알칼리나 염류용액에 녹음

4. 지 질

1) 특성
① 3분자의 지방산+1분자의 글리세롤이 에스테르 상태로 결합
② 물에는 녹지 않고 유기용매(에테르, 벤젠, 클로로포름)
③ 총 열량의 20% 섭취가 적당
④ 필수 지방산, 지용성 비타민(A,D,E,K)의 체내 운반·흡수를 돕고 장기 보호 및 체온 조절

2) 지질의 분류
① 단순지질(중성 지방) : 지방산과 글리세롤의 에스테르 결합물로 지질 중 양이 가장 많음(왁스, 콜레스테롤에스테르)
② 복합지질 : 단순지질에 다른 화합물이 결합된 지질(인지질, 당지질, 단백지질)
③ 유도지질 : 단순지질과 복합지질을 가수분해하면 얻어지는 물질(지방산, 탄화수소, 스테로이드, 콜레스테롤, 에르고스테롤)

3) 지방산의 분류
① 포화 지방산 : 융점이 높아 상온에서 고체로 존재, 이중결합이 없고 동물성 지방(팔미트산, 스테아르산, 부티르산)
② 불포화 지방산 : 융점이 낮아 상온에서 액체로 존재, 이중결합이 있으며 식물성 유지나 어류에 많다.(올레산, 리놀레산, 리놀렌산, 아라키돈산)
③ 필수 지방산 : 불포화 지방산 중 체내의 대사과정에서 반드시 필요한 지방산, 비타민 F로 불린다(리놀레산, 리놀렌산, 아라키돈산)
④ 트랜스 지방산 : 불포화 지방산인 식물성 유지를 가공할 때 산패 억제를 위해 수소를 첨가하는 과정에서 생긴다.

4) 지질의 기능적 성질

① 유화(에멀전화) : 기름과 다른 물질이 잘 섞이게 하는 작용
㉠ 수중유적형(O/W) - 물 중에 기름이 분산(우유, 마요네즈)
㉡ 유중수적형(W/O) - 기름 중에 물이 분산(버터, 마가린)

② 수소화 : 액체상태 기름에 수소(H_2)를 첨가하고 니켈(Ni)과 백금(Pt)을 넣어 고체형 기름으로 만든 것(마가린, 쇼트닝)

③ 연화 : 밀가루 반죽에 유지를 첨가하면 반죽 내 지방을 형성하여 전분과 글루텐의 결합을 방해 하는 것(페이스트리)

④ 가소성 : 외부조건에 의해 유지 상태가 변했다가 외부조건을 원상태로 복구해도 변형 상태가 그대로 유지되는 성질

⑤ 검화(비누화) : 지방이 수산화나트륨(NaOH)에 의해 가수분해되어 글리세롤과 지방산염을 생성하는 현상으로 저급 지방산이 많을수록 비누화가 잘됨

⑥ 요오드가(불포화도) : 유지100g 중에 첨가되는 요오드의 g수로 요오드가가 높다는 것은 유지를 구성하는 지방산 중 불포화 지방산이 많다는 것

※ 지질의 과잉과 결핍
- 과잉 : 비만, 심장 기능 약화, 동맥경화, 고지혈증
- 결핍 : 성장 부진, 피부병, 피로감

5. 무기질

1) 특성

① 신체 구성 성분의 필수요소
② 산과 알칼리(pH), 수분의 평형 조절
③ 생리작용의 촉매 역할
④ 신경 자극, 근육 수축, 혈액 응고 관여

2) 분류

① 알칼리성 : 칼슘(Ca), 마그네슘(Mg), 나트륨(Na), 칼륨(K), 철분(Fe), 구리(Cu), 망간(Mn), 코발트(Co), 아연(Zn)
② 산성 : 인(P), 황(S), 염소(Cl), 요오드(I)

3) 종류

종 류	식 품	기 능	결핍(과잉)
칼슘(Ca)	뼈째 먹는 생선, 우유, 유제품	골격·치아 구성, 근육 수축·이완, 혈액 응고 관여	골다공증, 구루병, 발육 불량
철분(Fe)	난황, 어패류, 간, 녹황색 채소	헤모글로빈 구성 성분	결핍- 빈혈 과잉- 신부전증
나트륨(Na)	소금	산·알칼리 평형 유지, 수분 조절	결핍-근육경련, 식욕감퇴 과잉-고혈압, 부종
마그네슘(Mg)	녹색 채소, 견과류, 두류, 통밀	단백질 합성, 뼈 구성, 신경흥분 억제	신경·근육 경련
인(P)	유제품, 난황, 육류, 생선, 채소류	골격·치아구성(80%), 신경자극 전달	골격·치아발육불량, 골연화증
구리(Cu)	아몬드, 연어, 콩, 브로콜리	철의 흡수와 이용률을 높임 뼈와 적혈구를 만듦	빈혈
망간(Mn)	콩, 밀, 효모, 해조류	뼈 성장과 재생, 혈당 조절 단백질, 면역계, 신경계 유지	과잉-신경계 문제
염소(Cl)	소금	혈액의 산성도 조절 소화, 면역 작용	식욕 부진
요오드(I)	해산물, 해조류	갑상선 호르몬 생성	결핍-갑상선종, 발육정지 과잉-갑상선기능항진증
아연(Zn)	해산물, 육류, 달걀	소화 작용, 핵산 및 단백질 합성, 인슐린, 적혈구 구성 70여 종류 효소의 재료	면역 기능 저하, 상처 회복 지연
코발트(Co)	간, 녹색 채소	비타민 B_{12}의 성분, 조혈작용	악성 빈혈

6. 비타민

1) 특성

① 대사작용 조절 물질(보조효소)
② 인체의 필요량은 미량이지만, 필수 물질
③ 대부분의 비타민은 체내 합성이 되질 않아 식품으로 섭취

2) 수용성 비타민 : 필요량만 체내에 보유, 여분은 배출. 결핍 증상이 빠르게 나타남. 매일 식품으로 섭취

종 류	식 품	기 능	결 핍
비타민 B_1(티아민)	돼지고기, 곡류, 육류의 내장	탄수화물 대사에 관여, 마늘과 함께 섭취 시 흡수율 높음	각기병, 신경염
비타민 B_2(리보플라빈)	우유, 간, 달걀, 녹색 채소	피부·점막 보호, 성장 촉진	구각염, 설염
비타민 B_6(피리독신)	간, 효모, 곡류	단백질 대사 관여, 항피부염성, 적혈구 합성 관여	피부염
비타민 B_9(엽산)	간, 달걀, 도정하지 않은 곡류	태아의 신경·혈관 발달, 아미노산·핵산 합성 시 보조역할	빈혈
비타민 B_{12}(시아노코발라민)	간, 내장, 생선, 달걀	성장 촉진·조혈작용	악성빈혈
비타민 C(아스코르브산)	과일, 채소, 고추, 무청, 레몬	항산화 작용, 철분 흡수, 피로 회복, 암이나 동맥경화, 류마티스 등의 질환을 예방	괴혈병, 잇몸병, 만성피로
나이아신	효모, 우유, 버섯	신경전달 물질 생산, 피부 수분 유지, 콜레스테롤 수치를 저하	펠라그라, 피로, 불면증, 우울증
비타민 P(루틴)	메밀, 레몬껍질	모세혈관 강화	피하 출혈로 보라색 반점

3) 지용성 비타민 : 유지용매에 용해, 필요량 이상 섭취 시 체내에 저장, 결핍 증상이 서서히 나타남

종 류	식 품	기 능	결 핍
비타민 A(레티놀)	간, 난황, 당근, 버터, 시금치	피부상피세포 보호, 카로티노이드 → 체내 비타민 A(프로비타민 A)	야맹증
비타민 D(칼시페롤)	건조 버섯, 간유, 효모	칼슘·인 흡수 촉진, 자외선에 의해 인체 합성	구루병, 골연화증
비타민 E(토코페롤)	식물성 유지, 견과류, 곡물 배아	천연 항산화제, 생식세포 정상 작용	노화, 불임
비타민 K(필로퀴논)	양배추, 달걀, 녹황색 채소	항 출혈성, 열에 안정	혈액응고 지연
비타민 F	식물성 기름	피부 보호, 성장, 영양에 필요, 필수불포화 지방산	피부염, 피부건조증

7. 식품의 맛

1) 기본적인 맛

① 단맛 : 포도당, 과당, 자당, 맥아당, 젖당
② 짠맛 : 소금(염화나트륨)
③ 신맛 : 과일·채소(구연산), 사과산, 주석산, 식초
④ 쓴맛 : 커피, 차, 초콜릿, 맥주

※ 맛을 느끼는 순서 : 짠맛 → 단맛 → 신맛 → 쓴맛

2) 보조적인 맛

① 매운맛 : 캡사이신, 피페린, 채비신(후추), 쇼가올(생강), 시니그린(겨자), 알리신(양파·마늘)
② 감칠맛 : 글루타민산(다시마, 김, 간장, 된장), 이노신산(가다랭이, 멸치), 아미노산(쇠고기)
③ 떫은맛 : 탄닌
④ 아린맛 : 고사리, 고비, 죽순, 우엉, 토란, 도라지

3) 맛의 변화

① 온도 : 혀의 미각은 30℃일 때 가장 예민한 편

종 류	최적온도(℃)
신 맛	25
짠 맛	37
단 맛	35
쓴 맛	40
매운맛	60

② 맛의 대비 : 서로 다른 맛을 혼합했을 때 주된 맛이 강하게 느껴진다.
(팥죽 : 설탕+소금 = 단맛 강화)

③ 맛의 상승 : 같은 맛을 혼합하면 더 강하게 맛이 난다.
(설탕+꿀 = 더 달다.)

④ 맛의 억제 : 서로 다른 맛을 혼합하면 주된 맛이 약해진다.
(커피+설탕 = 덜 쓰게 느껴짐)

⑤ 맛의 변조 : 강한 맛 성분을 먹고 다른 맛을 먹게 되면 원래의 맛을 느낄 수 없다.
(쓴맛+물 = 물이 달게 느껴짐)

8. 식품의 향미(냄새)

식품의 향미는 음식의 기호성과 관련이 크다.

1) 식품 냄새의 특징

① 식품 냄새는 휘발성분에 의해 냄새와 향을 인지하게 된다.

② 사람이 구분할 수 있는 냄새의 종류는 약 10,000가지 정도로 맛에 비해 매우 다양하다.

2) 식물성 식품 냄새

① 알코올 및 알데히드류 : 주류, 과일, 버섯, 커피, 계피, 오이

② 에스테르류 : 과일향, 단풍시럽, 카레

③ 테르펜류 : 박하, 레몬, 오렌지, 후추, 녹차, 생강, 미나리, 고수

④ 황화합물 : 무, 양파, 양배추, 된장, 간장, 고추냉이, 부추

3) 동물성 식품 냄새

① 아민류 : 고기·생선

② 지방산, 카르보닐화합물 : 우유 및 유제품, 버터, 치즈

4) 기타 성분

생선 비린내(트리메틸아민), 참기름(세사몰), 마늘(알리신), 고추(캡사이신), 겨자(시니그린), 후추(피페린), 생강(진저롤), 홍어(암모니아)

9. 식품의 색과 갈변

1) 식물성 색소

① 클로로필(엽록소) : 열과 산 → 녹갈색, 알칼리 → 진녹색

② 카로티노이드 : 황색·오렌지색·적색, 당근, 고구마, 고추, 늙은 호박, 토마토에 존재하며 프로비타민 A의 기능

③ 플라보노이드 : 흰색·황색의 수용성 색소로 밀가루, 양파, 귤

④ 안토시아닌 : 산성 → 적색, 중성 → 자색, 알칼리성 → 청색

2) 동물성 색소

① 미오글로빈 : 근육 색소, 산소에 반응

② 헤모글로빈 : 혈액 속에 함유, 철 함유

③ 헤모시아닌 : 문어·오징어의 회색 → 가열 시 자색

④ 아스타잔틴 : 새우·게의 회청록 → 가열 시 적색

⑤ 카로티노이드 : 연어, 송어 살의 분홍색

3) 효소적 갈변

① 폴리페놀 옥시다아제 : 채소·과일의 껍질을 벗기거나 자를 때

② 티로시나아제 : 감자

③ 갈변 억제 : 가열, 산 처리, 당·염 처리, -10℃ 보관, 산소 제거, 구리·철 기구 사용을 피한다.

4) 비효소적 갈변

① 마이야르 반응 : 아미노기와 카르보닐 화합물의 반응(자연 발생), 간장, 된장, 홍차

② 캐러멜화 반응 : 당류를 고온(180~200℃)으로 가열 시 산화 및 분해 산물에 의한 중합·축합에 의해 발생, 양파볶음, 약식

③ 아스코르빈산 산화 반응 : 항산화제로의 기능을 상실하고 갈변 반응을 일으키는 것, 감귤주스의 갈색화

Ⅲ. 식품과 효소

1. 효소의 이용

① 식품 내에 포함되어 있는 효소 : 장류, 육류, 치즈, 과일, 전분질 식품(감자, 고구마)

② 효소작용을 억제 : 신선도를 유지하기 위해 변질을 방지할 목적으로 효소작용 억제(과일의 갈변)

③ 식품에 효소 첨가 : 고기의 육질 연화를 목적으로 프로테아제 첨가

④ 효소에 의한 전분의 가수분해 : 포도당, 식혜, 엿

2. 효소작용에 영향을 미치는 요인

① 온도 : 최적 온도(30~40℃), 내열성 효소(70℃)

② pH : 펩신의 최적은 pH1~2, 트립신은 pH7~8

③ 저해제 : 은(Ag), 수은(Hg), 납(Pb), 시안화물, 계면활성제 등

3. 소화와 효소

구 분	효 소	소화작용	생산 장소
탄수화물	아밀라아제	전분 → 덱스트린+맥아당	타액
	수크라아제	설탕 → 포도당+과당	소장
	말타아제	맥아당 → 포도당+포도당	소장
	락타아제	젖당 → 포도당+갈락토오스	소장
단백질	펩신	단백질 → 펩톤	위장
	펩티다아제	펩티드 → 아미노산	십이지장
	트립신	단백질 → 펩티드, 아미노산	췌장
지질	리파아제	지방 → 글리세린+지방산	췌장
	레닌	카세인 → 응고	유아, 송아지 위

Chapter 4 구매관리

Ⅰ. 시장조사 및 구매관리

1. 시장조사와 메뉴관리

1) 정의 : 시장조사란 구매시장의 정보를 수집하고 분석하는 과정으로 공급자 선정 및 구매계약 과정에서 주도적인 협상과 구매활동을 가능하게 하는 것으로 매우 중요한 기능이다.

2) 목적 : 구매예정가격 결정, 품질, 조달기간, 구매수량, 공급자, 지불조건 등을 결정하기 위한 정보를 수집하여 합리적 구매계획을 수립하여야 한다.

3) 시장조사의 내용
① 품목
② 품질
③ 수량
④ 가격
⑤ 사용시기와 시장시세
⑥ 구매거래처와 거래조건

4) 방법 : 직접 조사와 간접 조사, 비용과 시간, 정확성 등을 살펴야 한다.
① 직접 조사 – 해당기업·판매시장에서의 자재 시세와 변동을 직접 파악한다.
② 간접 조사 – 신문, 관련 간행물, 협회, 정부기관 발표내용 등을 파악한다.

5) 시장조사의 종류
① 일반 기본 시장조사 : 구매정책을 결정하기 위해서 시행하는 것, 관련업계의 동향, 기초자재의 시가, 관련업체의 수급상황, 구입처의 대금결제조건 등
② 품목별 시장조사 : 구매물품의 가격 산정을 위한 기초자료와 구매수량 결정을 위한 자료로 활용
③ 구매거래처의 업태조사 : 안정적인 거래를 유지하기 위해
④ 유통경로의 조사 : 구매가격에 직접적인 영향을 미치는 유통경로를 조사

6) 시장조사의 원칙
① 비용 경제성의 원칙 : 조사에 드는 비용은 최소화 시킬 것
② 조사 적시성의 원칙 : 구매업무를 수행하는 시간 내에 끝낼 것
③ 조사 탄력성의 원칙 : 시장상황·가격변동에 탄력적으로 대응할 수 있을 것
④ 조사 계획성의 원칙 : 사전계획을 철저히 세울 것
⑤ 조사 정확성의 원칙 : 내용의 정확성을 지킬 것

7) 메뉴작성의 목적
① 시간과 노력 절약
② 영양과 기호도 충족
③ 식재료비 관리와 절약
④ 효율적인 식습관 형성

8) 메뉴 작성의 조건
① 영양 : 5가지 기초식품군을 고루 이용
② 경제 : 제철식품으로 신선하고 가격이 비싸지 않은 것
③ 기호도 : 강한 조미료, 설탕, 소금을 자제한다.
④ 지역성 : 지역적 특색에 맞는 식단 작성

9) 메뉴 작성 순서
① 영양 기준량 산출 : 성별, 연령, 노동의 강도에 따라
② 섭취 기준량 산출 : 한국인 영양권장량에 따른 식품량 산출
③ 3식 배분 결정 : 하루 3식의 단위를 배분, 계획 작성
④ 음식의 수와 요리명 결정
⑤ 식단 작성 주기 : 1주일, 한 달 간격
⑥ 식량 배분 계획
⑦ 식단표 작성

10) 시장조사에 따른 메뉴의 조절
① 식료품 재료의 재고량 소비에 따라 적절한 변경
② 구입단가 비용 상승·계절별 수급 차질시
③ 재료의 변질 등으로 수급이 어려울 경우
④ 계절식품으로 변경이 필요할 때
⑤ 고객의 주문에 따른 변경
⑥ 원가와 수익을 고려한 변경
⑦ 시장조사에 따른 원가와 품질을 고려
⑧ 수입재료에 맞는 메뉴의 선택과 개발

11) 메뉴관리
① 제공된 식사의 잔식·잔반 검사
㉠ 1인 식사량의 조절 여부
㉡ 기호도 조사 및 맛과 식재료 개선
㉢ 주로 발생하는 잔반의 종류 파악 관리
㉣ 잔반에 대한 처리방법 모색
② 주방 내 조리 후 남은 잔반 관리
㉠ 준비량 조절 여부
㉡ 보관 가능 여부

2. 식품구매 관리

1) 목적
식재료의 구매는 재료의 영양, 조리방법, 위생, 판매량 등에 영향을 미치게 되므로 위생적으로 안전성이 확보되고 영양적으로 우수하면서 경제적으로 부담이 적은 식재료를 확보하는 것이 가장 큰 목적일 것이다.

2) 구매절차
구매목록 작성 → 품목의 종류와 수량 결정 → 용도에 맞는 제품 선택(규격서 작성) → 구매명세서 작성 → 공급자 선정과 가격 결정(시장조사) → 발주 → 납품 → 검수 → 대금 지불과 물품 입고

3) 식재료에 따른 구매주기
① 수시 구매 : 필요량을 필요시마다 구매
② 1일 구매 : 저장성이 적고 소비가 많은 재료(엽채류, 생선류)
③ 2~3일 구매 : 단기 보관이 가능한 채소류, 육류
④ 주 단위 구매 : 구근 채소류
⑤ 월별 구매 : 쌀, 건어물
⑥ 분기별 구매 : 세제, 행주, 타월 등 소모품

3. 식품 재고관리

재고를 최적으로 유지하고 관리하는 총체적인 과정으로 물품의 수요가 발생했을 때 신속하고 경제적으로 적응할 수 있도록 물품을 최적의 상태로 관리하는 절차를 의미한다. 재고수준은 공급의 변동, 저장시설, 회전율, 식재료 수송방법 등을 고려하여 결정한다. 식재료의 원가를 계산하기 위해서는 반드시 필요하며 단체 급식소에서는 재료관리에 따라 월 1회 필요하다.

1) 재고관리의 중요성
① 물품 부족으로 인한 생산계획의 차질을 예방한다.
② 적정재고 수준의 유지로 재고관리의 유지비용을 감소시킨다.
③ 최소의 가격으로 최상의 품질을 구매할 수 있도록 한다.
④ 경제적인 재고관리로 원가를 절감한다.

2) 재고관리의 기능
① 실제 물량과 예측 물량 간의 차이를 알 수 있다.
② 재고 보충시기를 결정한다.
③ 물품사용처 및 사용빈도를 알 수 있다.

3) 재고 보유를 위한 결정요인
① 저장시설의 규모
② 발주빈도 및 평균사용량
③ 재고가치 및 공급자의 최소 주문요구량

4) 재고관리
① 선입선출법 : 먼저 구입한 재료부터 사용
② 후입선출법 : 나중에 구입한 재료부터 사용
③ 당기소비량 : (전기이월량+당기구입량)-기말재고량

5) 대체 식품 : 조리에 필요한 식품 대신 영양가는 비슷하고 값은 저렴한 식품을 선택한 경우를 말한다.

$$\text{대체 식품량} = \frac{\text{원 식품의 함량}}{\text{대체 식품의 함량}} \times \text{원래 식품량}$$

Ⅱ. 검수관리

1. 식재료의 품질 확인 및 선별

1) 식재료의 신선도 유지를 위한 보관법
① 곡류 : 곡류는 주성분이 탄수화물로 장기저장이 가능하고 유통이 편리하다. 습기 없고 통풍 잘되는 냉암소
② 서류 : 감자, 고구마, 토란 등 과거부터 구황작물로 이용되었고 현재에도 주식 대용으로 이용되나 수분이 많아 장기 저장보관이 어렵다.
③ 두류 : 주로 많이 생산되는 콩, 팥, 녹두, 강낭콩, 완두, 땅콩 등이 있으며 습도 60% 이하, 온도 10~15℃ 의 온도 변화가 적은 곳에 보관하도록 한다.
④ 수산물류 : 수산물은 해수어와 담수어로 나누어지며 생선류, 패류, 갑각류, 해조류로 구분된다. 수산물은 일반적으로 조직이 연하고 부패가 빨리 진행되어 보관, 저장의 어려움이 많다. 수산물의 형태는 선어류, 냉동생선류, 건조생선류, 수산가공품류 등이 있다.
⑤ 육류 : 소고기, 돼지고기 등의 수육류와 닭, 오리, 칠면조 등 조육류로 구분한다. 육류는 품종, 사육방법, 숙성기간, 부위에 따라 품질, 맛, 등급이 결정된다. 단기사용은 진공포장하여 냉장 보관하고 장기사용은 냉동 보관한다.
⑥ 우유·유제품 : 1~5℃ 보관하며 개봉한 경우 당일 사용하도록 한다.
⑦ 식용유 : 냉암소 보관을 원칙으로 하고 개봉한 것은 오래두지 않는다.
⑧ 통조림, 병제품 : 습기가 없는 냉암소에 보관하고 개봉한 것은 바로 사용하거나 남은 캔 제품은 다른 그릇에 옮겨 쓰도록 한다.

2) 식재료에 대한 감별 : 식재료에 대한 감별은 품질이 우수한 식재료 구입을 통해 음식의 맛을 좋게 하고 안전성을 확보하는데 있다. 식품의 감별은 감별자의 경험이나 문헌상의 지식을 기초로 하여 이루어지고 감별 방법으로는 관능검사와 이화학적 검사법이 있다.
① 쌀 : 쌀알의 모양, 크기, 색, 광택, 고르기, 부서짐, 이물질, 맛, 산패취, 병변
② 콩류 : 색과 광택, 모양, 냄새, 맛, 미숙입자, 이물질, 벌레
③ 서류 : 산지, 종자, 표피, 육질, 색, 맛, 병충해, 상처, 크기, 싹, 부패상태
④ 수산물류 : 신선도, 눈, 비늘, 아가미, 탄력, 냄새
⑤ 육류 : 육색, 지방색, 냄새, 탄력, 지방의 비율, 수분
⑥ 우유 : 색, 점조도, 냄새, 용기, 포장표시
⑦ 유제품 : 색조, 반점, 조직, 풍미, 맛, 곰팡이, 포장표시
⑧ 달걀 : 모양, 색, 겉껍질 오염도, 투시검란, 난백·난황의 상태, 난황계수
⑨ 채소류 : 신선도, 폐기율, 색, 모양, 중량, 잔류 농약
⑩ 과일류 : 성숙도, 색, 모양, 향, 중량, 당도, 잔류 농약
⑪ 식용유 : 투명도, 냄새, 제조일자, 유통기간
⑫ 냉동식품 : 동결상태 형태, 성애 많은가 여부, 조직에 얼음결정이 큰 것은 피한다.

2. 검 수

구매청구서에 의해 주문되어 배달된 물품의 품질, 규격, 수량, 중량, 크기, 가격 등이 구매하려는 해당 식재료와 일치하는가를 검사하고 납품받는 데 따른 모든 관리 활동이다.

1) 검수방법
① 전수 검수법 : 물품이 소량일 때 일일이 납품된 품목을 검수하는 방법으로 정확성은 있으나 시간과 경비가 많이 소요되는 단점이 있다. 또 검수품목 종류가 다양하거나 고가품일 경우에도 사용한다.
② 샘플링 검수법 : 대량 구매물품이나 동일품목으로 검수물량이 많을 경우 일부를 무작위로 선택해서 검사하는 방법이다.
③ 검수원의 요건 : 식품관련 전문성, 품질평가가 가능한 지식과 능력, 식품의 유통경로와 처리절차에 대한 지식, 검수일지를 작성하고 기록보관할 수 있을 것

2) 검수절차 시 준수사항
① 도착한 식자재를 즉시 검수한다.
② 운반차량의 내부 온도가 규정 온도를 유지하였는지 자동 온도기록지(타코메타)를 통해서 확인한다.(냉장차량 0~10℃, 냉동차량 영하 18℃ 이하)
③ 구매청구서와 물품을 대조하여 품목, 수량, 중량을 확인 → 검수하는 동안 검수품의 품질변화를 방지하기 위하여 냉장식품, 냉동식품, 채소류, 공산품의 순서로 한다.
④ 육류, 어류, 알류 등의 식품은 냉장 및 냉동상태로 운송되었는지 확인한다.
⑤ 물품의 품질, 등급, 위생 상태를 판정한 후 물품인수 또는 반품처리
⑥ 검수가 끝난 물품은 포장에 품명, 검수일자, 납품업체명, 중량, 수량, 저장위치 등을 명세표에 붙여서 보관
⑦ 식품 보관 시 사용용도에 따라 주방, 창고, 냉장고, 냉동고 등에 운반하여 적정 온도, 습도를 유지
⑧ 검수표·반품서 등을 작성, 검수 일지를 기록

3) 식품위생법상의 검수기준에 따라 확인
① 제품명(기구, 용기, 포장 제외) 확인
② 식품의 유형(식품 첨가물 포함) 확인
③ 업소명 및 소재지를 확인
④ 제조 연월일 및 유통기한 확인

⑤ 내용량 확인
⑥ 성분 및 원재료명(식품첨가물 포함) 확인

4) 검수를 위한 장비 관리
① 검수대 : 입고물품을 바닥에 내려놓지 않는다.
② 조명 : 물품의 표시사항 및 품질 이상 유무 등을 확인할 수 있도록 540Lux 이상의 조도일 것
③ 저울 : 물품의 정확한 양을 측정하기 위하여 측정 가능한 범위의 저울을 구비할 것
④ 온도계 : 적정 온도를 유지한 채 운반되었는지 확인할 수 있는 정확한 온도계를 구비할 것
⑤ 선반 : 검수하는 동안 입고물품을 올려놓을 수 있도록 청결한 선반을 구비한다.

Ⅲ. 원 가

1. 원가의 의의 및 종류

원가관리란 원가를 수단으로 하는 경영활동의 관리로 제품을 제조, 판매, 서비스 제공을 위해 소비된 경제 가치를 말한다.

1) 원가계산의 목적
① 가격결정 : 제품의 판매가격 결정(실제원가+이윤 = 판매가)
② 원가관리 : 원가절감을 위한 원가관리의 기초자료 제공
③ 예산편성 : 예산편성을 위한 기초자료 제공
④ 재무제표 작성 : 기업의 이해관계자들에게 경영활동에 관한 결과를 보고할 목적으로 재무제표를 작성하기 위한 기초자료

2) 원가의 3요소
① 재료비 : 제품의 제조를 위해 소비되는 물품의 원가(재료구입비)
② 노무비 : 제품의 제조를 위해 소비되는 노동의 가치(임금, 상여금, 시간외 수당)
③ 경비비 : 제품의 제조를 위해 소비되는 재료비, 노무비 외의 비용(수도요금, 전기요금, 보험료, 외주비용, 감가상각비)

3) 총원가의 구성

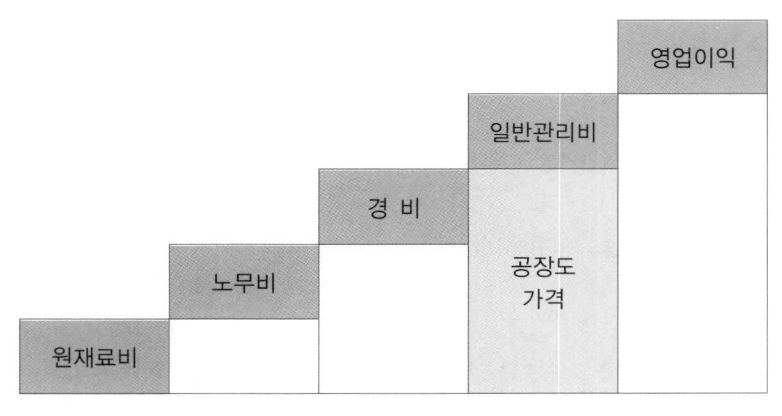

4) 원가의 종류
① 직접비 : 특정제품에 직접 부담시킬 수 있는 비용
② 간접비 : 여러 제품에 공통적으로 또는 간접적으로 소비되는 비용
③ 원가계산 구조
㉠ 직접원가 = 직접재료비+직접노무비+직접경비
㉡ 제조간접비 = 간접재료비+간접노무비+간접경비
㉢ 총원가 = 제조원가+판매관리비
㉣ 판매가격 = 총원가+이익

5) 고정비 : 일정기간 동안 조업도의 변동에 관계없이 항상 일정액으로 발생하는 원가로 감가상각비, 노무비, 보험료, 제세공과금 등이 해당된다.

2. 원가분석 및 계산

1) 원가계산의 단계별 구조
① 요소별 원가계산 : 제품의 원가는 재료비, 노무비, 경비의 3가지 원가요소를 분류 방법에 따라 세분하여 계산한다.
② 부문별 원가계산 : 전 단계의 원가요소를 부문별로 분류 집계하는 절차이다.
③ 제품별 원가계산 : 각 부문별 집계한 원가를 제품별로 배분, 최종적으로 각 제품의 제조원가를 계산한다.

2) 원가관리 : 원가의 통제를 위해 가능한 한 원가를 합리적으로 절감하려는 경영기법으로 표준원가 계산 방법을 이용한다.

3) 손익분기점 : 한 기간의 매출액이 당해 기간의 총비용(고정비+변동비)과 일치하는 점을 말한다.

4) 감가상각비 : 시간이 지남에 따라 감소하는 자산의 가치를 연도에 따라 일정한 비율로 할당하여 비용화하는 것을 말하며 이때 감가된 비용을 감가상각비라 한다.

$$\text{매년 감가상각액} = \frac{\text{기초가격} - \text{잔존가격}}{\text{내용연수}}$$

Chapter 5 기초 조리실무

Ⅰ. 조리 준비

1. 조리의 정의 및 원리

1) 정의 : 식품을 위생적으로 손질하고 물리적·화학적 처리를 한 후 사람이 먹기 좋은 상태를 만드는 과정이다.

2) 목적
① 영양성 : 영양소를 보존하고 소화를 쉽게 하여 영양효율을 높인다.
② 기호성 : 식품의 풍미, 식감, 외관을 좋게 하여 식욕을 증진시킨다.
③ 안전성 : 위생적 위해성분을 제거하여 안전하게 만든다.
④ 저장성 : 식품의 저장성을 높이기 위해 물리적, 화학적 처리를 한다.

3) 조리의 원리 – 물
① 비등점(끓는점) : 물은 일정 압력과 온도에서 끓으며 기화가 된다. 기화현상을 비등이라하며 순수한 물은 1기압일 때 100℃에서 끓는다.
② 빙점 : 순수한 물의 어는점은 0℃이다.
③ 삼투압 : 채소와 생선의 세포막은 반투막으로 농도의 차이를 이용한 절임현상을 말한다.
④ 팽윤 : 곡물 등 건조된 식품을 물에 불리는 현상이다.
⑤ 용출 : 재료의 성분이 빠져나오는 현상으로 온도가 높을수록 효율이 좋다.

4) 조리의 원리 - 열
① 전도 : 열이 물체를 따라 이동하는 상태로 열전도율이 클수록 전달 속도가 빠르다.
② 대류 : 액체나 기체를 가열했을 때 밀도차로 가열한 물질이 이동하면서 열이 전달된다.
③ 복사 : 중간매체 없이 열이 직접 전달되는 것

2. 기본 조리조작

1) 조리방법
① 기계적 조리 : 씻기, 다듬기, 썰기, 다지기, 치대기, 무치기, 무게 달기, 담아내기
② 가열 조리
㉠ 습열 : 데치기(Blanching), 끓이기(Boiling), 삶기(Poaching), 찌기(Steaming)
㉡ 건열 : 굽기(Broiling), 볶기(Sauteing), 튀기기(Deep-Frying), 지지기(Fan-Frying)
㉢ 초단파(Microwave)
③ 화학적 조리 : 효소에 의한 분해, 알칼리에 의한 연화·표백 작용, 알코올의 탈취·방부작용, 금속염의 응고 작용

2) 계량 단위 : 액체류는 계량컵으로 리터나 밀리리터 단위로 계량하고, 밀가루와 설탕 등은 그램이나 킬로그램으로 단위를 계량한다.
· 1C = 컵 = 200cc = 200ml(미국은 240ml)
· 1TS(테이블스푼) → 15ml(밀리리터) = 큰 술
· 1ts(티스푼) → 5ml(밀리리터) = 작은 술
· 1L(리터) → 1,000ml(밀리리터)
· 0.5L(리터) → 500ml(밀리리터)

3) 계량방법 : 계량이 정확해야 좋은 품질의 음식을 일관성 있게 만들 수 있다.
① 가루상태의 식품 : 가루를 계량할 때는 부피보다는 무게로 계량하는 것이 정확하지만 편의상 부피로 계량할 때는 누르지 말고 수북하게 담아 평평한 것으로 고르게 밀어 표면이 평면이 되도록 깎아서 계량하도록 한다.
② 액체식품 : 기름·간장·식초 등의 액체식품은 계량컵이나 계량스푼에 가득 채워서 계량하거나 평평한 곳에 놓고 눈높이에서 보아 눈금과 액체의 표면 아랫부분을 눈과 같은 높이로 맞추어 읽는다.
③ 고체 식품 : 고체 지방이나 다진 고기 등의 고체 식품은 계량컵이나 계량스푼에 빈 공간이 없도록 가득 채워서 표면을 평면이 되도록 깎아서 계량한다.
④ 알갱이 식품 : 쌀·팥·통후추 등의 알갱이 식품은 계량컵이나 계량스푼에 가득 담아 살짝 흔들어서 공간을 메운 뒤 표면을 평면이 되도록 깎아서 계량한다.
⑤ 농도가 큰 식품 : 고추장, 된장 등의 농도가 큰 식품은 계량컵이나 계량스푼에 꾹꾹 눌러 담아 표면이 평면이 되도록 깎아서 계량한다.

4) 폐기량과 정미량
① 폐기량 : 조리 시 식품에서 버려지는 부분
② 폐기율 : 식품의 전체 중량에 대한 폐기량을 %로 표시한 것
③ 정미량 : 식품에서 폐기량을 제외한 부분으로 가식 부위의 중량

3. 기본 칼 기술 습득

1) 칼의 종류
① 아시아형 : 칼날 길이 18cm 정도로 채 썰기 등 동양요리에 적당하며 우리나라, 일본, 아시아에서 많이 사용된다.
② 서구형 : 칼날 길이 20cm 정도로 일반 부엌칼이나 회칼로도 많이 사용된다.
③ 다용도칼 : 칼날 길이 16cm 정도로 뼈를 발라내기도 하는 다양한 작업을 할 때 사용한다.

2) 칼의 용도에 따른 분류 : 한식칼, 양식칼, 중식칼, 과도, 조각칼

3) 기본 썰기
① 밀어 썰기 : 모든 칼질의 기본이 되는 칼질법이다. 무, 오이 등을 채 썰 때
② 작두 썰기 : 칼끝 대고 눌러 썰기, 무나 당근 같이 두꺼운 재료를 썰기에는 부적당하다.
③ 후려 썰기 : 속도가 빠르고 손목의 스냅을 이용한다. 많은 양을 썰 때 적당하지만 정교함이 떨어지고 소리가 크게 나는 단점이 있다.
④ 칼끝 썰기 : 양파를 곱게 썰거나 다질 때 흩어지지 않게 하기 위해 칼끝으로 양파의 뿌리 쪽을 남기며 써는 방법으로 한식에서 다질 때 많이 사용한다.
⑤ 당겨 썰기 : 오징어 채·파 채 썰기 등에 적당한 방법으로 칼끝을 도마에 대고 손잡이를 약간 들었다 당기며 눌러 써는 방법이다.
⑥ 당겨서 밀어붙여 썰기 : 칼을 당겨서 썰어 놓은 회감을 차곡차곡 옆으로 밀어 붙여 겹쳐 가며 써는 방법이다.
⑦ 당겨서 떠내어 썰기 : 발라낸 생선살을 일정한 두께로 떠내는 방법으로 주로 회를 썰 때 많이 쓰는 칼질 방법으로 탄력이 좋은 생선을 자를 때 많이 사용하는 방법이다.
⑧ 뉘어 썰기 : 오징어에 칼집을 넣을 때 45° 정도 눕혀 사용하는 칼질 방법이다.
⑨ 밀어서 깎아 썰기 : 우엉을 깎아 썰거나 무를 모양 없이 썰 때 많이 사용하는 방법이다.
⑩ 톱질 썰기 : 말아서 만든 어선, 잘 부서지는 섭산적을 썰 때 부서지지 않게 하기 위해 톱질하는 것처럼 왔다갔다하며 써는 방법이다.
⑪ 돌려 깎아 썰기 : 엄지손가락에 칼날을 붙이고 일정한 간격으로 돌려가며 껍질을 까는 방법이다. 오이, 당근, 무를 얇게 떠서 써는 방법
⑫ 손톱 박아 썰기 : 마늘처럼 작고 모양이 불규칙적이고 잡기가 나쁠 때 손톱 끝으로 재료를 고정시키고 써는 방법이다.

4. 조리장의 시설 및 설비관리

1) 조리장의 3원칙 : 위생성, 능률성, 경제성

2) 조리장의 위치
① 통풍과 채광, 급수·배수가 용이한 곳
② 화장실·쓰레기장 등 오염원과의 거리가 떨어져 있는 곳
③ 물건의 구입과 반출이 쉽고 직원들의 출입이 편리한 곳

3) 조리장의 면적
① 식당 면적 : 취식자 1인당1㎡
② 조리장 면적 : 식당 넓이의 1/3
③ 일반 급식소 : 1인당 0.1㎡

4) 조리장의 설비
① 건물
㉠ 내구력이 충분할 것
㉡ 객실과 객석의 구분이 명확할 것
㉢ 조리장 바닥과 내벽 1m까지는 물청소가 가능한 자재를 사용할 것
㉣ 미끄럽지 않고 산, 염, 유기용액에 강할 것

② 작업대

㉠ 작업대 높이는 신장의 52%로 서서 허리를 굽히지 않아야 하고 너비는 55~60cm 정도가 효율적이다.

㉡ 작업대와 뒤 선반의 간격은 최소 150cm 이상으로 한다.

※ 작업 동선에 따른 기기배치
준비대 → 개수대 → 조리대 → 가열대 → 배선대

③ 환기구

㉠ 창문에 팬을 설치하는 방법과 후드를 설치하는 방법이 있으며, 4방 개방형이 효율적이다.

㉡ 후드장치는 가열기구의 설치범위보다 넓어야 흡입 효율성이 높다.

㉢ 청소하기 쉬운 구조와 녹슬지 않는 재질이어야 한다.

Ⅱ. 식품의 조리 원리

1. 농산물의 조리 및 가공·저장

1) 전분 : 곡류의 주성분은 탄수화물로 대부분이 전분으로 이루어져 있다.

① 전분의 호화(α화)

㉠ 전분에 수분을 넣고 가열할 때 일어나는 물리적 변화로 점성이 증가하며 투명해진다.

㉡ 호화의 3단계 : 수화 → 팽윤 → 콜로이드

㉢ 호화에 영향을 미치는 인자 : 전분입자의 크기가 클수록, 가열 온도가 높을수록, 쌀의 도정률이 높을수록, 수침시간이 길수록

② 전분의 노화(β)

㉠ 호화된 전분을 실온이나 그 이하의 온도로 방치하게 되면 분자구조가 다시 규칙적으로 정렬되면서 생전분의 구조와 같은 물질로 되돌아가는 현상

㉡ 노화되기 쉬운 환경 : 수분 함량 30~60%, 온도 0~5℃, 아밀로오스 함량이 많을 때

㉢ 노화 억제방법 : 수분 함량을 15% 이하로 유지, 0℃ 이하 보관, 60℃ 이상 유지, 설탕, 지방, 유화제 첨가

③ 전분의 호정화(Dextrin)

㉠ 전분에 수분을 넣지 않고 160℃ 이상으로 가열하게 되면 여러 단계의 가용성 전분을 거쳐 덱스트린으로 분해된다. 이 과정에서 구수한 맛과 갈색으로 색이 변하게 된다.

㉡ 호정화된 전분은 용해성이 생겨 물에 잘 녹고 저장성이 좋아진다. → 미숫가루, 누룽지, 뻥튀기, 팝콘

④ 전분의 당화 : 전분에 산을 넣거나 당화효소를 이용, 가수분해 하여 포도당 또는 올리고당을 만들어 감미료를 만든다. → 조청, 물엿, 식혜

⑤ 전분의 겔(Gel)화 : 전분을 가열 조리 후 냉각시켜 굳히는 것으로 묵(도토리, 메밀, 청포), 앵두편 등이 있다.

※ 곡류
곡류는 전 세계인이 식량자원으로 이용하고 있으며 쌀, 맥류(보리, 밀, 호밀, 귀리), 잡곡류(조, 피, 기장, 옥수수, 메밀)로 분류한다. 곡류는 영양학적으로, 경제적으로 유용한 식품이지만 필수아미노산이 부족하므로 동물성 단백질이나 콩과 함께 섭취하는 것이 좋다.

2) 쌀

① 쌀은 형태에 따라 자포니카형(단립종), 인디카형(장립종)으로 나뉘며 재배 지역이나 밥을 지었을 때의 특징이 다르다.

② 쌀은 가공 정도에 따라 나뉜다.

㉠ 현미 : 벼에서 왕겨층(20%)을 제거한 것으로 소화율은 90%

㉡ 5분 도미 : 현미에서 외피를 50% 제거한 것

㉢ 7분 도미 : 현미에서 외피를 70% 제거한 것

㉣ 10분 도미(백미) : 현미에서 외피를 100% 제거한 것으로 소화율은 98%이다.

3) 밀 : 밀가루의 단백질 글리아딘(Gliadin)과 글루테닌(Glutenin)이 물과 결합하게 되면 점탄성의 글루텐(Gluten)을 형성하게 된다.

① 글루텐 함량에 따른 밀가루의 분류 및 용도

종 류	글루텐 함량	용 도
강력분	13% 이상	식빵, 파스타
중력분	10~13%	국수, 만두
박력분	10% 이하	케이크, 과자, 튀김옷

② 글루텐에 영향을 주는 물질

㉠ 팽창제 : CO_2, 공기 등으로 가볍게 부풀린다.
- 이스트(효모), 베이킹 파우더, 중조(중탄산나트륨)

㉡ 지방 : 글루텐 형성을 방해하여 부드럽고 바삭한 질감의 연화 작용

㉢ 달걀 : 구조를 형성하고 팽창제, 유화제 역할을 하며 색과 풍미를 준다.

㉣ 설탕 : 고온에서 캐러멜화로 갈색반응이 일어나고 연화 작용을 한다.

㉤ 소금 : 맛을 향상시키고 글루텐의 구조를 단단하게 만든다.

4) 서류 : 서류는 수분이 70% 이상이고 주성분은 당질로 대표적인 전분식품이다.

① 감자

㉠ 점질 감자 : 찌거나 구울 때 부서지지 않아 형태가 잘 유지된다. 볶음, 조림 등으로 이용된다.

㉡ 분질 감자 : 쪘을 때 포슬포슬하게 분이 나면서 잘 부서지는 성질을 이용한 구운 감자, 매쉬드 포테이토, 프렌치 프라이에 이용된다.

② 고구마 : 섬유질이 많고 칼륨 등 무기질이 풍부한 알칼리성 식품이다.

5) 두류

① 콩 단백질의 대부분은 글리시닌(Glycinin)으로 구성되어 있으며, 두부 응고제(황산칼슘, 염화마그네슘, 염화칼슘)와 열에 의해 응고되는 성질을 이용하여 두부를 만든다.

② 특수성분

㉠ 안티트립신 : 소화를 저해하는 트립신 저해 물질로 가열하면 파괴되어 단백질의 소화율이 높아진다.

㉡ 사포닌(기포성과 용혈작용 - 가열 시 파괴), 이소플라본(동맥경화, 골다공증 예방), 레시틴(생체막의 구성 성분)

6) 채소류 : 채소는 수분이 90%, 탄수화물이 2~10%로 전분, 당분, 섬유질로 이루어져있다.

① 채소의 분류

㉠ 엽채류 : 배추, 양배추, 상추, 시금치, 근대, 아욱, 쑥갓, 청경채

㉡ 경채류 : 아스파라거스, 샐러리

㉢ 근채류 : 무, 당근, 연근, 우엉

㉣ 과채류 : 오이, 가지, 고추, 호박, 토마토, 아보카도

㉤ 화채류 : 아티초크, 브로콜리, 컬리플라워

② 채소의 갈변 현상
㉠ 효소적 갈변 현상 : 감자, 연근, 우엉 등은 껍질을 벗겨 놓으면 갈색으로 갈변하게 된다.
㉡ 비효소적 갈변 현상 : 산을 첨가하거나 가열하게 되면 엽록소가 페오피틴으로 변하게 되어 갈색이 된다. 따라서 채소를 데칠 때는 뚜껑을 열고 유기산을 휘발시키고 찬물로 헹군다.
㉢ 갈변 억제법 : 가열(효소의 불활성화), 진공(산소 차단), 산처리(pH3 이하)

7) 과일류
① 효소에 의한 갈변 억제 : 고농도의 설탕 용액, 저농도의 소금물, 레몬즙 등의 산처리
② 잼, 젤리, 프리저브, 마말레이드 등으로 조리, 보존기간을 늘릴 수 있다.

8) 조리에 의한 색 변화

색 소	산 성	알칼리성
클로로필	불안정(갈색)	안정(진녹색)
플라보노이드	안정(백색)	불안정(황색)
카로티로이드	안정(주황색)	안정(주황색)
안토시안	안정(적색)	불안정(청색)

2. 축산물의 조리 및 가공·저장

1) 육류
① 육류의 사후경직
㉠ 동물은 도살 직후 근육이 단단해지는 사후경직(강직) 상태가 되면서 젖산이 생성되고 pH저하로 산성화 된다. 이후 최대 강직 상태가 지나고 체내 효소에 의해 자기소화 현상을 거쳐 풍미가 좋아지고 육질이 연해지게 된다.
㉡ 사후경직과 숙성

육 류	사후경직	숙 성
소	12~24	7~14일
돼지	12	3~5일
닭	6	1~2일

② 육류의 연화법
㉠ 기계적 방법 : 잘게 다지거나 망치로 두드려 근섬유를 끊어준다.
㉡ 효소 : 단백질 분해 효소를 사용하여 육질을 연화시킨다.
- 파파야의 파파인(Papain), 파인애플의 브로멜린(Bromelin), 무화과의 피신(Ficin), 배의 프로테아제(Protease), 키위의 액티니딘(Actinidin)
㉢ 염의 첨가 : 1.5% 이하의 소금은 보수성을 증가시키고 중량 손실을 적게 하지만 5% 이상은 탈수작용이 일어나 질겨지게 된다.
㉣ 당의 첨가 : 설탕은 조직을 연하게 만든다.
㉤ 가열 : 콜라겐 조직은 장시간 물에 끓이면 가수분해되어 연해진다.

2) 육류의 가열 조리
① 단백질이 응고되면서 고기가 수축된다.
② 결합조직의 콜라겐이 젤라틴화되면서 부드러워진다.
③ 중량 감소, 수분 감소
④ 지방이 융해되면서 맛과 풍미가 좋아지고 색의 변화가 일어난다.

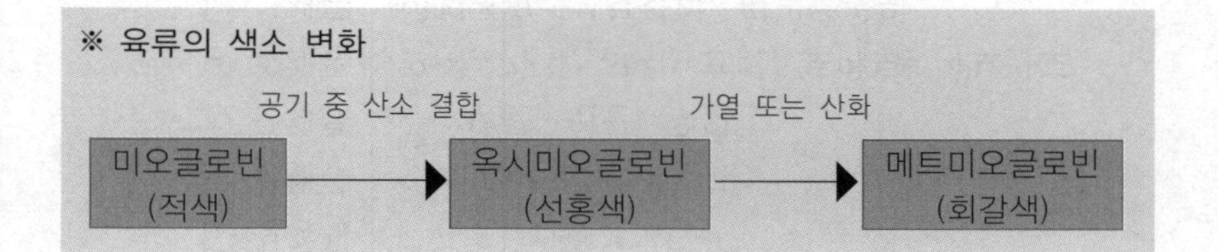

3) 부위별 조리법

조리법	육류의 부위
탕	사태, 양지, 꼬리(쇠고기), 머리(쇠고기)
장조림	홍두깨, 우둔, 사태, 대접살
편 육	쇠고기(양지, 사태, 우설), 돼지고기(삼겹살, 머리)
구 이	등심, 안심, 갈비, 삼겹살, 목살

3. 수산물의 조리 및 가공·저장

1) 어류의 특징
① 서식지에 따라 해수어와 담수어로 나뉘며 해수어는 담수어보다 지방 함량이 많다.
㉠ 사후강직은 1~4시간 사이에 최대로 맛이 좋으며 이후 자기소화와 부패가 시작된다.
㉡ 어류는 육류에 비해 콜라겐의 함량이 적어 살이 연하다.
㉢ 새우·게 등의 갑각류의 아스타잔틴이라는 색소는 회색으로 가열하게 되면 적색의 아스타신으로 바뀌게 된다.
② 어류의 신선도
㉠ 육질이 단단하고 탄력이 있으며 내장이 밖으로 나오지 않을 것
㉡ 아가미의 색이 붉고 눈이 맑고 튀어 나온 것
㉢ 비늘이 잘 붙어있으며 광택이 있고 점액질이 없을 것
③ 어취의 제거 방법
㉠ 생선 비린내의 주성분인 트릴메틸아민은 수용성이므로 흐르는 물에 씻는다.
㉡ 식초나 레몬즙을 첨가하면 비린내가 감소된다.
㉢ 마늘, 파, 양파, 생강, 겨자 등의 향신료는 비린향을 제거한다.
㉣ 간장, 된장, 고추장 등의 장류는 비린내를 억제한다.
㉤ 알코올은 휘발성 어취를 제거하고 맛을 향상시킨다.

※ 생선의 비린내 성분

트리메틸아민옥사이드 (Trimethylamine Oxide) → (O_2) → 트리메틸아민 (Trimethylamine)

3) 어류의 조리
① 구이를 할 때 소금은 생선무게의 2~3%를 뿌리면 생선살이 단단해지고 비린내도 억제한다.
② 탕이나 찌개는 물 또는 양념장을 끓인다음 생선을 넣어야 원형도 유지하고 영양손실도 줄일 수 있다. 이때 처음 몇 분간은 뚜껑을 열고 조리해야 비린내가 휘발된다.
③ 어묵은 어류의 단백질인 미오신이 소금에 용해되는 성질을 이용해 만든다.
④ 젓갈은 어패류에 20% 내외의 소금을 첨가해 부패를 억제하고 미생물의 분해, 발효, 숙성 작용을 이용해 만든다.

4. 난류의 조리 및 가공·저장

1) 달걀의 구조 : 난각(무게의 12%), 난각막, 난백(무게의 60%), 난황(무게의 30%), 알끈(흰자의 변성 물질)

2) 달걀의 특성

① 열 응고성 : 난백은 60~65℃, 난황은 65~70℃에서 응고되며 소금과 식초 첨가 시 응고 작용에 도움을 준다.

② 기포성 : 난백의 기포는 글로불린이 관여하며 난백을 휘저을 때 공기가 포집되어 거품이 일어난다. 30℃에서 거품형성 능력이 좋으므로 실온에 보관했다 거품을 내는 것이 좋다. 설탕, 우유, 기름은 기포 발생을 저해한다.

③ 녹변 현상 : 가열 온도가 높을수록, 익히는 시간이 길수록, 오래된 달걀일수록 난백의 황화수소(H_2S)와 난황의 철(Fe)이 결합하여 황화철(FeS)을 생성한다.

④ 유화성 : 난황의 레시틴은 천연 유화제로 마요네즈, 케이크 반죽 등에 이용된다.

3) 달걀의 신선도

구분법	특 징
외관판정	표면이 거칠고, 흔들어서 소리가 나지 않는 것이 신선하다.
투광판정법	기실의 크기가 작고 난황이 중앙에 위치하며 이물질이 보이지 않는 것
난황·난백계수	신선도가 떨어질수록 수치가 낮다. 난백계수(0.16), 난황계수(0.4)가 신선하고 난백계수(0.1), 난황계수(0.3)은 오래된 달걀
비중법	6% 소금물에 달걀을 넣었을 때 가라앉는 것이 신선한 것

5. 우유 및 유제품의 가공·저장

1) 우유의 성분

① 주성분은 동물성 단백질과 칼슘으로 대표적인 완전식품이다.

② 우유 단백질의 80%를 차지하는 카세인은 칼슘과 결합된 형태로 산이나 레닌 첨가 시 응고되지만 열에는 안정적이라 응고되지 않는다.

③ 유청 단백질은 20% 정도로 카세인이 응고된 후 남아있는 단백질로 열에 응고된다.

2) 우유의 조리

① 식품의 색을 희게 하고 부드러운 맛과 방향성이 있다.

② 미세한 지방구와 단백질 입자로 생선 비린내, 닭고기나 내장의 이취 등을 흡착, 제거한다.

③ 단백질의 Gel강도를 높인다.

④ 우유를 60℃ 이상으로 가열하면 표면에 얇은 피막이 생기는데 지방구와 단백질이 엉겨 변성된 것이다. 따라서 가열 시 저어가며 끓여준다.

⑤ 유당은 가열하게 되면 마이야르 반응으로 갈변한다.

3) 유제품의 종류

① 버터 : 크림을 가열, 살균, 발효한 것으로 지방함량 80%이다.

② 크림 : 지방35%로 지방 함량에 따라 커피크림, 휘핑크림으로 구분한다.

③ 치즈 : 카세인을 레닌으로 응고, 단백질과 칼슘이 풍부하다.

④ 분유 : 우유의 수분을 제거하여 분말화시킨 것으로 전지분유, 탈지분유, 제조분유 등이 있다.

⑥ 연유 : 우유에 설탕을 첨가하여 1/3로 농축시킨 가당연유와 무가당 연유가 있다.

⑦ 요구르트 : 탈지유를 농축시켜 가열, 살균, 발효시킨다.

⑧ 사워크림 : 생크림을 발효시킨 것

6. 유지 및 유지 가공품

1) 유지의 구분 : 상온에서 액체인 유(oil - 대두유, 참기름, 들기름)와 고체인 지(fat - 소기름, 돼지기름, 버터)로 구분하고 가수분해 시 지방산과 글리세롤이 된다.

2) 유지의 성질

① 가소성 : 버터, 마가린, 라드, 쇼트닝은 고체 지방의 가소성을 갖는다.

② 연화작용 : 유지류는 밀가루 글루텐의 형성을 방해하는데 이 성질을 이용하여 비스킷, 케이크 등을 만든다.

③ 유화성 : 친수기와 소수기를 갖고 있는 유지류의 특성으로 마요네즈, 버터, 마가린, 크림스프 등을 만든다.

3) 유지의 발연점

① 발연점 : 유지 가열 시 표면에서 푸른 연기가 나기 시작하는 온도

② 아크롤레인 : 발연점 이상으로 가열 시 발생하는 자극적인 냄새와 푸른 연기의 원인

③ 발연점이 낮아지는 요인 : 유리 지방산이 많을수록, 기름에 이물질이 많을수록, 그릇의 표면적이 넓을수록, 사용횟수가 많을수록 저하된다.

4) 유지의 산패

① 불쾌한 냄새, 점성, 거품과 갈색으로 착색

② 유리 지방산 함량이 많아진다.

③ 독성이 생긴다.

④ 산패 요인

㉠ 온도가 높을수록 반응속도 증가

㉡ 빛과 자외선

㉢ 수분이 있으면 촉매 작용을 한다.

㉣ 금속이 닿으면 산화를 촉진

※ 변질된 식용유 식별법
- 낮은 온도에서 연기가 난다.
- 가열과정에서 쉽게 기포가 생긴다.
- 조리 시(또는 상온에서도) 기름 냄새가 난다.
- 담황색이던 기름 색깔이 진한 갈색으로 바뀌었다.
- 사용 후 기름이 끈적끈적한 느낌이 남는다.

7. 냉동식품의 조리

전처리 후 -18℃ 이하로 급속 냉동, 미생물의 생육이 0℃ 이하에서 작용을 하지 못하게 하는 원리를 응용하여 냉장·냉동 형태로 포장되어 판매하는 식품을 말한다.

1) 냉동방법

① 동결 시간이 짧을수록 미세한 크기로 형성되어 조직의 파괴가 적다. → -40℃ 급속 동결법 또는 -194℃ 액체 질소 냉동법

② 채소류는 데친 후 동결시킨다.

③ 해동 후 재냉동은 하지 않는다.

2) 냉동 중 식품의 변화

① 냉동 중 조직에 대형 얼음 결정이 생긴다.

② 드립(Drip)현상으로 수용성 단백질, 염류, 비타민류의 영양 손실이 생긴다.

③ 중량과 풍미, 맛이 감소한다.

8. 조미료 및 향신료

1) 조미료 : 식품의 맛을 증가시킬 목적으로 이용된다.

① 조미의 4가지 기본 맛 : 단맛, 신맛, 짠맛, 쓴맛

② 조미료 첨가 순서

설탕 → 술 → 소금 → 식초 → 간장 → 된장 → 고추장

③ 조미식품 재료의 종류

구 분	종 류
단 맛	설탕, 조청, 물엿, 꿀, 시럽, 아스파탐, 스테비오사이드
짠 맛	소금, 간장, 된장
신 맛	식초, 레몬, 초산, 구연산
자극적인 맛	고추, 고추장, 후추, 겨자, 고추냉이
감칠 맛	MSG, 천연재료(다시마, 홍합, 멸치, 건새우)

2) 향신료 : 향미 성분이 있는 식물의 종자, 열매, 잎, 줄기, 뿌리, 나무껍질, 꽃 등에서 얻는 재료

① 식품의 풍미를 높이고 맛을 향상시킨다.
② 육류, 생선의 불쾌취를 완화시킨다.
③ 곰팡이, 효모 발생, 부패균의 증식을 억제한다.
④ 소화효소를 활성화하고 정장제로서의 역할을 한다.
⑤ 향신료의 종류

구 분	종 류
향이 강한 향신료	정향, 계피, 고수, 올스파이스, 오레가노, 팔각
매운 향신료	후추, 겨자, 와사비, 칠리고추, 파, 처빌
향미 재료	정향, 넛멕, 큐민, 마늘, 생강, 바닐라, 레몬그라스, 바질
불쾌취 제거 향신료	생강, 마늘, 월계수잎, 로즈마리, 타임, 오레가노
색을 위한 향신료	터메릭, 샤프란, 파슬리, 파프리카

10. 한천과 젤라틴

1) 한천

① 우뭇가사리 등을 삶은 액을 냉각, 동결, 건조시킨 것으로 주성분은 갈락탄이다.
② 체내에서 소화되지 않고 물을 흡수 팽창하여 장을 자극, 변비를 예방한다.
③ 용해 온도는 80~100℃, 응고 온도는 38~40℃
④ 설탕량이 많아지면 겔의 강도가 높아져 점성과 탄성이 증가한다.
⑤ 양갱, 과자 등에 이용된다.

2) 젤라틴

① 동물의 가죽, 뼈에 존재하는 콜라겐을 가수분해하여 얻은 단백질
② 식품에 사용되는 젤라틴의 농도는 3~4% 정도다.
③ 13℃ 이하에서 응고되기 때문에 냉장고에서 굳힌다.
④ 설탕량이 많아지면 겔의 강도가 감소되어 응고력이 감소된다.
⑤ 젤리, 족편, 마시멜로, 아이스크림, 푸딩 제조에 사용된다.

PART 2 한식 기초 조리

Chapter 1 한식 기초 조리 실무

1. 식재료 썰기

식재료 썰기의 목적은 조리의 목적에 맞게 알맞은 모양과 크기로 일정하게 썰어서 사용해야 한다. 고르지 못하게 썬 재료는 조리 시간의 차이로 인해 모양이 망가지거나 완성되었을 때 보기에 좋지 않다.

1) 썰기의 목적
① 모양과 크기를 맞춰 조리하기 쉽게 한다.
② 먹지 못하는 부분을 정리한다.
③ 한입에 먹기 편하게 하여 소화를 도와준다.
④ 열전달이 잘되고 양념의 침투가 잘되도록 한다.

2) 썰기의 종류 : 편 썰기, 채 썰기, 막대 썰기, 골패 썰기, 나박 썰기, 깍둑 썰기, 반달 썰기, 은행잎 썰기, 통 썰기, 어슷 썰기, 저며 썰기, 돌려 깎기, 다지기 등이 있다.
① 편 썰기 : 재료를 다지지 않으면서 깔끔하게 사용하거나 모양 그대로 얇게 썰 때 이용하는 방법이다.
② 채 썰기 : 일정한 두께로 가늘게 썬다.(생채, 구절판)
③ 막대 썰기 : 재료를 원하는 길이와 굵기로 막대 모양으로 썬다.(무장과, 오이장과)
④ 나박 썰기 : 가로·세로를 사각형으로 얇고 반듯하게 썬다.(나박김치)
⑤ 반달 썰기 : 길이로 반을 잘라 원하는 두께로 썬다.(당근, 무, 호박)
⑥ 은행잎 썰기 : 재료를 길이로 십자 모양으로 4등분한 뒤 나박 썬다.(조림, 전골)
⑦ 통 썰기 : 둥근모양의 오이·당근·연근 등을 통째로 둥글게 썬다.
⑧ 어슷 썰기 : 고추, 파 등의 가늘고 길쭉한 재료를 가지런하게 썬다.
⑨ 깍둑 썰기 : 주사위처럼 네모반듯하게 썬다.(깍두기)
⑩ 저며 썰기 : 표고버섯, 고기, 생선포를 뜰 때 써는 방법
⑪ 돌려 깎기 : 호박, 오이, 당근 등을 껍질에 칼집을 넣어 얇게 돌려 깎아낸 후 가늘게 채를 썰 때 이용한다.
⑫ 둥글려 깎기 : 모서리를 둥글게 깎아내는 방법으로 오랫동안 끓이는 찜요리에 재료의 모양이 뭉그러지지 않게 할 때 이용한다.

2. 한식 기본양념

식품이 지닌 고유한 맛은 살리고 양념과의 조화된 맛을 내기 위해 사용되는 여러 가지 재료를 말한다. 양념은 음식의 맛을 한층 어울리게 만드는 조미료와 좋지 않은 냄새를 없애거나 감소시키고 특유의 향기로 음식의 맛을 더욱 좋게 하는 향신료로 나눌 수 있다.

1) 조미료
① 간장 : 콩으로 만든 우리 고유의 발효식품으로 메주를 소금물에 담가 숙성시킨다. 염도 16~26% 으로 음식의 짠맛과 감칠맛을 낼 때 사용한다.
② 소금 : 가장 기본 조미료로 짠맛을 낸다. 천일염(호렴)은 장을 담그거나 채소, 생선의 절임용으로 쓰인다. 꽃소금은 채소 절임, 간 맞추기 등에 사용된다. 정제염은 음식의 맛을 내는 데 사용한다.
③ 된장 : 된장은 주로 찌개나 토장국의 맛을 내는 데 쓰이며 쌈장에도 이용된다.
④ 고추장 : 우리나라 고유의 발효식품이다. 찹쌀, 보리쌀 등의 곡류를 엿기름으로 당화시켜 조청을 만들고 고춧가루, 메주가루, 소금 등을 혼합하여 숙성시킨다.
⑤ 설탕 : 단맛을 내는 조미료로 가장 많이 사용되는 것은 설탕으로 정제도가 높을수록 감미도가 높다.
⑥ 꿀 : 인류 역사상 가장 오래된 감미료로 과일 또는 꽃의 향을 가지고 있다. 흡습성이 있어 음식에 보수성을 좋게 한다.
⑦ 조청 : 곡류를 엿기름으로 당화시켜 걸쭉하게 만든 묽은 엿으로 특유의 향이 있다.
⑧ 식초 : 곡물이나 과일을 발효시켜 만드는 것으로 음식에 신맛과 청량한 맛을 준다.
⑨ 액젓 : 어패류에 소금을 넣어 발효·숙성시킨 것이다.

2) 향신료
① 고추 : 한국음식의 매운맛을 내는 중요한 재료로 굵은 고춧가루는 김치, 고운고춧가루는 고추장이나 일반 조미용으로 사용한다.
② 마늘 : 매운맛과 냄새는 고기 누린내나 생선 비린내를 없애는데 사용된다. 한국음식의 필수 향신료이다.
③ 생강 : 매운맛과 특유의 향이 나는 뿌리채소로 고기 누린내나 생선 비린내를 없애는데 사용되는 한국음식의 필수 향신료이다.
④ 후추 : 매운맛 성분인 채비신은 껍질에 많기 때문에 일반적으로 색이 짙은 검은 후추가 흰 후추에 비해 매운맛이 강하다.
⑤ 겨자 : 겨자가루로 사용되며, 주로 겨자소스로 이용한다.
⑥ 참기름 : 독특한 향으로 한국음식에 빠지지 않고 들어가는 대표적인 식물성 기름이다.
⑦ 들기름 : 구수하고 깊은 맛으로 나물 볶을 때에 많이 사용하는 대표적인 기름이다.

3. 한식의 고명

음식의 외관을 보기 좋게 하기 위해 음식 위에 뿌리거나 얹는 것으로 '웃기' 또는 '꾸미'라고도 한다. 음양오행설을 바탕으로 한 오방색을 음식에도 사용하므로 붉은색, 노란색, 초록색, 흰색, 검은색 식품을 고명으로 사용한다.

① 달걀지단 : 달걀을 흰자와 노른자로 나누어 부쳐 채썰기, 골패형, 마름모꼴로 만들어 이용한다.
② 미나리초대 : 미나리의 줄기만 10cm 길이로 잘라 달걀물을 입혀 지져내어 마름모꼴이나 골패 모양으로 썰어 사용한다.
③ 석이버섯 : 물에 불린 석이버섯을 곱게 채를 썰어 참기름·소금 간을 한 후 살짝 볶아 사용한다.
④ 호박·오이 : 5cm 길이로 잘라 돌려 깎기 한 후 채 썰어 살짝 볶아 사용한다.
⑤ 풋고추·홍고추·마른고추 : 곱게 채를 썰거나 골패형, 마름모꼴, 어슷 썰기하여 고명으로 사용한다.
⑥ 잣 : 고깔을 떼고 다져서 쓰거나 비늘잣(길이로 반 가름)으로 사용한다.
⑦ 은행 : 팬에 기름을 두르고 파랗고 투명하게 될 때까지 볶는다.
⑧ 호두 : 딱딱한 겉껍질은 벗기고 따뜻한 물에 불려 속껍질을 벗겨 사용한다.
⑨ 대추 : 마른대추는 살만 돌려 깎기 해서 밀대로 잘 펴준 후 채 썰거나 꼭꼭 말아 썰어 꽃모양으로 만든다.

⑩ 밤 : 얇게 편 썰기 하거나 채 썰어 사용한다.
⑪ 고기완자 : 소고기를 다진 후 양념하여 고루 섞어 직경 1~2cm 정도로 동그랗게 빚는다. 밀가루와 달걀물을 입혀서 팬에 기름을 두르고 굴리면서 전체를 고르게 지진다.
⑫ 통깨 : 참깨를 잘 볶아서 통째로 사용한다.

4. 육 수

일반적으로 육수란 고기를 삶아 낸 물을 의미하며 찌개나 전골의 맛을 결정하는 중요한 요인이다. 육류나 육류의 뼈, 가금류, 건어물, 채소류 및 향신채 등을 넣고 물에 충분히 끓여 기본국물로 사용한다.

① 소고기 육수 : 맑은 육수를 낼 때는 양지, 사태 등 질긴 부위의 소고기를 사용하고 소의 사골, 도가니, 잡뼈 등을 섞어 끓이면 맛은 진해지고 뽀얀 육수를 얻게 된다.
② 닭육수 : 닭은 기름이 많은 부위는 잘라내고 통째로 푹 끓여 고기는 건지고 육수는 면포에 걸러 사용한다. 삼계탕, 초계탕 등에 사용한다.
③ 멸치·다시마·버섯 육수 : 멸치는 머리와 내장을 떼고, 다시마는 젖은 면포로 닦아서 쓰고 멸치와 다시마는 중간에 건져 내도록 한다. 고기육수 다음으로 많이 사용되는 육수다.
④ 어패류 육수(홍합·조개) : 어패류는 생것을 쓸 경우 해감을 잘 시켜야 하고 말린 건어물도 많이 사용한다. 된장국, 해물탕 등의 육수로 쓰인다.
⑤ 채소 육수 : 무·양파·대파·대파 뿌리·마늘·표고버섯 등의 채소 육수는 깔끔하고 개운한 맛을 낸다.

※ 육수는 처음부터 찬물에 넣고 끓여야 맛있는 성분이 용출되기 쉽고 센 불에서 끓기 시작하면 약한 불로 오래 은근히 끓인다. 거품은 제때 걷어내야 육수가 맑고 잡내가 없다. 끓인 육수는 면포에 거르거나 처음부터 다시팩에 넣어 끓인다.

Chapter 2 한식 상차림

1. 한국 음식의 특징

곡물을 이용한 음식이 발달, 주식과 부식의 구분이 뚜렷함, 발효식품을 섭취, 갖은 양념의 복합적인 맛, 명절식과 시절식의 풍습, 유교의 영향으로 상차림·식사 예법이 엄격

2. 한국 음식의 종류

① 주식류 : 밥, 죽, 국수, 만두, 떡국
② 부식류 : 국, 찌개, 전골, 찜, 선, 생채, 숙채, 조림, 볶음, 구이, 전, 적, 편육, 마른찬, 장아찌, 젓갈, 김치
③ 후식류 : 떡, 한과, 음청류

3. 상차림의 종류

1) 초조반상 : 아침밥상을 말하며 미음, 죽 등의 부드러운 유동식 위주로 물김치, 젓국찌개, 맵지 않은 마른 찬이 차려진다.
2) 반상 : 밥상(아랫사람), 진짓상(어른), 수랏상(임금)으로 나뉜다.
   ① 일상적인 상차림
   ② 주식(밥)과 부식(반찬)이 구분되는 형식
   ③ 찬품의 수에 따라 3첩, 5첩, 7첩, 9첩, 12첩(수랏상)으로 구분한다.
3) 낮것상(점심) : 점심은 가볍게 먹는 상차림을 기본으로 국수나 만두, 온면, 냉면 등으로 차려낸다.
4) 주안상 : 술을 대접하기 위한 상차림으로 약주와 육포·어포 등의 마른안주 또는 전·편육·찜·전골·과일·떡·한과 등의 안주가 곁들여진다.
5) 교자상 : 잔치 때 차리는 상차림으로 평상시 외상 차림이 기본인 것에 비해 여러 명이 함께 음식을 먹는 잔칫상이다.

4. 한국음식의 식기

한식 상차림에서는 밥그릇과 국그릇은 1인용을 사용하며 작은 사발 형태의 식기에 여러 가지 반찬을 가짓수대로 담는다. 그릇은 자기나 유기를 많이 사용하지만 사회적 계급에 따라 다른 그릇이 쓰이기도 한다. 자기는 여름용으로 유기는 겨울용으로 분류해서 사용했다.

① 주발 : 유기나 사기, 은기로 된 밥그릇으로 주로 남성용이며 사기 주발을 사발이라 한다. 윗부분이 차츰 넓어지며 뚜껑이 있다.
② 바리 : 유기로 된 여성용 밥그릇으로 주발보다 밑이 좁고 배가 부르고 위쪽은 좁아들며 뚜껑에 꼭지가 있다.
③ 탕기 : 국을 담는 그릇으로 주발과 똑같은 모양으로 주발 안에 들어가는 작은 크기이다.
④ 대접 : 위가 넓고 운두가 낮은 그릇으로 숭늉이나 면, 국수를 담는 그릇으로 국 대접으로 사용한다.
⑤ 조치보 : 찌개를 담는 그릇으로 주발과 같은 모양으로 탕기보다 한 치수 작은 크기이다.
⑥ 보시기 : 김치류를 담는 그릇으로 쟁첩보다 약간 크고 조치보다는 운두가 낮다.
⑦ 쟁첩 : 대부분의 찬을 담는 그릇으로 작고 납작하며 뚜껑이 있다.
⑧ 종지 : 간장·초장·초고추장 등의 장류와 꿀을 담는 그릇으로 주발의 모양과 같고 크기가 제일 작다.
⑨ 합 : 밑이 넓고 평평하며 위로 갈수록 차츰 좁아지고 뚜껑의 위가 평평한 모양이다. 작은 합은 밥그릇으로도 쓰이고, 큰 합은 떡·약식·면·찜 등을 담는다.
⑩ 조반기 : 대접처럼 운두가 낮고 위가 넓은 모양으로 꼭지가 달리고 뚜껑이 있다. 떡국·면·약식 등을 담는다.
⑪ 반병두리 : 위는 넓고 아래는 조금 평평한 양푼 모양의 유기나 은기의 대접으로 면·떡국·떡·약식 등을 담는다.
⑫ 접시 : 운두가 낮고 납작한 그릇으로 찬·과실·떡 등을 담는다.
⑬ 쟁반 : 운두가 낮고 둥근 모양으로 다른 그릇이나 주전자·술병·찻잔 등을 담아 놓거나 나르는 데 쓰이며 사기·유기·목기 등으로 만든다.
⑭ 놋 양푼 : 음식을 담거나 데우는 데 쓰는 놋그릇으로 운두가 낮고 입구가 넓어 반병두리와 같은 모양이나 크기가 크다.

Chapter 3 한식 조리 실무

1. 밥 조리

쌀을 주재료로 하는 흰쌀밥과 곡류나 견과류, 채소류, 어패류 등을 섞는 잡곡밥, 오곡밥, 찰밥, 굴밥, 홍합밥, 콩나물밥, 비빔밥, 곤드레밥 등이 있다.

1) 밥 짓기의 전처리
① 곡류 세척 : 이물질, 불미 성분을 제거하기 위한 작업으로 단시간에 흐르는 물에 씻는다.
② 침지 : 곡류의 침지는 전분의 호화에 필요한 수분을 내부에 충분히 흡수시키기 위한 작업으로 실온에서 30~90분 정도가 적당하며 이때 20~30%의 수분 흡수가 일어난다.

2) 밥 짓기
① 물의 양
㉠ 쌀 부피의 1.2배 정도가 적당하고, 중량으로는 1.5배가 적당하다.
㉡ 맛있는 밥의 수분은 65% 전후이다.
② 가열 온도와 시간
㉠ 60~65℃에서 호화가 시작되어 70℃에서 호화 진행, 100℃에서 20분이면 완전호화가 된다.
㉡ 내부 온도 100℃인 비등기에서는 쌀의 팽윤이 계속되면서 호화가 진행되어 점성이 높아져 점차 움직이지 않게 된다.
㉢ 증자기 : 쌀 입자가 수증기에 의해 쪄지는 상태로 이때 내부 온도는 98~100℃가 유지되도록 한다.
㉣ 뜸들이기 : 고온 중에 일정 시간 그대로 유지하게 하는 것으로 쌀알 중심부의 전분이 호화되어 맛있는 밥이 되는 과정이다. 하지만 뜸 들이는 시간이 너무 길면 수증기가 밥알 표면에서 응축되어 밥맛이 떨어진다.
㉤ 밥 뒤적이기 : 밥짓기가 끝난 상태로 방치하면 솥에서 물방울이 떨어지고 밥 자체의 중량으로 밥알이 눌려지므로 주걱으로 위아래를 가볍게 뒤섞어 준다.

온도 상승기	60~65℃	센 불	10~15분
비등 유지기	100℃	중간 불	5분
뜸들이기	100℃	약 불	15분

※ 밥 짓기에 필요한 물의 분량

종류	중량에 대한 물의 분량	부피에 대한 물의 분량
백미	1.5	1.2
햅쌀	1.4	1.1
찹쌀	1.1	0.9

3) 밥 담기
① 흰 쌀밥과 오곡밥은 주걱을 이용하여 위 아래로 골고루 섞은 후 따뜻할 때 그릇에 담아낸다.
② 콩나물밥
㉠ 완성된 밥의 콩나물과 소고기를 주걱을 이용하여 살살 고루 섞어 그릇에 보기 좋게 담는다.
㉡ 양념장은 따로 담아내어 먹는 사람의 식성에 맞추어 비벼 먹도록 한다.
㉢ 콩나물밥이나 곤드레밥처럼 채소가 들어가는 밥은 지어 오래 두면 채소의 수분이 빠져 가늘고 질겨져서 맛이 없으므로 먹는 시간에 맞추어 밥을 짓는다.
③ 비빔밥
㉠ 고슬하게 지은 밥을 그릇에 담는다.
㉡ 밥 위에 볶은 재료들을 색이 겹치지 않도록 돌려 담는다.
㉢ 맨 위에 충분히 볶은 약고추장과 다시마 튀각을 올린다.
㉣ 약고추장 : 소고기는 다져서 기름 두른 팬에 볶다가 고추장, 꿀(설탕), 물, 참기름을 넣고 되직하게 볶아 만든다.

※ 고명은 음식을 보고 아름답게 느껴 식욕이 생기도록 모양과 색을 좋게 하기 위한 꾸밈이다.

2. 죽 조리

과거 식생활에서의 죽은 주식으로 또는 구황식으로 이용되었던 음식이었지만, 현대에서는 별미식의 개념이거나 치료식으로 인식되어 있다. 종류로는 쌀을 사용하여 끓인 흰 쌀죽과 부재료를 첨가한 잣죽, 녹두죽, 흑임자죽, 전복죽, 호박죽, 팥죽, 장국죽 등이 있다.

1) 죽 조리 방법 : 끓이는 과정은 밥과 비슷하지만 밥과 죽의 차이점은 물의 양이라고 볼 수 있다. 죽의 농도는 용도에 따라 차이가 있고 곡물에 6~7배 가량의 물을 붓고 오래 끓여서 알이 부서지고 녹말이 완전호화상태로 만든 유동식 상태의 음식이다.

2) 죽 맛의 영향을 미치는 요인
① pH 7~8일 때 죽 맛과 외관이 좋고 산성이 높아지면 맛이 나빠진다.
② 0.03% 소금을 첨가하면 죽 맛이 좋아진다.
③ 건조가 심한 쌀은 수분을 갑자기 흡수하게 되어 불균등한 팽창을 하고 조직이 파괴되어 죽의 조직감이 나빠진다.
④ 죽을 쑤는 냄비는 돌이나 옹기처럼 두꺼운 것이 열을 천천히 전하여 오래 끓이기에 적합하다.
⑤ 불의 세기는 중불 이하에서 서서히 오래 끓인다.
⑥ 죽의 간은 곡물이 완전히 호화되어 부드럽게 퍼진 후에 하도록 한다.

3. 면류 조리

우리나라 국수의 주원료는 메밀로 특별한 날 먹는 음식이었다. 현재는 메밀가루 뿐 아니라 밀가루, 감자가루도 많이 이용된다. 또한 국수는 재료와 조리법에 따라 다양하게 분류할 수 있다.

1) 면류의 구분
① 국수류 : 비빔국수, 국수장국, 칼국수, 막국수, 수제비
② 냉면류 : 물냉면, 비빔냉면
③ 만두류 : 만둣국, 떡만둣국, 편수, 규아상
④ 기타 : 떡국, 조랭이 떡국

2) 국수의 재료
① 밀국수 : 밀가루로 만든 국수로 글루텐 함량이 많은 강력분이나 중력분을 사용한다. 지방에 따라서는 콩가루나 채소를 갈아 넣어 반죽하기도 한다.
② 메밀국수 : 메밀가루가 주원료이나 끈기가 부족하여 녹말가루나 밀가루를 섞어 익반죽한다.
③ 전분(녹말)국수 : 옥수수, 감자, 고구마, 칡 등의 녹말로 국수를 만드는데 밀가루를 섞어 만들기도 한다.

3) 국수의 조리법 : 밀가루를 이용하여 만든 마른국수는 국수 무게의 6~7배의 물로 고온에서 단시간 조리한다. 끓는 물에 국수를 넣은 다음 물이 비등점까지 단시간에 올라야 표면이 거칠어지지 않게 된다. 삶아진 국수는 찬물에 바로 넣어 잘 씻어 표면의 전분을 제거하도록 한다.
① 소면 : 4분
② 칼국수 : 5~6분
③ 냉면 : 40초

4) 국수의 육수 : 소고기 육수, 동치미 육수, 닭 육수, 멸치 육수, 가쓰오부시 육수, 황태 육수, 조개 육수, 채소 육수 등

5) 만두
① 만두는 주로 북쪽 지방에서 즐겨 먹는 음식으로 만두피의 재료와 모양, 속에 넣는 소의 종류에 따라 종류가 다양하다. 병시, 규아상, 석류만두, 편수, 준치만두, 어만두, 굴림만두 등이 있다.
② 만두소 : 만두 속에 넣는 재료를 말하며 일반적인 만두소는 고기, 두부, 김치, 숙주나물 등을 다진 뒤 양념을 해서 한데 버무려 만든다.

※ 면류 조리의 전처리는 맑은 육수를 만들기 위해 육류를 물에 담가 핏물을 빼는 과정과 채소류를 다듬고 씻는 과정이 들어간다.

4. 국·탕 조리

국은 밥과 함께 먹는 국물 요리로 고기, 생선, 채소 따위에 물을 넉넉하게 붓고 간장이나 된장으로 간을 맞추어 끓인 음식이다.

1) 국의 종류
① 맑은 장국 : 국물이 탁하지 않게 소금이나 청장으로 간을 맞춰 맑게 끓인 국
② 토장국 : 주로 쌀뜨물에 된장이나 고추장을 풀어 국물의 농도를 높이고 된장 맛을 좋게 만든다. 일부 지방에선 쌀뜨물 대신 날콩가루를 풀어 넣기도 한다. 계절에 상관없이 먹는 국으로 주재료에 따라 냉이 토장국·시금치 토장국·아욱 토장국·배추 속대국 등으로 불린다.
③ 곰국 : 소고기와 소의 내장을 넣고 오랜 시간 푹 고아 만든 국을 뜻하며 보양음식으로 알려져 있다.
④ 냉국 : 오이같은 생으로 먹는 채소나 미역, 가지, 콩나물 등의 살짝 익힌 채소를 넣고 식초와 간장으로 양념을 한 후 차게 만들어 먹는 국을 말하며 여름철에 더위를 식혀주는 음식이다.

2) 탕의 종류 : 완자탕, 애탕, 갈비탕, 육개장, 추어탕, 우거지탕, 감자탕, 설렁탕, 콩비지탕, 조개탕, 홍합탕

3) 국물 내는 재료 : 국물에 쓰이는 재료는 소, 돼지, 닭, 어패류, 해초류, 채소류, 버섯류 등 매우 다양하다. 재료와 어울리게 만드는 물도 맑은 물, 쌀뜨물, 고기 육수, 멸치우린 물 등 용도에 따라 여러 가지가 쓰인다.
① 국·탕에 쓰이는 육류 : 운동량이 많은 소의 양지나 사태, 곰탕을 끓일 땐 인지질의 추출로 국물이 뽀얗게 되는 사골, 우족, 도가니, 꼬리 등을 사용한다.
② 닭 육수 : 닭고기 육수는 초계탕, 초교탕, 삼계탕 등에 사용할 수 있다.
③ 멸치 육수 : 멸치 육수는 생선국, 전골, 해물탕 등에 쓰인다.
④ 조개탕 육수 : 조개 국물로 끓이는 토장국, 해물탕 등에 쓰인다.
⑤ 냉국 국물 : 다시마, 굵은 멸치, 향채소를 넣고 끓여 면보에 걸러 차갑게 식힌 후 사용한다.
⑥ 부재료 : 대파, 대파 뿌리, 마늘, 양파, 표고버섯, 통후추, 무, 고추, 고추씨 등이 있다.

※ **국물내는 시간** : 2~3시간으로 그 이상 끓이면 국물이 탁해질 수도 있다.

4) 국·탕 끓이기
① 고기류 : 찬물에 30분 정도 담가 핏물을 빼고 고기가 잠길 정도의 물을 붓고 센 불에서 끓이면서 떠오르는 거품은 걷어 낸다.
② 사골 등 뼈
㉠ 하룻밤 찬물에 담가 핏물을 완전히 뺀 후 충분히 잠길 정도까지 부은 다음 끓이기 시작한다.
㉡ 국물의 양이 반으로 줄어들 때까지 서서히 끓여 뽀얗게 우러나면 국물을 다른 그릇에 부어 놓고, 다시 찬물을 부어 양이 반으로 줄어들 때까지 끓이기를 두 번 반복하고 두 번째, 세 번째 끓인 국물을 합하여 다시 20분 정도 끓인다.
㉢ 그대로 차게 식혀 두었다가 표면의 굳은 기름은 걷어 내고 사용한다.
③ 닭 육수
㉠ 노란 기름부위를 제거하고 깨끗이 씻은 닭은 냄비에 물을 부어 팔팔 끓으면 닭의 겉면만 익을 정도로 30분 정도 데쳐 기름기를 제거한 후 찬물에 헹군다.
㉡ 분량의 물을 넣고 손질한 대파, 청주, 통후추를 넣고 센 불로 끓이다 중불에서 닭 육수가 충분히 우러나올 수 있게 한 시간 정도 더 끓인다. 중간에 떠오르는 불순물은 제거한다.
④ 조개탕 육수 : 해감한 조개, 대합을 넣고 끓기 시작하며 불을 줄이고 거품은 걷어낸다.
물이 반으로 줄면 불을 끄고 식힌 다음 면보에 걸러 맑은 육수를 준비한다.

※ **끓이는 시간과 불 조절**
육수가 끓기 시작 → 은근하게 끓인다(육수 온도 90℃) → 약불로 오래 가열(곰탕)

5) 계절에 따른 국의 종류
① 봄 : 쑥국, 생선 맑은국(도다리), 냉이 토장국
② 여름 : 오이냉국, 미역냉국, 가지냉국, 초계탕, 육개장, 영계백숙, 삼계탕 등의 보양식
③ 가을 : 무국, 토란국
④ 겨울 : 시금치토장국, 배춧국, 우거짓국, 추어탕, 선짓국, 꼬리탕, 우족탕, 설렁탕

5) 국, 탕을 담아내는 그릇 : 탕기, 대접, 뚝배기, 질그릇, 유기그릇

6) 국물과 건더기의 비율 : 국은 국물이 주된 것으로 국물과 건더기의 비율이 6:4 또는 7:3으로 구성된다.

5. 찌개·전골 조리

1) 찌개는 조치라고도 하며, 국물은 적고 건더기가 많은(4:6) 음식으로 넣는 재료와 간을 하는 재료에 따라 구분되는데, 맑은 찌개류는 소금이나 새우젓으로 간을 맞춘 것(두부젓국찌개, 명란젓국찌개)이고 탁한 찌개류는 된장이나 고추장으로 간을 맞춘 것(된장찌개, 생선찌개, 순두부찌개, 청국장찌개, 고추장찌개, 호박감정, 오이감정, 게감정) 등이 있다.

※ 찌개의 간은 국물이 끓어오르면 나머지 재료를 넣고 끓인 후 마지막에 맞추도록 한다.

2) 감정 : 감정은 고추장으로 조미하여 끓인 찌개의 한 종류로 찌개와 비슷한 말의 궁중용어인 조치가 있고 찌개보다는 국물이 적은 지짐이가 있다.

3) 찌개를 담아내는 그릇
① 전통 상차림에서의 찌개그릇은 조치보라 해서 탕기보다 한 치수 작은 그릇을 사용했다.
② 냄비, 뚝배기 등 고열의 직화 조리에 적합하면서도 음식물이 잘 식지 않는 그릇을 선택한다.

4) 전골은 육류와 채소를 밑간하여 전골틀에 담아 화로에 올려 즉석에서 끓여 먹는 음식으로 소고기전골, 버섯전골, 두부전골, 해물전골, 김치전골, 곱창전골 등이 있다.

5) 전골을 담아내는 그릇 : 전골냄비, 신선로

6) 전골 재료 손질법
① 소고기 : 청주로 잡내를 제거, 종이타월로 핏물 제거 후 간장, 설탕, 마늘 등에 버무린다.
② 생선류 : 비늘을 긁어내고 아가미와 내장을 제거한다.
③ 조개류 : 살아 있는 것을 구입하여 3~4%의 소금물에 담가 해감시키고 껍질은 깨끗하게 씻어서 사용한다.
④ 낙지 : 머리에 칼집을 내고 내장과 먹물을 제거하고 굵은 소금과 밀가루를 뿌려 다리와 몸통을 주물러 빨판에 묻은 흙을 제거한다.
⑤ 게 : 솔로 깨끗하게 닦은 후 배 부분의 딱지를 떼어 내고 몸통과 등딱지를 분리한다. 몸통에 붙어있는 모래주머니와 아가미를 제거하고 다리 끝은 가위로 잘라낸다.
⑥ 새우 : 모양을 살리기 위해서는 몸통의 껍질만 벗기고 머리와 꼬리 쪽의 마지막 마디는 벗기지 않는다. 가열하면 둥글게 오그라드는 것을 방지하기 위해 꼬챙이를 머리부터 꼬리 쪽으로 끼우거나 배 쪽에 잔 칼집을 넣는다.
⑦ 건표고버섯 : 말린 표고버섯은 미지근한 물에 1시간 이상 충분히 불린 후 기둥을 제거한다.
⑧ 석이버섯 : 미지근한 물에 불려 뒷면의 이끼를 비벼서 제거한 후 깨끗하게 씻는다.
⑨ 채소류 : 물에 잠시 담가 놓았다가 흐르는 물에 깨끗이 세척한다.

7) 신선로 만들기
① 재료 준비 : 무, 소고기(우둔), 천엽, 전복, 석이버섯, 민어, 미나리, 밀가루, 달걀, 식용유, 소금, 후춧가루
② 고명재료 : 소고기, 표고버섯, 당근, 미나리, 홍고추, 달걀, 호두, 은행
③ 육수는 소고기 양지를 이용하여 만든다.
④ 고명 만들기
㉠ 소고기는 다져서 양념하여 지름 1cm 정도의 완자를 만든 후 밀가루와 풀어 둔 달걀 노른자에 담갔다가 건져 기름 두른 팬에 달걀이 익을 정도만 노릇하게 지져 낸다.
㉡ 표고버섯은 양념장으로 양념하여 볶는다.
㉢ 당근은 끓는 소금물에 살짝 데친다.
㉣ 미나리는 미나리 초대를 만들어 5cm 길이로 자른다.
㉤ 달걀 흰자와 노른자로 지단을 만들어 2cm×5cm(신선로 크기)×0.2cm로 5개를 준비한다.
⑤ 본 재료 만들기
㉠ 무를 준비한 육수에 푹 익도록 삶아 건져 낸다.
㉡ 채 썬 소고기는 양념장으로 무친다.
㉢ 얇게 저민 소고기는 양념장에 재워 구운 후 1cm×2.5cm×0.3cm 크기로 썰어 놓는다.
㉣ 미나리는 미나리 초대를 만들어 5cm 길이로 자른다.
㉤ 달걀 흰자와 노른자로 지단을 만들어 2cm×5cm(신선로 크기)×0.2cm로 5개를 준비한다.
㉥ 미나리 초대를 만들어 1cm×2.5cm×0.3cm 크기로 썰어 놓는다.
㉦ 천엽은 밀가루를 묻혀 달걀을 푼 것에 담갔다 팬에 부쳐 식힌 후 1cm×2.5cm×0.3cm 크기로 썬다.
㉧ 전복은 1cm×2.5cm×0.3cm 크기로 준비한다.
⑥ 다진 석이버섯은 달걀 흰자를 섞어 지단을 부쳐 1cm×2.5cm×0.3cm 크기로 썬다.
⑦ 건표고버섯 : 말린 표고버섯은 미지근한 물에 1시간 이상 충분히 불린 후 기둥을 제거한다.
⑧ 민어는 전을 부쳐 1cm×2.5cm×0.3cm 크기로 썬다.

8) 신선로 담아내기
① 신선로 맨 밑에 무를 담고 소고기 채 썬 것, 구운 것, 미나리 초대, 천엽전, 민어전, 석이전을 한 켜씩 담아 그릇의 7부 정도 평평하게 올라오게 한다.
② 신선로 둘레를 5등분하여 당근, 표고버섯, 흰 지단, 홍고추, 노란 지단, 미나리 초대를 한 개씩 담고, 윗부분이 약간 겹치도록 방사형으로 담는다.
③ 5등분한 경계 사이에 1cm 정도의 공간을 두고, 이 공간에 호두나 은행을 연통을 향하게 한 줄로 놓는다.
④ 고기완자를 연통의 둘레에 한 줄로 촘촘히 둘러놓는다.
⑤ 신선로 뚜껑을 덮고 밑에 접시를 받쳐 놓는다.

※ 신선로는 우리나라 조리기구로 상위에 올려놓고 그릇의 안쪽 가운데에 숯불을 피워서 가열하면서 재료를 끓여 먹을 수 있는 가열기구이다. 신선로를 상에 낼 때는 뚜껑을 열고 육수를 내용물이 살짝 잠길 정도로만 붓고 뚜껑을 덮고 연통 속에 숯불을 넣는 상태로 낸다.

6. 전·적 조리

1) 전 : 전은 육류, 가금류, 어패류, 채소류 등을 얇게 저미거나 채 썰어 밑간을 한 다음 밀가루와 달걀 물을 입혀서 팬에 기름을 두르고 지졌다는 뜻의 전유어(煎油魚)·저냐·전이라 불렀고 궁중에서는 전유화(煎油花)라고 하였다.

2) 적 : 산적은 익히지 않은 재료를 양념하고 꼬치에 꿰어서 옷을 입히지 않고 굽는 것이고, 누름적은 누르미라고도 하며 꼬치에 꿰어 밀가루와 달걀 물을 입혀서 속 재료가 잘 익도록 누르면서 지지는 방법이다. 이때 꼬치에 꿰인 처음 재료와 마지막 재료를 같게 하여 그 재료로 이름을 붙인다.
① 산적 : 소고기산적, 섭산적, 닭산적, 어산적, 해물산적, 두릅산적, 떡산적, 파산적 등
② 누름적 : 화양적, 두릅적, 잡누름적, 지짐누름적 등

3) 전과 적의 전처리 : 씻기, 다듬기, 자르기, 수분 제거
① 육류나 어패류는 포를 떠서 잔칼질을 하고 소금, 후춧가루로 밑간을 한다.
② 육류나 해산물은 익으면서 길이가 줄어들기 때문에 다른 재료보다 길게 자른다.
③ 새우나 북어 등에 잔칼질을 하면 근섬유가 절단되어 오그라들지 않고 모양을 유지하며 익는다.
④ 전의 속 재료는 두부, 육류, 해산물을 다지거나 으깨서 소금과 참기름 후추로 밑간을 한다.
⑤ 단단한 재료는 미리 데치거나 익혀 놓는다.
⑥ 육류와 어류(생선전)는 약간 냉동하여 썰면 한결 수월하다.

4) 전의 반죽에 따른 구분
① 밀가루 → 달걀물을 입혀서 지짐 : 재료에 옷을 입혀 지지는 것으로 거의 모든 전이 해당된다. 육원전, 표고버섯전, 생선전, 고추전, 새우전
② 밀가루 + 달걀 물을 섞어 지짐 : 재료를 다져서 반죽을 섞어 적당한 크기로 떠놓아 지지는 것으로 양동구리, 오징어전 등이 있다.
③ 반죽 물에 재료를 섞어 지짐 : 밀가루, 찹쌀, 녹두 등을 갈아 만든 반죽 물에 재료를 썰어 넣어 섞어서 지지는 것으로 녹두전, 파전 등이 있다.

※ 곡류나 서류의 반죽은 시간이 지나면 물과 전분으로 분리되고, 전분이 숙성되어 조리 후 바삭거림이 덜하며 쉽게 굳기 때문에 사용할 만큼만 준비한다.

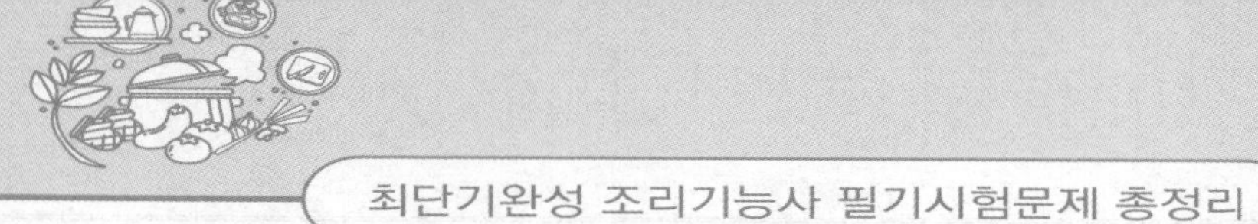

5) 전 조리 시 주의점

① 재료는 신선해야 하고 크기는 한입에 넣을 수 있는 정도로 빚는다.

② 재료의 간은 소금과 후추로 하고 소금간은 2% 정도로 하는 것이 좋다.

③ 밀가루는 재료의 5% 정도로 준비하여 너무 꼭꼭 눌러가며 묻히지 말고 물기를 가시게 할 정도로 살짝 묻힌다.

④ 전을 부칠 때 사용하는 기름은 콩기름, 옥수수기름 같이 발연점이 높은 기름을 사용해야 하고 참기름, 들기름 등과 같이 발연점이 낮은 기름에서는 재료가 쉽게 탈 수 있다.

⑤ 전을 조리할 때 불의 세기는 처음에는 센 불로 팬을 달구고 재료를 얹을 때부터는 중약불로 천천히 부친다.

⑥ 곡류를 갈아서 부치는 전(빈대떡)은 기름을 넉넉하게 사용해야 흡유량이 많아 바삭한 전을 만들 수 있다.

6) 전·적 담기

① 그릇의 모양은 넓고 평평한 접시 형태로 선택한다. 오목한 접시에 담으면 완성된 요리의 열기가 증발하며 벽에 부딪쳐 물방울이 맺히게 된다.

② 전·적은 조리 후 넓은 채반에 종이타월을 깔고 서로 겹치지 않게 얹어 기름을 흡수시킨다.

③ 전·적은 조리 후 따뜻한 온도를 유지하도록 하는데, 60℃ 이상에서는 색이 갈변되므로 높은 온도에서 보관하는 것은 좋지 않다.

7. 튀김 조리

한국 전통 음식에서는 흔하지 않은 요리법이지만 재료를 그대로 튀긴 튀각과 재료에 밀가루나 찹쌀로 풀을 발랐다가 말려서 튀긴 부각이 있다.

1) 튀김의 종류

① 육류·해산물류·채소 튀김 : 소고기 튀김, 돼지고기 튀김, 닭 튀김, 오징어 튀김, 새우 튀김, 생선 튀김, 고구마 튀김, 가지 튀김, 깻잎 튀김 등

② 튀각 : 다시마 튀각, 미역 튀각, 호두 튀각

③ 부각 : 김 부각, 고추 부각, 깻잎 부각 등

2) 튀김 재료

① 기름 : 튀김 기름은 색과 냄새가 없고 발연점이 높으며 발포성이 적은 것이 좋다. 발연점이 낮은 기름은 음식에 자극성이 있는 불쾌한 냄새와 맛을 갖게 하므로 쓰지 않는 것이 좋다. 콩기름, 포도씨유, 해바라기씨유 등

② 튀김 반죽 : 밀가루는 글루텐 함량이 적은 박력분을 사용하고 튀김 반죽물과 밀가루의 비율은 1 : 1 정도가 좋으며, 지나치게 휘저어 섞지 않는다. 튀김 반죽은 즉시 만들어 사용하고 남기지 않게 한다.

3) 튀김 온도와 조리법

① 재료에 따라 튀김 기름의 온도를 조절하고 한꺼번에 많은 양을 넣어 튀기지 않는다.

② 재료에 수분이 많고 큰 것은 저온(165~170℃)에서 튀긴다.

③ 튀긴 후에는 여분의 기름을 제거한다.

4) 사용한 기름 관리

① 한 번 사용한 기름은 재사용하지 않는 것이 좋다.

② 튀김에 사용한 기름을 재사용할 때는 고운체에 밭쳐서 불순물을 제거한 후 기름이 식으면 병에 밀봉하여 찬 곳에 보관한다.

③ 폐유는 하수구에 버리지 말고 통에 담아 분리수거한다.

5) 튀김 담기

① 바닥에서 15cm 높이 위의 기름 제거 망 위에 올려 두거나, 넓은 채반에 종이타월을 깔고 서로 겹치지 않게 식힌다.

② 튀김 후 따뜻한 온도, 색, 풍미를 유지하여 담아낸다.

③ 접시의 내원을 벗어나지 않게 담는다.

④ 재료별 특성을 이해하여 일정한 질서와 간격을 두어 담는다.

⑤ 불필요한 고명은 피하고 소스에 의해 색상이나 모양이 망가지지 않게 유의해서 담는다.

8. 찜·선 조리

1) 찜 : 찜은 재료에 국물을 넣어 오랜 시간 익히는 방법(갈비찜, 닭찜, 사태찜, 쇠꼬리찜 등)과 가열된 증기를 올려서 익히는 방법(달걀찜, 도미찜, 조기찜, 새우찜)이 있다.

2) 선 : 선은 찜과 같은 방법으로 조리하되 주재료가 식물성 식품이다. 선의 조리법은 증기를 올려 찌는 법과 육수 또는 물을 자박하게 넣어 끓이는 법이 있다.

3) 찜의 종류

① 육류 : 소갈비찜, 돼지갈비찜, 닭찜, 궁중닭찜, 사태찜, 우설찜, 소꼬리 찜

② 어패류 : 도미찜, 대하찜, 북어찜, 꽃게찜, 대합찜, 전복찜

※ 찜과 선의 전처리는 재료와 만드는 방법에 따라 다듬기, 씻기, 밑간하기, 데치기, 핏물 제거, 썰기 등이 해당된다.

4) 선의 종류

① 동물성 재료를 이용한 선 : 어선(흰 살 생선의 포를 떠서 소고기, 버섯, 지단 등으로 소를 만들어 말아서 쪄낸 것), 양선(소의 양 껍질을 손질하고 녹말을 입혀 잣 국물에 익혀 내는 것)

② 식물성 재료를 이용한 선 : 두부선, 호박선, 가지선, 오이선, 무선, 배추선

5) 찜과 선 담기

① 국물이 있는 찜 : 갈비찜, 닭찜, 사태찜 등 국물이 있게 조리한 찜은 오목한 그릇에 담고 국물을 자박하게 담으며, 따뜻한 음식은 그릇을 따뜻하게 준비해서 담도록 한다.

② 국물이 없는 찜 : 도미찜, 대하찜, 대합찜 등 국물 없는 찜은 평평한 접시나 약간 오목한 그릇에 담는다.

③ 국물이 있는 선 : 호박선, 가지선 같이 국물이 있는 선은 오목한 그릇에 담고 국물을 자박하게 담는다. 오이선은 국물은 없지만 단촛물을 끼얹기 때문에 오목한 그릇에 담는다.

④ 국물이 없는 선 : 어선 같이 국물이 없는 선은 접시나 오목한 그릇에 담는다.

※ 갈비찜이나 닭찜 등 주·부재료의 덩어리가 큰 찜 요리에는 달걀지단을 마름모꼴로 썰어 주재료와 부재료의 모양, 그릇과의 조화를 이루게 한다. 은행, 잣 등의 고명은 양을 많게 얹을 경우 지저분해 보일 수 있다.

9. 조림·초 조리

1) 조림 : 한식 상차림에 오르는 일상의 찬인 조림은 고기, 생선, 감자, 두부 등을 간장으로 조린 음식이며 재료를 큼직하게 썰어 간을 하고 은근히 속까지 간이 배도록 조려서 익히는 것이다. 생선조림에서 흰 살 생선은 간장을 주로 사용하고, 붉은살 생선이거나 비린내가 있는 생선은 고춧가루나 고추장을 넣어 조린다. 두부조림, 생선조림, 감자조림, 연근조림, 호두조림, 소고기장조림, 꽈리고추조림, 우엉조림

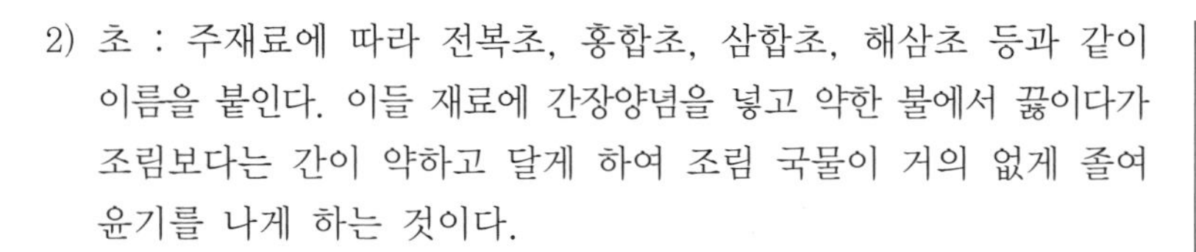

2) 초 : 주재료에 따라 전복초, 홍합초, 삼합초, 해삼초 등과 같이 이름을 붙인다. 이들 재료에 간장양념을 넣고 약한 불에서 끓이다가 조림보다는 간이 약하고 달게 하여 조림 국물이 거의 없게 졸여 윤기를 나게 하는 것이다.

3) 장조림 만들기
① 소고기는 일정한 크기의 덩어리로 절단한 후 두세 번 깨끗한 물로 갈아주면서 1시간 정도 핏물을 뺀다. 핏물을 빼는 이유는 고기 속의 피와 노폐물을 제거함으로써 누린 맛을 제거하기 위함이다.
② 고기양의 3배 되는 끓는 물에 고기와 대파, 양파, 마늘, 통후추 등의 향신야채와 함께 넣고 30~40분간 가열한다. 센 불에서 끓어오르면 중불, 약불로 줄여가며 은근히 끓인다. 끓이는 도중 거품이 떠오르면 건져낸다.
③ 삶은 고기는 10분 정도 식힌 후 결대로 찢는다(너무 식히면 잘 찢어지지 않는다).
④ 찢어놓은 소고기와 메추리알, 양념장을 일정 비율로 혼합한 후 95℃에서 20~30분간 조리한다.
⑤ 소고기와 메추리알이 다 조려질 때쯤 꽈리고추를 넣어 잠깐 더 조린다.

4) 홍합초 만들기
① 홍합의 수염처럼 생긴 털을 가위로 제거한다.
② 냄비에 양념장을 넣고 끓이다가 데친 홍합과 마늘, 생강을 넣고 중불로 줄여 국물을 끼얹어 가면서 윤기나게 조린다. (뚜껑을 열고 조려야 윤기가 난다.)
③ 대파는 거의 조려졌을 때 넣어야 숨이 죽지 않는다.
④ 전분 물을 홍합초에 넣고 재빨리 저어 국물이 걸쭉해지면 참기름을 넣어 윤이 나게 한다.

5) 조림·초 담기
① 국물이 있는 장조림은 오목한 그릇에 소복하게 담고 메추리알과 꽈리고추를 접시 가장자리에 보기 좋게 담는다. 장조림 표면이 마르지 않게 국물을 끼얹어 담는다.
② 그릇 중앙에 소복하게 홍합과 파를 담고 접시바닥에 마늘편을 돌려 담는다. 홍합초 국물을 끼얹고 다진 잣가루를 홍합 중앙에 모아서 뿌린다.

10. 구이 조리

구이란 건열조리법으로 육류, 가금류, 어패류, 채소류 등의 재료를 불에 직접 굽거나 도구를 이용하여 구운 음식이다. 구이의 따뜻한 온도는 75℃ 이상이다.

1) 소고기 부위별 특징

부위	특 징	조리 용도
안심	등심 안쪽에 위치한 부위로 가장 연하고 지방이 적어 담백하다.	스테이크
등심	갈비 위쪽에 붙은 살로 육질이 곱고 연하며 지방이 적당히 섞여 있다.	스테이크, 불고기 (윗등심, 아랫등심, 꽃등심, 살치살)
채끝	등심과 안심 옆에 있어 육질이 연하고 지방이 적당하다.	스테이크, 로스구이
목심	운동량이 많아 지방이 적고 결합조직이 많아 육질은 질긴 편으로 젤라틴이 많다.	불고기, 장조림
우둔	다리살의 바깥쪽 부위로 약간 질기나 지방 및 근육막이 적은 살코기로 맛이 좋고 젤라틴이 풍부하다.	산적, 장조림, 육포, 육회, 불고기 (우둔살, 홍두깨살)
설도	사태와 비슷한 특징이 있다.	육회, 산적, 장조림, 육포 (보섭살, 설깃살, 도가니살, 설깃머리살, 삼각살)
갈비	갈비 안쪽에 붙은 고기의 두께가 조금 얇고 얼룩 지방과 근막이 형성되어 있는 최상급 고기이다.	구이, 찜, 탕 (갈비, 마구리, 토시살, 안창살, 제비추리, 꽃갈비)
양지	복부 아래까지 부위로 육질이 질기고 근막이 형성되어 오래 끓이는 조리를 하면 맛이 좋다.	국거리, 찜, 탕, 장조림 (양지머리, 업진살, 차돌박이, 치맛살, 치마양지)
사태	다리에 붙은 고기로 결합 조직이 많아 질긴 부위이나 가열하면 젤라틴이 되어 부드러워진다. 기름기가 없어 담백하면서 깊은 맛을 낸다.	육회, 탕, 찜, 수육, 장조림 (아롱사태, 앞사태, 뒷사태, 뭉치사태)

※ 구이의 전처리란 다듬기, 씻기, 수분 제거, 핏물 제거, 자르기가 해당된다.

2) 돼지고기 부위별 특징

부 위	특 징	조리 용도
안심	허리 부분의 안쪽에 위치, 안심 주변은 약간의 지방과 밑변의 근막이 형성되어 육질이 부드럽고 연하다.	스테이크, 주물럭
등심	지방, 방향, 진한 맛이 없이 담백하다.	돈가스, 잡채, 폭찹, 탕수육 (등심살, 알등심살, 등심덧살)
목심	등심에서 목 쪽으로 이어지는 부위로 근육막 사이에 지방이 적당하게 있어 좋은 풍미를 지닌다.	구이, 주물럭, 보쌈
앞다리	어깨 부위의 고기로서 안쪽에 어깨뼈를 떼어 낸 넓은 피막이 나타난다.	찌개, 수육, 불고기 (앞다리살, 사태살, 항정살)
뒷다리	볼기 부위의 고기로서 살집이 두터우며 지방이 적다.	돈가스, 탕수육 (볼기살, 설깃살, 도가니살, 보섭살, 사태살)
삼겹살	갈비를 떼어 낸 부분에서 복부까지 넓고 납작한 모양의 부위로 근육과 지방이 세 겹의 막을 형성하며 풍미가 좋다.	구이, 베이컨, 수육 (삼겹살, 갈매기살)
갈비	옆구리 늑골(갈비)의 첫 번째부터 다섯 번째 늑골 부위를 말하며 근육 내 지방이 잘 박혀 있어 풍미가 좋다.	구이, 찜

3) 양념 종류
① 소금구이 : 소고기 소금구이(방자구이), 생선 소금구이, 김구이
② 간장 양념구이 : 너비아니구이, 염통구이, 닭구이, 생치(꿩)구이, 도미구이, 낙지호롱
③ 고추장 양념구이 : 제육구이, 병어구이, 북어구이, 장어구이, 오징어구이, 뱅어포구이, 더덕구이

- 간장 양념은 양념 후 30분 정도 재워 두는 것이 좋으며 오래 두면 육즙이 빠져 질겨진다.
- 유장은 간장 : 참기름이 1 : 3의 비율로 만든다.
- 고추장 양념장은 미리 만들어 3일 정도 숙성하여야 고춧가루의 거친 맛이 없고 맛이 깊어진다.

4) 구이의 방법
① 직접구이 : 복사열로 석쇠를 사용하여 식품을 직접 불 위에 올려 굽는 방법
② 간접구이 : 금속판에 열이 전달되는 전도열로 철판이나 프라이팬에 기름을 두르고 지지듯이 익혀내는 방법

5) 구이 방법의 주의점
① 소고기나 생선의 단백질 응고 온도는 40℃ 전후로 소고기 내부의 단백질은 65℃ 전후가 가장 맛이 좋다.
② 지방이 많은 재료는 직화로 구울 경우 지방질이 녹으면서 불 위에 떨어져 타기 때문에 그을려 색도 나빠지고 연기 속의 아크롤레인과 같은 성분이 포함되어 있어 주의해야 한다.

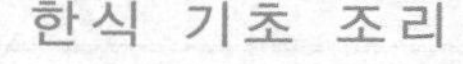

③ 생선처럼 수분량이 많은 재료는 화력이 강하면 겉만 타고 속은 익지 않을 때가 많다. 따라서 통으로 구울 때는 한쪽 면을 먼저 갈색이 되도록 구운 다음 약한 불로 천천히 구워서 속까지 익히도록 한다.
④ 유장을 발라 초벌구이를 할 때는 살짝 익히고 양념을 2번으로 나누어 타지 않게 주의하며 굽는다. 이때 자주 뒤집으면 모양 유지가 어렵고 부서지기 쉽다.

6) 구이 담기
① 완성된 너비아니를 선택한 그릇에 담고 곱게 다진 잣가루를 뿌린다.
② 생선의 머리가 왼쪽, 배가 아래쪽으로 향하도록 하며 형태가 흐트러지지 않도록 담는다.

11. 생채·회 조리

1) 생채
① 생채는 익히지 않고 무친 나물을 의미하며 제철 채소를 익히지 않고 초장, 고추장, 겨자장으로 무친 일반적인 반찬이다.
② 생채는 자연의 색과 향과 맛을 그대로 느낄 수 있으며, 아삭거리는 식감과 신선한 맛이 특징이다.
③ 채소를 씻을 때는 조직에 상처가 나지 않도록 하고 풍미와 영양소 손실을 적게 해야 한다.
④ 생채는 생식하므로 가열 조리한 것에 비하여 영양소의 손실이 적고 비타민을 풍부하게 섭취할 수 있다.

2) 회 : 회는 육류, 어패류, 채소류를 생으로 초간장, 초고추장, 소금, 기름 등에 찍어 먹는 조리법으로 무엇보다 재료가 신선해야 하고 재료를 다룸에 위생적이고 정갈해야 한다. 특히 회는 조리도구 위생에 각별히 신경 써야 한다.

3) 숙회 : 숙회는 육류, 어패류, 채소류를 끓는 물에 삶거나 데쳐서 익힌 후 초고추장이나 겨자즙 등을 찍어 먹는 조리법이다. 문어숙회, 오징어숙회, 미나리강회, 파강회, 어채, 두릅회 등이 있다.

※ 회, 숙회 조리 시 도마를 구분하여 사용한다.

4) 양념장
① 생채 양념장은 고추장, 고춧가루, 설탕, 식초, 소금 등을 사용하여 산뜻한 맛이 나도록 한다.
② 생채는 고춧가루가 들어간 양념을 할 때는 고춧가루로 색을 들이고 설탕 → 소금 → 식초 순으로 양념을 한다.
③ 냉채 양념장은 겨자장이나 잣즙을 곁들인다.
④ 회의 양념장은 고추장 : 식초 : 설탕 = 1 : 1 : 1

5) 생채·회 담기
① 양념에 무친 생채는 숨이 죽지 않도록 그릇에 담는다.
② 최종 완성 그릇에 이물질이나 양념, 물기가 묻지 않도록 한다.

12. 숙채 조리

1) 숙채 : 물에 데치거나 기름에 볶은 나물을 말하며 채소를 익혀서 조리하는 것은 재료의 쓴맛이나 떫은맛을 없애고 부드러운 식감을 줄 수 있기 때문이다.
① 콩나물, 숙주나물, 등은 끓는 물에 살짝 데쳐서 무친다.
② 호박, 오이, 도라지 등은 소금에 절여서 팬에 기름을 두르고 볶아서 익힌다.
③ 시금치·쑥갓 등의 나물은 끓는 물에 소금을 약간 넣어 살짝 데치고 찬물에 헹군다.

2) 숙채로 사용할 수 있는 채소 : 콩나물, 비름나물, 시금치, 고사리, 숙주, 쑥갓, 냉이, 미나리, 가지, 씀바귀, 표고버섯, 느타리버섯, 두릅, 무, 방풍, 시래기

3) 숙채 조리법
① 끓이기· 삶기 : 많은 양의 물에 식품을 넣고 익히는 것으로 조리시간이 길고, 고루 익혀야 한다. 주의할 점은 맛과 수용성 영양소가 우러난 국물까지 이용하도록 한다.
② 데치기 : 팔팔 끓는 물에 살짝 데쳐야 색의 변색이 없다.
③ 볶기 : 프라이팬에 기름을 두르고 센 불에서 조리하는 방법으로 지용성 비타민의 흡수를 돕고, 수용성 영양소의 손실이 적다.
④ 불리기 : 고사리를 불릴 때에는 미지근한 쌀뜨물에 불리면 고사리가 부드러워지고 특유의 잡내도 없애 준다.
⑤ 숙채 양념장은 간장, 깨소금, 참기름, 들기름 등을 혼합하거나 겨자장을 사용하기도 한다.

※ 시금치 데칠 때에는 뚜껑을 열고 데쳐야 하는데 휘발성 수산성분이 있기 때문이다.
※ 숙채 조리의 전처리는 다듬기, 씻기, 삶기, 데치기, 자르기가 해당된다.

13. 볶음 조리

볶음은 소량의 유지를 이용해 뜨거운 팬에서 음식을 익히는 방법이다. 따라서 팬을 달구고 소량의 기름을 넣어 높은 온도에서 단기간에 볶아 익혀야 원하는 식감과 색, 향을 얻을 수 있다.

1) 볶음 종류 : 소고기볶음, 제육볶음, 오징어볶음, 멸치볶음, 마른새우볶음

2) 재료에 따른 불 조절
① 육류 : 프라이팬에 기름을 넣고 연기가 날 정도로 온도가 올라가면 재료를 넣고 색을 내면서 익혀낸다. 낮은 온도에서 조리하면 육즙이 빠져나와 질겨진다.
② 채소
㉠ 색깔이 있는 채소는 기름을 적게 두르고 중불에 볶으면서 소금을 넣는다. 기름을 많이 넣으면 색이 누렇게 변한다.
㉡ 버섯은 수분이 많이 나오므로 센 불에 재빨리 볶거나 소금에 살짝 절인 후 볶는다.
㉢ 오징어볶음에 넣는 야채는 연기가 날 정도로 센 불에 야채를 넣고 먼저 볶은 다음 주재료를 넣고 한 번 더 볶은 후 마지막에 양념을 넣는다.
③ 볶음요리를 낮은 온도에 볶으면 기름이 재료에 흡수되어 좋지 않다.

※ 볶음을 할 때 작은 냄비보다는 큰 냄비를 사용하여 바닥에 닿는 면이 넓어야 재료가 균일하게 익으며 양념장이 골고루 배어들어 볶음의 맛이 좋아진다.

3) 볶음의 양념장 : 간장 양념장, 고추장 양념장

4) 식기에 음식 담기
① 식기의 70% : 국, 찜, 선, 생채, 나물, 조림, 전유어, 구이, 적, 편육, 튀각, 부각, 김치
② 식기의 70~80% : 탕, 찌개, 전골, 볶음
③ 식기의 50% : 장아찌, 젓갈

5) 볶은 음식 담기
① 볶음은 그릇에 담기 전에 양념장을 고루 잘 섞어 윤기 있게 담는다.
② 볶음을 그릇에 담은 후에 통깨를 뿌려 완성한다. 이때 통깨는 흩뿌리지 말고 모아 뿌려야 정갈해 보인다.
③ 접시의 내원(70~80%)을 벗어나지 않게 담는다.

14. 김치 조리

무, 배추, 오이 등과 같은 채소를 소금이나 장류에 절여 고추, 파, 마늘, 생강 등 여러 가지 양념과 젓갈을 혼합하여 버무려 숙성, 저장하는 발효식품이다.

1) 김치의 종류 : 김치의 주재료는 배추와 무가 일반적이지만 모든 종류의 채소를 이용해서 김치를 담글 수 있다. 19세기에는 소금절임, 식해김치, 양념김치, 침채 등으로 구분하여, 총 90종 김치가 기록되어 있고 최근에는 김치의 종류가 150여 종에 달한다.
이 중에서도 흔히 담그는 김치는 배추김치, 보쌈김치, 장김치, 백김치, 깍두기, 총각김치, 동치미, 나박김치, 갓김치, 섞박지, 파김치, 열무김치, 오이소박이김치 등이 있다.

2) 김치의 우수한 효능
① 김치는 발효됨에 따라 유산균의 생육을 도와 항균 작용이 증가한다.
② 김치의 칼로리는 낮고 식이 섬유소가 다량 함유되어 배변작용에 좋을 뿐만 아니라 고추의 성분 중 하나인 캡사이신(capsaicin)은 체지방을 연소시켜 체내 지방 축적을 막아 준다.
③ 김치의 주재료인 배추 등의 채소는 대장암을, 필수재료인 마늘은 위암과 심혈관 질환을, 고추의 캡사이신은 엔돌핀의 분비를 촉진시켜 면역력을 증강시킨다.

3) 김치 담그기
① 배추와 부재료의 품질 확인하기
㉠ 배추는 중간 크기의 것으로 흰 줄기가 단단하고 탄력이 있는 것이 상품이다.
㉡ 배추 속잎은 두께가 얇으면서 연한 연록색인 것이 좋고 겉잎의 색은 진한 녹색인 것, 잎을 조금 씹어 보아 고소한 맛이 나는 것이 좋은 배추이다.
㉢ 배추 저장의 최적 조건은 온도 0~3℃, 상대습도 95%이다.

② 배추 다듬기 및 절이기 : 배추의 억센 청잎 부위와 수확과정에 다듬어지지 못한 뿌리 부위를 제거하고 식용 가능한 부위를 2등분하여 소금에 절인다. 이때 마른 소금을 배추 사이에 직접 뿌리는 마른 소금법과 염수에 담가 놓는 염수법이 있으며 봄과 여름에는 소금 농도를 7~10%로 8~9시간 정도를, 겨울에는 12~13%로 12~16시간 정도 절인다.

③ 배추 세척 및 물 빼기 : 절이기 과정이 끝난 배추는 이물질이 없도록 흐르는 물에 3~4회 세척한다. 염도가 낮으면 김치의 식감이 아삭하고 시원한 맛은 좋지만, 저장성이 나쁘므로 최종 염도는 2~3% 정도로 맞춘다.

※ 김치 담그기의 전처리는 다듬기, 씻기, 절이기가 포함된다.

④ 부재료 선별하기
㉠ 무는 좌우 대칭이 반듯하고 매끈한 모양으로 잔뿌리가 적고 묵직한 것이어야 하며 외상이 없고 병충해를 입지 않은 진한 녹색의 탄력 있고 광택 있는 무청이 달려 있는 것이 싱싱하다.
㉡ 쪽파는 외관이 싱싱하고 청결하며, 크기가 일정한 것으로 잎 끝부분이 시들지 않고 진한 녹색으로 탄력이 좋고 곧고 길은 것이 좋다.
㉢ 통마늘은 들었을 때 묵직한 것으로 마늘의 쪽수가 적은 것이 좋고, 짜임새가 단단하며 알차 보이는 것을 골라야 한다.
㉣ 고추 : 표면이 매끈하고 윤기 나는 붉은색으로 검거나 흰색이 없어야 하며 껍질이 두껍고 씨가 적어야 가루가 많이 나고 맛이 달면서 매운맛을 낸다. 고춧가루는 밀봉하여 냉동 보관하거나 온도 5~7℃, 습도 50% 이하로 보관한다.
㉤ 생강 : 생강은 발이 6~8개로 굵고 넓으면서 모양과 크기가 고르고 식이섬유가 적고 연하면서 단단한 것이 좋고 생강 특유의 향이 많은 것이 좋다.
㉥ 갓 : 잎은 윤기 있는 진한 녹색이고 줄기는 연하고 가는 것이 좋다.

⑤ 배추김치 양념 만들기
㉠ 무 채썰기 : 세척된 무는 0.3cm 두께×4cm 길이로 채썬다.
㉡ 쪽파, 갓, 미나리는 다듬어 씻은 후 3cm 길이로 썰고 대파는 어슷썰기를 한다.
㉢ 마늘과 생강, 양파는 다듬어서 곱게 다지거나 분마기에 간다.
㉣ 생새우는 소금물에 흔들어 씻어 건져 물기를 제거한다.

⑥ 양념 버무리기
㉠ 무채에 고춧가루를 넣고 고루 버무려서 빨갛게 색을 들인다.
㉡ 다진 마늘, 생강, 양파 등을 넣고 젓갈을 넣어 섞은 후 간을 본다.
㉢ 생새우를 넣고 버무려서 섞는다.
㉣ 미나리, 갓, 쪽파, 파를 넣고 섞는다.

⑦ 배추김치 담그기
㉠ 절임배추의 바깥쪽 잎부터 차례로 펴서 배춧잎 사이사이에 고르게 양념소를 넣기를 한다. 이때 배추 밑동 쪽에 양념소가 충분히 들어가도록 넣고 잎 부위는 양념이 묻힐 정도로만 고루 바른다.
㉡ 양념 넣기가 끝나면 김치 포기 형태가 이루어지도록 겉잎의 넓은 면으로 감싸듯이 모은 다음 보관할 용기에 차곡차곡 눌러 담는다. 배추김치를 담은 용기의 제일 위는 배추 겉대 절인 것으로 덮는다.
㉢ 담은 배추김치는 저장고(김치냉장고)에 보관하여 숙성시키게 되면 약 3주일 정도 후부터 맛있게 익는다.

4) 김치 담아내기
① 김치는 필요한 만큼씩 꺼내어 바로 썰어내야 맛이 있다.
② 김치를 꺼낸 후에는 반드시 꼭꼭 눌러 두어야 김치 맛이 변하지 않는다.

15. 장아찌 조리

제철에 흔한 채소를 간장, 고추장, 된장 등에 넣어 장기간 저장하는 식품을 말한다.

1) 장아찌의 분류
① 절임 장아찌 : 재료를 소금에 절이거나 햇볕에 건조시키는 등의 전처리를 하여 장, 젓국, 식초, 술지게미를 사용하여 절인 것
② 숙장아찌 : 채소류를 절여서 볶거나 간장에 조려 만들어 저장 기간이 짧고 갑자기 만들었다고 하여 갑장과라 하는 것

2) 장아찌에 이용되는 부분
① 잎, 줄기 : 고춧잎, 콩잎, 깻잎, 당귀, 갓, 무청, 풋마늘 잎
② 열매, 뿌리 : 무, 오이, 가지, 무말랭이, 고추, 고들빼기, 더덕, 도라지, 마늘, 연근, 우엉
③ 과실 : 매실, 감, 참외
④ 견과 : 밤, 호두, 은행, 잣
⑤ 해초 : 김, 미역귀, 파래, 꼬시래기, 톳
⑥ 어류 : 전복, 마른 오징어, 대구포, 새우

3) 계절에 따른 장아찌
① 봄 : 풋마늘종, 죽순, 더덕, 매실, 마늘, 꽃게
② 여름 : 참외, 오이, 가지, 호박, 깻잎, 양파, 풋고추
③ 가을 : 콩잎, 햇생강, 감, 참게, 고춧잎
④ 겨울 : 무, 배추, 송이버섯, 김, 무말랭이, 시래기

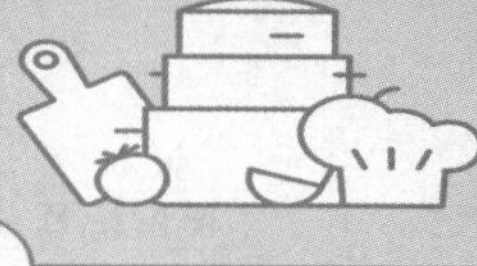

4) 장류에 따른 분류
① 간장·된장·고추장 : 무, 풋고추, 고춧잎, 깻잎, 양파, 감, 당귀, 전복, 굴비, 북어
② 식초·젓갈·소금 : 양파, 통마늘, 마늘종, 조갯살

5) 장아찌 담그기
① 장아찌는 재료의 물기를 제거해서 담가야 변질되지 않는다.
② 달임장에 쓰이는 간장, 식초, 설탕은 팔팔 끓여서 만들고 장물은 서너 차례 끓여 부어야 변질되지 않는다.
③ 오이를 제외한 채소는 달임장을 뜨거울 때 부으면 재료가 익어서 물컹해 지므로 반드시 식혀서 부어야 한다.
④ 내용물이 공기와 접촉하면 하얀 곰팡이가 껴서 장이 급격히 변질되기 때문에 장아찌 위에 무거운 것을 올려놓아 재료가 국물에 잠기게 한다.
⑤ 매실 장아찌는 청 매실을 사용하고 10% 정도의 소금물에 절인 후 물기를 제거하고 씨를 빼내고 설탕으로 재워 장아찌를 만든다.

6) 장아찌 양념의 비율
① 간장 : 식초 : 물 : 설탕 = 2 : 1 : 1 : 1
② 식초 : 물 : 설탕 : 소금 = 1 : 2 : 1 : 1/2

7) 저장 및 보관 : 장아찌를 담그고 나서 2~3일 뒤에 장을 다시 한 번 끓여 식혀서 붓고, 일주일, 보름, 한 달, 3개월 단위로 끓여 부으면 장아찌가 상하지 않아 오래 저장해 두고 먹을 수 있다.

8) 장아찌 담아내기
① 국물이 있는 장아찌의 경우 깊이가 약간 깊은 그릇에 담아 낸다.
② 간장 장아찌나 식초 장아찌 등의 국물이 있는 장아찌는 건더기와 국물의 비율을 3 : 1 정도로 맞춰서 보기 좋게 담아낸다.
③ 더덕·두릅·쑥·엄나무·취·마늘·양파·매실 등 독특한 향미를 갖고 있는 장아찌는 참기름을 넣지 않고 통깨만 뿌려 향을 즐기며 먹는다.

16. 한과 조리

한과(韓菓)라고 하는 것은 우리나라의 과자를 통틀어 말하는 것이다.

1) 한과의 종류
① 유과 : 찹쌀을 불려서 삭힌 것을 가루를 내어 찐 후 오래 쳐서 밀어 펴서 말린 다음 기름에 튀기고 조청을 입혀 각종 고물을 묻힌 것이다. 강정, 산자, 빙사과 등이 있다.
② 유밀과 : 밀가루에 기름과 꿀로 반죽해 모양을 만들어 기름에 튀긴 후 집청한 것으로 약과, 다식과, 만두과, 연약과, 행인과, 매작과 등이 있다
③ 다식 : 흰 깨, 흑임자, 콩, 쌀 등을 익혀 가루를 내거나 송화, 녹말 등을 꿀로 반죽하여 다식판에 박아낸 것이다. 다식판의 모양은 수(壽), 복(福), 강(康), 령(寧), 수레바퀴, 꽃, 나비 등의 무늬가 새겨져 있다
④ 정과 : 정과(正果)는 과일이나 생강, 연근, 수삼, 도라지 등을 꿀이나 조청에 조린 것으로 생강정과, 산사정과, 모과정과, 연근정과, 동아정과 등 종류가 다양하다.
⑤ 엿강정 : 곡식과 견과류를 볶아 조청에 버무려 밀어 썬 것으로 참깨, 흑임자, 들깨, 콩, 잣 등이 있다.
⑥ 숙실과 : 밤이나 대추 등을 익혀 만든 것으로 초(炒)는 열매를 통째로 익힌 후 본래의 모양을 살려 달게 조린 것이고 란(卵)은 열매를 다져 달게 조린 후 본래의 모양과 비슷하게 빚은 것이다. 밤초와 대추초, 율란, 조란, 생란 등이 있다.
⑦ 과편(果片) : 과일즙에 녹말, 설탕, 꿀을 넣고 조려 그릇에 식혀 썰어 먹는 것으로 앵두편, 오미자편, 복분자편, 살구편 등이 있다.

※ 집청이란 약과나 주악 등의 유밀과를 꿀이나 시럽에 재우는 것을 말한다.

2) 한과의 발색 재료
① 붉은색 : 지초, 백년초, 오미자
② 노란색 : 치자, 단호박, 송화가루
③ 녹색 : 녹차가루, 쑥, 승검초, 감태
④ 검은색 : 흑임자, 석이버섯

17. 음청류 조리

음청류는 기호성 음료로 문헌에 수록된 음청류에는 녹차, 탕, 장, 화채, 식혜, 수정과, 갈수, 숙수, 미수, 수단, 밀수 등이 있다. 차와 탕은 따뜻하게 마시며, 식혜·수정과·수단·화채·미수 등은 차게 마시는 청량음료이다.

1) 음청류의 종류
① 차 : 식사 후나 여가에 즐겨 마시는 기호 음료로 녹차, 홍차, 우롱차와 생강차, 인삼차, 유자차, 계피 차, 율무차, 둥글레차, 쌍화차, 대추차, 메밀차, 현미차, 보리차, 옥수수차 등이다.
② 탕 : 한방에서는 끓이는 차를 탕(湯)이라 하여 한약재를 가루 내어 끓여 마시거나 견과류를 곱게 갈아 꿀에 재웠다 뜨거운 물에 넣어 마셨다. 제호탕, 회향탕, 봉수탕, 쌍화탕 등이 있다.
③ 화채(花菜) : 오미자국물이나 꿀물, 과일즙, 향약재 달인 것에 꽃과 제철 과일을 갖가지 모양으로 썰어 꿀이나 설탕, 과즙에 재워서 여름철에 차게 마신다. 오미자, 진달래화채, 보리수단, 창면, 배화채, 원소병, 송화밀수, 떡수단, 앵두화채, 수박화채, 생맥산이 있다.
④ 식혜(食醯) : 밥알을 엿기름에 삭혀서 은은한 단맛과 고유의 향기를 가지고 있는 대표적인 음청류이다. 식혜, 감주, 안동 식혜, 연엽식혜 등이 있다.
⑤ 수정과(水正果) : 생강, 계피, 후추를 달인 물에 설탕을 넣어 달게 하여 잣이나 곶감을 띄워 차게 마시는 우리나라 특유의 음청류이다. 곶감수정과, 배수정과, 가련수정과 등이 있다.
⑥ 수단(水團) : 곡물을 그대로 삶거나 흰 떡 모양으로 빚어서 썬 다음 녹말가루에 묻혀 삶아 꿀물을 타서 먹는 것이다. 계절별로 초여름에는 보리수단, 여름철에는 잘게 썬 흰 떡에 녹말을 묻혀 살짝 익힌 떡수단, 겨울에는 찹쌀가루를 익혀 반죽하여 색을 들인 원소병을 먹는다.
⑦ 밀수(蜜水) : 재료를 꿀물에 타거나 띄워서 마신다. 소나무의 꽃가루인 송홧가루를 꿀물에 타서 만든 송화밀수가 있다.
⑧ 갈수(渴水) : 향약재나 농축된 과일을 꿀이나 설탕에 재워두었다가 우러난 것을 물에 타서 마시거나 향약재에 누룩 등을 넣어 꿀과 함께 달여 마신다. 임금갈수, 포도갈수, 모과갈수, 오미갈수 등이 있다.
⑨ 미수 : 곡류와 검정콩, 검은깨 등을 쪄서 말리거나 볶아 가루로 만들어 물이나 꿀물, 설탕물에 타 마신다. 찹쌀미수, 현미미수, 보리미수 등이 있다.

2) 차를 마시기 위한 다구 : 찻잔, 찻잔받침, 차호, 차수저, 식힘대접, 개수그릇, 찻주전자, 물주전자, 주전자받침, 찻상, 차수건

3) 재료의 특성과 마시는 방법
① 약 불에서 은근히 오래 끓인다.
② 맑고 연하게 끓여서 따뜻하게 마신다.

③ 차의 재료들을 조금씩 섞어서 끓이면 효과가 더욱 좋다.
④ 성질이 찬 재료들은 한 번 말리거나 볶는 과정을 거치면 영양 성분이 훨씬 좋아지고 독성도 사라지는 경우가 많다.
⑤ 과일이나 채소는 건조시켜 사용하면 더 풍부한 영양을 얻을 수 있어 좋다.

4) 음청류 제조 시 주의할 점

① 오미자는 끓이거나 뜨거운 물을 부으면 쓴맛이 강해진다.
② 엿기름 구입 시 오래되어 빛깔이 검은 것은 식혜를 탁하게 한다.
③ 배를 지나치게 많이 먹으면 뱃속이 냉해져서 소화 불량이 생길 수도 있다.
④ 곶감을 처음부터 달이거나 우리면 국물이 탁해진다.
⑤ 전통 음료 만들 때는 사기, 자기, 유리 그릇을 사용해야 색이나 맛의 변화가 없다.

PART 3 양식 기초 조리

Chapter 1 양식 기초 조리 실무

1. 칼의 종류와 용도

종 류	용 도
주방장의 칼 (Chef's knife)	조리 사용 칼
빵 칼 (Bread knife)	빵을 자를 때 사용
껍질 벗기는 칼 (Paring knife)	야채나 과일의 껍질을 벗길 때 사용
고기 써는 칼 (Carving knife)	익힌 큰 고기 덩어리를 자를 때 사용
살 분리용 칼 (Bone knife)	주방에서 육류나 가금류의 뼈와 살을 분리하는 데 사용
뼈 절단용 칼 (Cleaver knife)	단단하지 않은 뼈가 있는 식재료를 자를 때 사용
생선 손질용 칼 (Fish knife)	생선살을 뼈에서 분리하거나 부위별로 자를 때 사용
다지는 칼 (Mincingknife)	파슬리 등 여러 가지 허브를 다질 때 사용
치즈 자르는 칼 (Cheese knife)	여러 종류의 치즈를 자를 때 사용
훈제 연어용 칼 (Salmon knife)	훈제된 생선을 얇게 자를 때 사용

2. 식재료 썰기

1) 썰기의 목적 : 양식 조리에서 식재료는 종류도 다양하고 같은 재료라도 요리에 따라 모양과 크기를 달리하여야 하므로 명칭과 규격을 잘 익혀 두어야 한다.

① 큐브(Cube) : 정육면체로 식재료를 써는 방법 중 가장 기본 썰기의 용어로 사방 2㎝의 크기를 말하며 스튜나 샐러드 조리에 사용한다.

② 다이스(Dice) : 큐브보다는 작은 정육면체 크기로 사방 1.2㎝의 크기다.

③ 스몰 다이스(Small dice) : 다이스의 반 정도로 정육면체, 사방 0.6㎝의 크기이며 샐러드나 볶음 요리 등의 다양한 요리에 사용된다.

④ 브뤼누아즈(Brunoise) : 스몰 다이스의 반 정도, 사방 0.3㎝의 크기로 가니쉬(Garnish)나 수프, 소스의 재료 등으로 많이 사용된다.

⑤ 쥘리엔(Julienne) : 재료를 얇게 자른 뒤 길게 써는 형태를 말하며, 0.3㎝ 정도의 두께로 써는 것

⑥ 파인 쥘리엔(Fine julienne) : 쥘리엔 두께의 반인 약 0.15㎝로 써는 형태를 말하며, 가니쉬(Garnish)나 식재료의 롤 안에 넣는 속재료로 사용한다.

⑦ 시포나드(Chiffonnade) : 채소를 실처럼 얇게 썬 형태를 말하며, 푸른 잎채소나 허브 등은 말아서 최대한 얇게 써는 것을 말한다. 가니쉬(Garnish)로 많이 사용한다.

⑧ 바토네(Batonnet) : 감자튀김(프렌치프라이)의 형태로 써는 것을 말한다.

⑨ 슬라이스(Slice) : 바토네, 쥘리엔 등을 써는 초기 작업에 쓰이기도 한다.

⑩ 페이잔(Paysanne) : 두께 0.3㎝로 가로세로 1.2㎝ 크기의 사각형 모양, 채소 수프에 사용된다.

⑪ 찹(Chop) : 식재료를 잘게 칼로 다지는 것, 양식 조리에서는 양파를 가장 많이 찹하며 샐러드나 볶음 요리, 소스 등의 기본 재료로 사용된다.

⑫ 샤또(Chateau) : 메인 요리 등에 사이드 채소로 많이 쓰이는 당근이나 감자를 길이 5~6㎝ 정도의 끝은 뭉뚝하고 배가 나온 원통 형태의 모양으로 깎는 것을 말한다.

⑬ 올리베트(Olivette) : 샤또보다는 길이가 짧고(4㎝ 정도) 끝이 뾰쪽하여야 하며, 올리브 형태로 깎는 것을 말한다.

⑭ 콩카세(Concasse) : 가로, 세로 0.5㎝ 크기의 정사각형으로 아주 작게 자르거나 다지는 것을 말한다.

3. 조리 기물

양식 조리에서는 특수한 모양을 만드는 데 사용되는 작은 도구들도 다양하고, 작업을 능률적으로 하기 위한 기계도 사용되고 있다.

1) 자르거나 가는 용도

① 에그 커터(Egg cutter) : 삶은 달걀을 반으로 자르는 것, 슬라이스로 여러 조각을 내는 것, 반달 모양의 6등분으로 자르는 도구이다.

② 제스터(Zester) : 오렌지나 레몬의 겉껍질 부분만 길게 실처럼 벗길 때 사용된다.

③ 베지터블 필러(Vegetable peeler) : 오이, 당근 등의 채소류 껍질을 벗기는 도구이다.

④ 롤 커터(Roll cutter) : 피자 등을 자를 때 사용한다.

⑤ 자몽 나이프(Grafefruit knife) : 양식의 조식에서 사용되고, 반으로 자른 자몽을 통째로 돌려가며 과육만 발라낼 때 사용한다.

⑥ 그레이터(Grater) : 채소나 치즈 등을 원하는 형태로 가는 도구이다.

⑦ 커터(Assorted cutter) : 원하는 모양대로 식재료를 자르거나 식재료를 채워 형태를 유지할 때 사용한다.

⑧ 만돌린(Mandoline) : 과일이나 채소를 채로 썰 때 사용되고, 감자를 와플 모양으로 썰 수 있는 도구이다.

⑨ 푸드 밀(Food mill) : 익힌 감자나 고구마 등을 잘게 분쇄하기 위한 도구이다.

2) 수분 제거나 담고 섞는 등의 용도

① 시노와(Chinois) : 스톡이나 소스를 고운 형태로 거를 때 사용하는 도구이다.

② 차이나 캡(China cap) : 걸렀을 때 입자가 남아 있거나 삶은 재료를 거를 때 사용한다.

③ 콜랜더(Colander) : 재료의 양이 많은 경우 물기를 제거할 때나 거를 때 사용한다.

④ 믹싱 볼(Mixing bowl) : 재료를 담거나 섞을 때 사용하고 볼의 크기는 다양하다.

⑤ 시트 팬(Sheet pan) : 재료를 담아 두거나 옮길 때 사용되는 도구로 여러 종류의 사이즈가 있다.

⑥ 래들(Ladle) : 국자 형태로 육수나 소스 등을 뜰 때 사용하는 도구

⑦ 스패츌러(Spatula) : 다양한 크기로 적은 양의 음식을 옮길 때, 부드러운 재료를 섞을 때, 내용물을 깨끗이 긁어모을 때 사용할 수 있다.

⑧ 키친 포크(Kitchen fork) : 음식물을 옮기거나 뜨거운 큰 육류 등을 고객 앞에서 썰 때, 고정시켜 주는 용도 등으로 사용하는 도구이다.
⑨ 계량컵과 계량스푼(Measuring cup, Measuring spoon) : 식재료의 부피를 계량하는 도구
⑩ 소스 팬(Sauce pan) : 소스를 데우거나 끓일 때 사용하며, 음식의 양에 따라 크기를 선택하여 사용할 수 있다.
⑪ 프라이팬(Fry pan) : 크기와 종류가 다양하고 간단하게 소량의 음식을 볶거나 튀기는 등 다용도로 사용한다.
⑫ 버터 스크레이퍼(Butter scraper) : 버터를 모양내서 긁는 (얼음물에 담가 놓으면 형태 유지) 도구이다.
⑬ 미트 텐더라이저(Meat tenderizer) : 스테이크 등을 두드려 모양을 잡거나 육질을 연하게 할 때 사용한다.
⑭ 솔드 스푼(Soled spoon) : 롱 스푼이라고도 하며, 음식물을 볶을 때 섞거나 뜨는 용도로 사용한다.
⑮ 위스크(Whisk) : 크림을 휘핑하거나 계란 등을 섞을 때 사용한다.

3) 기계류
① 블렌더(Blender) : 소스나 드레싱용으로 음식물을 가는 데 사용한다.
② 초퍼(Chopper) : 고기나 야채 등을 갈 때 사용하는 기물로 크기와 형태는 다양하다.
③ 슬라이서(Slicer) : 채소나 육류를 다양한 두께로 썰 때 사용한다.
④ 민서(Mincer) : 고기나 채소를 갈 때 사용하기도 하고 원하는 형태로 틀을 갈아 끼울 수 있다.
⑤ 그리들(Griddle) : 두꺼운 철판으로 되어 가스나 전기로 온도 조절이 가능하며 여러 종류의 식재료를 볶거나 오븐에 넣기 전의 초벌구이에 이용한다.
⑥ 샐러맨더(Salamander) : 위에서 내리 쬐는 열로 음식물을 익히거나 색깔을 내거나 뜨겁게 보관할 때 사용한다.
⑦ 딥 프라이어(Deep fryer) : 튀김용 기물이다.
⑧ 컨벡션 오븐(Convection oven) : 컨벡션 오븐은 찌고 삶고 굽는 등의 다용도로 사용이 가능하다.
⑨ 스팀 케틀(Steam kettle) : 대용량의 음식물을 끓이거나 삶는 데 사용한다.
⑩ 토스터(Toaster) : 샌드위치용 빵을 구워 준다.
⑪ 샌드위치 메이커(Sandwich maker) : 만들어진 샌드위치빵에 그릴 형태의 무늬을 내거나 따뜻하게 데워주는 도구이다.
⑫ 그릴(Grill) : 가스나 숯을 열원으로 쓰며 달구어진 무쇠를 이용하여 음식의 표면 형태와 향을 좋아지게 만든다.

4) 계량수저와 계량컵
① 1TS(테이블스푼) = 15㎖(밀리리터) = 15g(그램)
② 1ts(티스푼) = 5㎖(밀리리터) = 5g(그램)
③ 1L(리터) = 1,000㎖(밀리리터) = 1,000g(그램)
④ 0.5L(리터) = 500㎖(밀리리터) = 500g(그램)

5) 저울 사용법 : 용기 무게를 영점으로 맞추어 측정하면 쉽게 무게를 잴 수 있다.
① 1kg(킬로그램) → 1,000g(그램)
② 0.5Kg(킬로그램) → 500g(그램)
③ 1oz(온스) → 28.35g(그램)

3. 주방 작업대와 기물 정리 정돈

1) 조리도구
① 칼과 도마 : 항상 사용하는 도구이므로 보관상 특히 유의하여야 한다. 다른 도구보다 먼저 세척하고 칼날과 손잡이를 주의하며 세척해 자외선 칼 보관함에 보관한다.
② 조리 기물 : 모든 조리 도구는 사용 전후에 적절한 주방 세제를 사용하여 청결하게 세척하고 정해진 장소에 보관하여 언제든지 사용할 수 있도록 한다.
③ 작업대 : 작업대는 안전하게 고정시켜 놓고 사용하지 않은 도구는 작업대에 놓지 않으며 청결하게 관리하여야 한다.

2) 주방 기물
① 냉장고 : 식재료 보관 시에는 밀폐 용기를 이용하고 채소는 흙이 묻은 상태로 보관하지 않는다. 어패류와 육류는 가식 부위만을 물기를 제거하여 진공 포장을 하여 보관한다.
② 냉동고 : 식재료를 냉동할 때에는 완전히 밀폐하고, 오래 보관되는 식재료가 없도록 품목 리스트를 작성하여 사용한다.

4. 조리와 가열 방법 : 대류, 전도, 방사로 나뉜다.

1) 건식열 조리법
① 철판구이(Broiling) : 샐러맨더, 철판
② 석쇠구이(Griling) : 석쇠, 그릴
③ 로스팅(Roasting) : 오븐
④ 굽기(Baking) : 오븐
⑤ 볶음(Sauteing) : 조리용 열기구
⑥ 팬 프라잉 (Pan-frying) : 조리용 열기구
⑦ 튀김(Deep-frying) : 딥 프라이어(Deep-fryer)

2) 습식열 조리법
① 삶기(Poaching) : 조리용 열기구
② 은근히 끓이기(Simmering) : 조리용 열기구
③ 끓이기(Boiling) : 조리용 열기구
④ 데치기(Blanching) : 조리용 열기구
⑤ 찌기(Steaming) : 조리용 열기구

3) 복합 조리법
① 브레이징(Braising) : 조리용 열기구, 오븐
② 스튜잉(Stewing) : 조리용 열기구, 오븐
③ 수비드(Sous vide) : 조리용 열기구, 오븐
④ 빠삐요트(en papillote) : 조리용 열기구, 오븐

Chapter 2 스톡 조리

1. 스 톡

스톡이란 육류나 어류와 함께 향신채소, 향신료를 넣고 풍미가 있는 육수를 내는 것으로 수프나 소스의 기초가 된다.

2. 스톡의 재료

1) 부케가르니(Bouquet garni) : 일반적으로 부케가르니에는 파슬리(pasley), 월계수잎(bay leaves), 정향(clove), 타임(thyme), 로즈메리(rosemary) 등의 향신료와 통후추, 셀러리(celery), 리크(leek) 등의 향신 채소를 실로 묶거나 고정하여 사용한다.

2) 미르포아(Mirepoix) : 스톡의 향을 강화하기 위한 양파, 당근, 셀러리의 혼합물이다. 용도에 따라 비율이 조절되기도 하지만 기본적으로는 양파 : 당근 : 셀러리 = 50% : 25% : 25%의 비율로 사용한다.

3) 뼈(bone) : 스톡에 향과 색을 부여하는 중요한 재료로 소뼈가 가장 많이 사용된다.
   ① 소 뼈 : 가장 많이 쓰이고 다양한 용도를 가진 것이 비프 스톡(Beef stock)으로 콜라겐과 무기질이 풍부하다.
   ② 닭 뼈 : 닭은 일부 뼈를 사용하기도 하지만 보통 닭 전체를 사용한다.
   ③ 생선 뼈 : 생선 육수에는 넙치, 가자미와 같은 기름기가 적은 뼈를 사용하는데 자른 후 찬물에 담가서 피나 불순물을 제거하고 사용한다.

3. 스톡의 종류

화이트 스톡(White stock)과 브라운 스톡(Brown stock)으로 나뉜다.

① 화이트 스톡(white stock) : 소나 닭 뼈, 미르포아, 부케가르니를 넣어 은근히 끓여(simmering) 만드는 것으로 조리 과정 중에 색깔이 나지 않게 한다.
② 브라운 스톡(Brown Stock) : 브라운 스톡에 사용되는 뼈와 미르포아를 높은 열에서 구워서 사용하고 토마토 페이스트 등의 부산물을 첨가하게 된다. 따라서 브라운 스톡에서는 좀 더 강한 육즙 향이 난다.
③ 피쉬스톡(Fish Stock) : 생선뼈나 갑각류의 껍질, 미르포아, 부케가르니로 만든다. 색깔을 낼 필요가 없기 때문에 1시간 이내의 짧은 시간에 조리한다.
④ 쿠르 부용(Court bouillon) : 미르포아와 부케가르니에 식초나 화이트와인을 넣어 은근히 끓여서 만든다. 생선 요리나 고기를 삶는데 이용된다.

※ 뼈는 작은 조각으로 잘라주어야 스톡을 조리하는 동안 맛성분, 콜라겐 등을 온전히 추출해 낼 수 있다.

4. 스톡 조리

맛을 충분히 우려내고 색상도 깨끗해야 한다.

① 찬물에서 시작하기 : 재료가 충분히 잠길 정도까지 물을 부은 다음에 시작한다. 뜨거운 물에 재료를 넣게 되면 불순물이 빨리 굳어지고 맛이 우러나지 못한다.
② 은근히 끓이기 : 끓기 시작하면 불의 세기를 조절하여 스톡의 온도가 섭씨 약 90℃를 유지하게끔 은근히 끓여준다.
③ 거품 및 불순물 걷어내기 : 조리 시 표면 위로 떠오르는 불순물은 처음 끓기 시작할 때 가장 많다. 이때는 거품과 함께 떠오르는 것을 스키머(skimmer)로 제거해 주면 된다. 그러나 끓는 동안 계속해서 불순물이 표면 위로 떠오르는데, 제거하지 않으면 물 속에 섞여 스톡을 혼탁하게 하는 원인이 되므로 일정한 시간을 두고 불순물을 제거해주어야 한다.
④ 스톡에는 소금 등의 간을 하지 않는다.

※ 스톡 포트(Stock pot) 안쪽에 생긴 불순물은 젖은 페이퍼타월로 닦아내어 깨끗한 스톡을 만든다.

5. 스톡 완성하기

스톡 거르기 → 스톡 냉각하기(5℃) → 스톡 보관하기(냉장 상태로 3~4일)

Chapter 3 소스 조리

1. 농후제

농후제는 소스나 수프에 농도를 내며 풍미를 더해 주는 것으로 여러 가지 조리법이 있다.

1) 루(Roux) : 루는 밀가루와 버터를 볶아 풍미가 나도록 한 것
   ① 화이트 루(White Roux) : 색이 나기 직전까지만 볶아낸 것으로 베샤멜 소스와 같은 하얀색 소스를 만들 때 사용한다.
   ② 브론드 루(Brond Roux) : 황금 갈색이 돌 때까지 볶은 것으로 대부분의 크림수프나 수프를 끓이기 위한 벨루테를 만들 때 사용한다.
   ③ 브라운 루(Brown Roux) : 갈색의 루를 만들어 색이 짙은 소스에 쓰이며 스테이크 소스에 주로 사용하였다.

2) 뵈르 마니에(Beurre Manie) : 버터와 밀가루를 1 : 1의 비율로 섞어서 만든 것으로 소스를 진하게 만드는 데 쓰인다.

3) 전분(Cornstarch) : 육수가 끓기 시작하면 불을 줄이고 국자(레들)를 이용하여 미리 만들어 둔 전분 물을 섞어 농도를 낸다.

4) 달걀(Eggs) : 달걀 노른자를 이용하여 농도를 낸다. 디저트 소스인 앙글레이즈, 홀렌다이즈, 마요네즈도 달걀노른자의 단백질 특성을 활용한 소스이다.

5) 버터(Butter) : 수프를 끓인 다음 버터의 풍미를 더하기 위해 불에서 내린 다음 포마드 상태의 버터를 넣고 잘 저어주면 약간의 농도를 더할 수 있다.

2. 토마토 소스

토마토 홀(토마토 껍질만 벗겨 통조림으로 만든 것), 토마토 퓌레(토마토를 파쇄하여 조미 없이 농축시킨 것), 토마토 페이스트(토마토 퓌레를 농축하여 수분을 날린 것), 토마토 쿨리(토마토 퓌레에 향신료를 가미한 것)

3. 우유 소스

① 베샤멜 소스 : 팬에 버터와 밀가루를 넣고 볶다가 색이 나기 전에 차가운 우유를 넣고 만든 소스로 그라탱의 소스로 유용하다.
양파 : 밀가루 : 버터 : 우유 = 1 : 1 : 1 : 20
② 크림소스 : 졸이기만 해도 자체 농도로 소스화 할 수 있으나, 생선 육수 등을 첨가하거나 화이트 와인을 넣어 사용할 때는 생크림을 졸여 뵈르 마니에(Beurre Manier)로 농도를 맞추기도 한다.

4. 유지 소스

① 식용유 이용 : 올리브유, 포도씨유, 해바라기씨유
② 마요네즈 소스 : 달걀, 식용유, 식초, 레몬, 후추, 소금이 사용된다. 파생된 것으로 사우전드 아일랜드, 타르타르 소스, 시저 드레싱 등이 있다.
③ 비네그레트 소스 : 채소에 잘 어울리는 드레싱으로 기름과 식초의 비율은 일반적으로 3 : 1이다.
④ 버터 소스 : 대표적인 것으로 홀렌다이즈와 뵈르 블랑(beurre blanc)이 있다.
⑤ 디저트 소스 : 앙글레이즈 소스를 모체로 하는 크림소스(커스터드)와 과일퓌레를 졸여 리큐르를 첨가하여 단맛을 강조한 소스가 있다.

5. 소스의 올바른 사용법

① 소스는 주재료의 맛을 더 좋게 만들 수 있어야 한다.
② 소스의 향이 강하면 주재료의 맛이 저하된다.
③ 색감을 내기 위해 곁들여 주는 소스는 색이 변질되면 안 된다.
④ 튀김 종류의 소스는 눅눅해지지 않도록 제공 직전 뿌려주어야 한다.
⑤ 질 좋은 고기를 사용할 경우 맛에 방해될 수 있으므로 많은 양의 소스를 제공하지 않는다.

6. 소스를 제공하는 방법

재료를 소스에 직접 버무린다. 주재료에 곁들인다. 접시바닥에 담고 위에 주재료를 얹는다. 디자인을 위해 접시에 그리듯이 내는 방법이 있다.

Chapter 4 수프 조리

1. 수 프

육류, 생선, 뼈, 채소 등에 향신료를 넣어 약한 불로 오래 우려낸 육수를 기초로 하여 만든 국물요리다.

2. 수프를 구성하는 요소

① 스톡(Stock) : 수프의 가장 기본이 되는 요소로 소고기, 닭고기, 생선, 채소 등의 재료를 우려낸 국물, 수프 본래의 맛을 낼 수 있어야 한다.
② 루(Roux) : 루는 밀가루와 버터를 볶아 풍미가 나도록 한 것으로 농도를 조절하는 농후제 역할을 한다.
③ 가니쉬(Garnish) : 가니쉬는 수프의 맛을 증가시켜주는 역할을 하는 재료로 수프와의 조화가 잘 이루어져야 한다. 가니쉬로 사용하는 재료는 크루통, 토마토콩카세, 파슬리, 달걀 요리, 덤플링(Dumpling), 휘핑크림(Whipping cream) 등의 다양한 재료가 사용되고 있다
④ 향신료 : 음식에 풍미를 더해 식욕을 촉진시키고 방부 작용과 보존성을 줄 수 있다. 서양 요리에선 빠질 수 없는 식재료이다.

3. 수프의 종류

1) 맑은 수프 : 수프의 색이 투명하고 깔끔한 맛을 갖고 있는 맑은 수프는 포만감을 위해서라기보다는 다른 요리와 함께 제공된다.
   ① 콩소메 : 소, 닭, 생선, 채소 등을 오래 끓여 맑게 우려낸 수프, 다른 요리에 풍미를 더하는 기본 육수처럼 사용되기도 한다.

2) 크림·퓌레 수프 : 부드러운 맛과 식감으로 가장 대중적인 수프다. 크림수프는 주재료의 농도가 걸쭉하거나 다른 재료를 이용하여 농도를 조절하는 방법을 사용하는데, 농도를 내는 재료, 즉 리에종(Liaison)은 주재료의 맛을 최대한 보존하면서 농도를 조절하여야 한다.
   ① 크림수프는 베샤멜과 벨루테소스를 기본으로 만든다.
   ② 포타주(Potage) : 호박, 감자, 콩을 사용하여 재료 자체의 녹말 성분을 이용하여 걸쭉하게 만든 수프
   ③ 퓌레(Puree) : 채소를 곱게 갈아서 부용(Bouillon)을 첨가하여 만든다. 크림은 사용하지 않는다.
   ④ 차우더(Chowder) : 게살(조갯살), 감자, 우유를 이용한 크림 수프이다.

3) 비스크 수프(Bisque soups) : 바닷가재, 새우등의 갑각류 껍질을 으깨어 채소와 함께 끓이는 수프이다. 마무리로 크림을 넣어 주는데 부재료를 많이 첨가하여 맛이 변하지 않게 해야 한다.

4) 차가운 수프 : 스패니시수프인 가스파초(Gazpacho)가 콜드수프의 대표격으로 오이, 토마토, 양파, 피망, 빵가루에 올리브유와 마늘을 곁들여 제공하는 것이다. 최근에는 과일과 신선한 채소를 퓌레(Puree)로 만들어 크림이나 다른 가니쉬를 곁들이는 방법도 많이 사용하고 있다.

5) 그 외 수프 : 나라별, 지역별로 특색있는 전통 수프는 어니언그라탕 수프, 미네스트로네, 부야베스, 헝가리안 굴라쉬, 러시아 보르시치, 태국 톰얌꿍, 인도의 커리 등이 있다.

4. 수프와 가니쉬

① 가니쉬 형 : 블렌칭한 채소, 누들, 달걀, 버섯, 라비올리 등
② 토핑 형 : 거품 크림, 크루통, 차이브 등의 향신료
③ 따로 제공되는 형 : 빵, 달걀, 토마토 등

Chapter 5 전채 조리

1. 전채 요리

전채 요리는 오르되브르(Hors d'oeuvre), 애피타이저(Appetizer)라고도 하며 식전에 나오는 모든 음식의 총칭으로 식욕을 돋우는 요리이다.

2. 전채 요리의 특징

① 오르되브르(Hors d'oeuvre) : 리큐르와 적은 양의 요리를 먹은 것에서 유래되었다.
② 칵테일(Cocktail) : 해산물이 주재료로 작게 만들어 차갑게 제공되어야 하며 모양이 예뻐야 한다.
③ 카나페(Canape) : 빵을 얇게 썰거나 크래커를 사용하여 다양한 재료를 토핑해서 만든다.
④ 렐리시(Relishes) : 셀러리, 무, 올리브, 피클, 채소 스틱 등을 예쁘게 손질하여 마요네즈 등을 곁들어 낸다.

3. 전채 요리의 재료

① 육류 : 소고기의 안심, 등심, 파르마햄, 프로슈토
② 가금류 : 오리, 거위, 닭, 메추리 등을 로스트하거나 테린(Terrine), 훈제(Smoked), 갈라틴(Galantine) 하여 사용한다.
③ 생선류 : 타르타르(Tartar), 훈제(Smoked), 세비체(Ceviche), 쿠르 부용(court bouillon)에 살짝 삶아서 콩디망(Condiments)으로 양념한다.
④ 채소류 : 양상추(Lettuce), 당근(Carrot), 셀러리(Celery), 양파(Onion) 등

4. 전채 요리의 메뉴

스터프트 에그, 새우 카나페, 햄 카나페, 참치 타르타르, 새우 칵테일, 멜론과 파르마햄, 채소 렐리시, 훈제연어 롤, 소고기 카르파초, BLT샌드위치

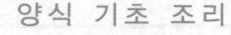

5. 전채 요리에 필요한 조리도구

소스 팬, 짤 주머니, 에그 슬라이서, 꼬지, 고운체, 핀셋, 요리용 붓

6. 전채 요리 조리하기

① 신맛과 짠맛이 침샘을 자극해서 식욕을 돋우어야 한다.
② 크기를 작게 하고 모양과 색에서 아이디어와 예술적 감각이 돋보여야 한다.
③ 지역의 특성과 계절에 맞는 다양한 식재료를 사용해야 한다.
④ 주 요리에 사용되는 재료와 조리법이 겹치지 않게 다양한 조리법으로 만들어야 한다.

7. 전채 요리에 어울리는 콩디망(Condiment)

① 오일 앤 비네그레트 : 기본 양념, 오일 : 식초 = 3 : 1의 비율에 소금과 후추로 간을 한다. 해산물과 채소에 잘 어울린다.
② 베지터블 비네그레트 : 피망, 파프리카, 양파, 마늘, 파슬리 등을 작게 잘라 오일과 식초, 소금, 후추로 간 한다. 해산물 요리에 많이 사용된다.
③ 토마토 살사 : 토마토 콩카세에 양파, 올리브유, 적포도주, 식초, 파슬리 다진 것을 넣고 소금과 후추로 간을 한다.
④ 마요네즈
⑤ 발사믹 소스(Balsamic sauce) : 발사믹 식초를 졸여 올리브유와 함께 사용한다.

Chapter 6 샐러드 조리

1. 샐러드

샐러드란 주요리가 제공되기 전에 신선한 채소와 과일 등을 드레싱과 함께 제공하는 요리로 신선한 채소를 소금만으로 간을 맞추어 먹었던 것에서 유래한다.

2. 샐러드의 분류

① 단순 샐러드 : 고전적인 순수 샐러드는 한 가지 채소로만 이루어진 것이었으나 현대에 와서는 재료를 단순하게 구성하여 곁들이는 용도나 세트 메뉴에 코스용으로 사용한다.
② 혼합 샐러드 : 여러 가지 채소와 함께 과일, 생선, 육류, 조류 등이 혼합되어 따로 드레싱을 첨가하지 않고 그대로 제공할 수 있는 완전한 상태인 것을 말한다.
③ 더운 샐러드 : 샐러드 주재료와 드레싱을 따뜻하게 데워 버무려 내는 샐러드이다.

3. 샐러드의 기본 재료

1) 육류(Meat) : 가장 많이 사용하는 재료는 소고기, 돼지고기, 양고기, 햄, 베이컨 등의 육가공품도 많이 사용된다.
   ① 소고기 : 안심, 등심, 차돌박이
   ② 돼지고기 : 삼겹살
   ③ 양고기 : 등심, 갈빗살

2) 가금류(Poultry) : 닭가슴살, 닭다리살, 오리훈제 가슴살

3) 해산물류(Seafood) : 생선류, 어패류, 갑각류, 연체류 등이 해당하며, 다양하게 쓰인다.
   ① 흰 살 생선 : 광어, 농어, 도미, 우럭
   ② 붉은 생선 : 참치, 연어, 훈제연어
   ③ 어패류 : 가리비, 홍합, 바지락, 대합, 중합, 모시조개
   ④ 갑각류 : 바닷가재, 새우
   ⑤ 연체류 : 문어, 낙지, 주꾸미, 오징어, 한치

4) 채소류(Vegetable) : 채소는 엽채류, 경채류, 근채류, 과채류, 종실류, 화채류, 새싹류, 허브류로 나뉜다.

4. 드레싱의 종류

1) 차가운 소스
   ① 비네그레트 : 기름과 식초를 주재료로 한 드레싱, 발사믹 비네그레트, 레드와인 비네그레트
   ② 마요네즈

2) 유제품 소스 : 샐러드드레싱과 디핑 소스로 사용됨. 허브크림 드레싱

3) 살사·쿨리·퓌레 소스

5. 드레싱의 기본 재료

오일, 식초, 소금, 설탕, 후추, 달걀 노른자, 레몬

6. 샐러드 담기

① 채소의 수분은 반드시 제거한다.
② 주재료와 부재료의 크기, 모양, 색상을 겹치지 않게 준비한다.
③ 드레싱의 양이 샐러드의 양보다 많지 않게 한다.
④ 드레싱의 농도는 너무 묽지 않게 하고 제공할 때 뿌리는 것을 원칙으로 한다.
⑤ 한 번 사용한 가니쉬는 반복해서 사용하지 않는다.

Chapter 7 어패류 조리

1. 서식지에 따른 구분

해수어, 담수어, 양식형태의 어패류로 나눌 수 있는데, 동일한 어종이라고 하더라도 원산지에 따라 가격, 모양, 육질의 상태, 맛의 차이가 있기 때문에 요리에 맞는 제품을 선택한다.

2. 선도 판정 방법

① 관능적 판정법 : 눈, 아가미, 비늘, 복부탄력, 냄새(비린내)
② 화학적 판정법 : pH, 휘발성 염기질소 정량 분석
③ 미생물학적 판정법 : 세균 수 등

3. 어패류의 어취 제거 방법

① 흐르는 물로 세척 : 수용성인 트리메틸아민과 암모니아취가 제거된다.
② 간장, 고추장, 된장 : 흡착력에 의해 비린내가 용출된다.
③ 우유 : 카세인(casein)이 트리메틸아민을 흡착시키므로 비린내가 제거된다.

④ 생강, 마늘, 파 등의 향신료 : 강한 향미 성분이 비린내를 둔화시킨다.
⑤ 알코올 : 알코올의 휘발성은 비린내를 없앤다.

4. 어패류의 보관

① 5℃ 이하의 냉장 보관, 상온 보관 시간을 최대한 짧게 하고 신속히 조리한다.
② 전용 칼과 도마를 사용하고 취급한 기구는 세척과 소독을 한다.
③ 중심 온도가 85℃ 이상이 되도록 충분히 가열한다.

5. 어패류 손질하기

① 광어 : 머리 제거 후 방혈 → 비늘 벗기기 → 칼집을 넣어 위쪽 살 발라내기 → 아래쪽 살 발라내기 → 껍질 분리 후 필레 면의 안쪽끼리 맞닿게 하여 냉장 보관
② 바닷가재 : 바닷가재 꼬리를 반듯하게 고정 → 끓는 물에 데침 → 머리·꼬리·집게 분리 → 꼬릿살을 발라내기 → 집게살·관절살을 발라내기 → 머리 및 내장 손질
③ 새우 : 새우 세척 → 머리 제거 → 껍질을 제거 → 내장 제거 (등 쪽 2~3번째 마디)
④ 키조개 : 부착된 불순물 제거 → 조개칼로 껍질을 벌린다 → 관자 상·하단부의 연결 끊기 → 내장 제거 → 관자 손질
⑤ 오징어 : 표면과 빨판 깨끗이 씻기 → 내장 분리 제거 → 몸통의 껍질 벗기기 → 촉수·눈 제거 → 몸통·다리·먹물·내장으로 분리, 부위별 재가공하여 사용

Chapter 8 육류 조리

1. 육 류

소고기, 돼지고기, 닭고기, 양고기, 오리고기 등과 같이 단백질이 주성분인 식품을 말한다.

2. 육류의 종류

① 소고기 : 암소와 거세된 소, 근섬유는 결이 곱고 마블링이 좋으며 선홍색이다.
② 돼지고기 : 7개월에서 1년의 어린 돼지고기로 암수 구별 없이 사용한다.
③ 양고기 : 램(Lamb) – 생후 12개월 이하의 어린 양, 머튼(Mutton) – 생후 20개월 이상 된 양, 나이든 양고기는 부티르산이 많아 특유의 누린내로 향신료를 이용하여 조리한다.
④ 닭고기 : 연령과 부위에 따라 육질이 다르며 육색소인 미오글로빈의 함량이 적어 색이 연하고 지방 함량이 적어 맛이 담백하다.
⑤ 오리고기 : 단백질이 풍부하고 불포화지방산이 다른 육류에 비하여 많다. 기호식품으로 소비된다.
⑥ 거위고기 : 세계 3대 진미에 거위 간(푸아그라), 캐비어, 송로버섯이 포함된다.

3. 육류의 마리네이드

마리네이드란 고기, 생선, 채소를 양념에 재워두는 것으로 고기를 조리하기 전에 간을 배이게 하거나, 누린내를 제거하거나 질긴 고기를 부드럽게 절이는 것이다.

① 액체 마리네이드 : 올리브유, 레몬주스, 식초, 와인, 과일즙
② 고체 마리네이드 : 향신료, 소금, 후추, 생강, 마늘

4. 소고기의 부위별 특징과 조리법

부 위	요 리	조리방법
안 심	스테이크	그릴링, 브로일링
등 심	스테이크	그릴링, 브로일링
채 끝	스테이크	그릴링, 브로일링
목 심	햄버거 패티, 미트볼	스튜, 브레이징
갈 비	스테이크	그릴링, 브로일링, 로스팅
양 지	콘비프, 스튜	스튜잉, 브레이징, 보일링

5. 돼지고기의 부위별 특징과 조리법

부 위	요 리	조리방법
안 심	스테이크	로스팅, 프라잉
등 심	스테이크, 커틀렛	로스팅, 프라잉
삼겹살	바베큐, 베이컨	로스팅, 브레이징, 그릴링
목 심	패티, 소시지	로스팅, 브레이징
갈 비	바베큐, 베이컨	브로일링, 로스팅
다 리	바비큐, 꼬치요리	스튜잉, 로스팅

6. 양고기의 부위별 특징과 조리법

부 위	요 리	조리방법
안 심	스테이크	로스팅, 프라잉
등 심	스테이크	로스팅, 프라잉
다 리	카레, 꼬치	로스팅, 브레이징, 스튜잉
어깨살	패티, 무사카, 꼬치	스튜잉, 브레이징
갈 비	스테이크	로스팅, 브로일링

7. 닭고기의 부위별 특징과 조리법

부 위	요 리	조리방법
안 심	핑거푸드, 샐러드	그릴링, 프라잉
가슴살	샐러드, 커틀릿	포칭, 프라잉
다 리	커틀릿, 프라이드	그릴링, 프라잉, 스모킹
날 개	핑거푸드	그릴링, 프라잉, 스모킹

Chapter 9 파스타 조리

1. 파스타

파스타(pasta)는 이탈리아어로 "반죽(paste, dough, batter)"을 의미한다. 반죽재료는 밀가루와 물로 일반 밀에 비해 단백질 함량이 많고 단단한 듀럼밀을 제분한 세몰리나로 마카로니와 파스타를 만든다.

2. 파스타의 종류

① 건면 파스타 : 저장성을 높이기 위하여 파스타를 만들어 건조시켜 사용하며 탄력있는 식감을 갖는다.
② 생면 파스타 : 세몰리나에 밀가루를 섞어 만들거나 강력분과 달걀을 이용해 만들기도 한다. 건조 파스타에 비해 신선하고 부드러운 식감을 갖고 있다.

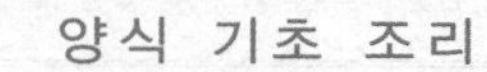

※ 생면 파스타
오레키에테, 뇨케티, 가르가넬리, 탈리아텔레, 토르텔리니, 탈리올리니, 파르팔레, 라비올리

3. 파스타 소스

① 토마토 소스 : 신선하고 높은 당도와 농축된 감칠맛을 가진 토마토를 선별해 조리한다.
② 볼로네즈 소스 : 볼로냐식 라구 소스로 알려져 있는 이탈리아식 미트소스이다. 토마토와 재료를 넣고 오랜 시간 진한 맛이 날 때까지 끓인다.
③ 크림 소스 : 밀가루, 버터, 우유를 주재료로 만든 소스로 치즈와 크림 등을 첨가하여 파생 소스를 만들기도 한다
④ 조개육수 소스 : 바지락, 모시조개, 홍합 등으로 풍미를 살려 해산물 파스타를 만든다.

4. 파스타 삶기

① 파스타를 삶는 냄비는 깊이가 있어야 하며 물은 파스타 양의 10배 정도가 적당하다.
② 파스타를 삶을 때 약간의 소금 첨가는 파스타의 풍미를 살리고 면에 탄력을 준다.
③ 알덴테는 입안에서 씹히는 정도가 느껴질 정도로 삶는 것을 말한다.
④ 파스타의 면수는 버리지 말고 파스타 소스의 농도를 잡아주거나 올리브유와 분리되지 않고 유화될 수 있도록 사용한다.

※ 면 종류에 따른 삶는 시간
스파게티 8분, 라자니아 7분, 라비올리 8분, 카넬로니 7분, 뇨끼 5분

5. 파스타의 종류와 소스

① 가늘고 긴 파스타 : 토마토 소스나 올리브유를 이용한 가벼운 소스가 잘 어울린다.
② 넓고 긴 파스타 : 표면적이 넓은 면에 잘 흡수되는 진한 소스인 파마산 치즈, 버터, 크림 소스가 어울린다.
③ 짧은 파스타 : 가벼운 소스와 진한 소스 모두 어울린다.
④ 짧고 작은 파스타 : 샐러드, 수프와 잘 어울린다.

※ 치즈는 이탈리아 요리, 특히 파스타 요리에서 중요한 역할을 하고 있다. 이탈리아의 치즈는 지역 고유의 특징을 가지고 있으며 고르곤졸라, 파르미지아노 레지아노, 그라나 파다노와 같은 상표는 원산지 명칭 보호를 받으며 생산 지역도 제한된다.

Chapter 10 양식 조식 조리

1. 조식은 서양에서 아침 식사를 의미하는데 미국식 – American breakfast, 영국식 – English breakfast, 유럽식 – Continental breakfast로 나뉜다.

① 미국식 아침 식사(American breakfast) : 조식용 빵, 커피, 주스, 달걀요리, 감자, 햄, 베이컨, 소시지가 취향에 따라 제공된다.
② 유럽식 아침 식사(Continental breakfast) : 각종 주스류와 조식용 빵, 커피, 홍차로 구성된 간단한 아침 식사이다
③ 영국식 아침 식사(English breakfast) : 빵과 주스, 달걀, 감자, 육류 요리, 생선 요리가 제공되며, 조식 요리 중 가장 많은 종류와 양으로 무겁게 느껴진다.

2. 달걀 요리

1) 포치드 에그 : 껍질을 제거한 달걀을 90℃ 정도의 뜨거운 물에 식초를 넣어 익히는 방법이다.

2) 보일드 에그 : 100℃ 이상의 끓는 물에 달걀을 넣고 원하는 정도로 익히는 것
① 코들드 에그(Coddled egg) : 100℃ 끓는 물에 넣고 30초 정도로 살짝 삶은 것
② 반숙 달걀(Soft boiled egg) : 100℃ 끓는 물에 넣고 3~4분간 삶아 노른자가 1/3 정도 익은 것
③ 완숙 달걀(Hard boiled egg) : 100℃ 끓는 물에 넣고 10~14분간 삶아 노른자가 완전히 익은 것

2) 달걀 프라이(Fried egg) : 프라이팬을 이용하여 조리한 달걀
① 서니 사이드 업(Sunny side up) : 달걀의 한쪽 면만 익힌 것으로 달걀노른자가 떠오르는 태양과 같다고 해서 붙여진 이름이다.
② 오버 이지(Over easy egg) : 달걀의 양쪽 면을 살짝 익힌 것으로 달걀의 흰자는 익고 노른자는 익지 않아야 한다.
③ 오버 미디엄(Over medium egg) : 오버 이지와 같은 방법으로 조리하되 달걀 노른자가 반 정도 익은 것
④ 오버 하드(Over hard egg) : 양쪽으로 완전히 익힌 것

3) 스크램블 에그(Scrambled egg) : 팬에 버터나 식용유를 두르고 달걀을 넣어 빠르게 휘저어 만든 달걀 요리이다. 달걀이 단단해지지 않도록 주의하면서 부드럽게 만든다.

4) 오믈렛(Omelet) : 프라이팬을 이용하여 럭비공 모양으로 만든 달걀 요리로 속재료에 따라 치즈 오믈렛, 스패니시 오믈렛 등이 있다.

5) 에그 베네딕트(Egg benedictine) : 잉글리시 머핀에 햄, 포치드 에그를 얹고 홀랜다이즈 소스를 올린 미국의 대표적 요리이다.

3. 조찬용 빵

식빵이 일반적으로 사용되고 크루아상, 데니시 페이스트리, 보리빵, 바게트, 프렌치토스트, 팬케이크, 와플 등이 있다

1) 아침 식사용 빵 종류
① 토스트 브레드 : 식빵을 얇게 썰어 구운 빵으로 버터나 잼을 발라 먹는다.
② 데니쉬 페이스트리 : 페이스트리 반죽에 잼, 과일, 커스터드 등의 속 재료를 채워 구운 덴마크의 대표적인 빵이다.
③ 크루아상 : 페이스트리 반죽을 초승달 모양으로 만든 프랑스의 대표적인 빵이다.
④ 베이글 : 가운데 구멍이 뚫린 링 모양으로 만들어 발효시킨 후 끓는 물에 익혀 오븐에 구워 낸다.
⑤ 잉글리시 머핀 : 샌드위치용으로도 많이 사용하는 영국의 대표적인 빵이다.
⑥ 바게뜨 : 밀가루, 이스트, 물, 소금만으로 만든 프랑스의 대표적인 빵이다.
⑦ 호밀 빵(Rye bread) : 향이 강한 독일의 전통 빵으로 섬유소가 많아 건강식이다.

2) 조찬용 조리 빵
① 팬케이크(Pancake) : 밀가루, 달걀, 물 등으로 만들어 프라이팬에 구워 버터와 메이플 시럽을 뿌려 먹는다.
② 프렌치토스트(French toast) : 달걀, 계핏가루, 설탕, 우유에 빵을 담가 버터를 두르고 팬에 구워 먹는다.
③ 와플(Waffle) : 아침 식사와 브런치, 디저트로도 인기가 높다. 종류는 벨기에식 와플과 미국식 와플 두 가지가 있다.

④ 크레이프 : 크레이프는 밀가루나 메밀가루 반죽을 얇게 부치고 그 위에 다양한 속재료를 얹어 싸먹는 프랑스 요리로 디저트로도 많이 먹지만, 아침 식사로도 이용된다.

4. 시리얼

곡류를 가공하여 우유 등에 넣어 부드럽게 먹는 식사 대용식이다. 차게 먹는 시리얼은 콘플레이크, 올 브랜 등이 있고 따뜻하게 먹는 시리얼엔 오트밀이 대표적이다.

Chapter 11 샌드위치 조리

1. 샌드위치 종류

1) 온도에 따라 콜드 샌드위치와 핫 샌드위치로 구분 한다.
   - ① 콜드 샌드위치 : 클럽 샌드위치, 서브마린 샌드위치, BLT샌드위치
   - ② 핫 샌드위치 : 루벤 샌드위치, 몬테크리스토, 크로크무슈

2) 형태에 따라 분류
   - ① 오픈 샌드위치 : 오픈 샌드위치, 브루스케타, 카나페 등
   - ② 클로즈드 샌드위치 : 얇게 썬 빵 사이에 속재료를 넣고 덮는 형태의 샌드위치
   - ③ 클럽 샌드위치 : 3장의 구운 식빵 사이에 2단으로 내용물을 넣어 만든 샌드위치로 더블데커라고도 부른다.
   - ④ 롤 샌드위치 : 넓고 납작하게 만든 빵에 크림치즈, 게살, 훈제연어, 참치를 넣고 둥글게 말아 썰어 제공하는 형태의 샌드위치이다.

2. 샌드위치 구성 요소

① 빵 : 샌드위치용 빵은 단맛이 덜하고 잘 썰려야 한다. 식빵, 포카치아, 바게트, 햄버거번, 치아바타, 크루아상, 베이글 등이 있다.
② 스프레드(Spread) : 스프레드는 빵이 눅눅해지는 것을 방지하는 코팅제 역할과 접착제 역할을 하고, 빵과 속재료, 가니쉬의 맛이 잘 어울리게 한다.
③ 속재료 : 샌드위치의 맛을 구성하는 가장 중요한 요인이다.
④ 가니쉬 : 샌드위치의 완성도에 영향을 미치는 요소로 필수적이라 할 수 있다.
⑤ 소스 & 드레싱 : 음식에 짠맛, 단맛, 신맛, 쓴맛, 매운맛을 통해 개성있는 표현을 하는 요인 이다.

3. 샌드위치 스프레드의 종류

1) Simple spread : 재료 본래의 맛을 가진 재료로 마요네즈, 잼, 버터, 머스터드, 크림치즈, 리코타 치즈, 발사믹 크림, 땅콩버터 등이다.
2) Compound spread
   - ① 버터 또는 마요네즈를 기본으로 한(머스터드 + 마요네즈, 앤초비 + 버터 또는 마요네즈, 바질 + 사워크림 + 마요네즈, 레몬즙 + 버터)
   - ② 유제품을 기본으로 한 허브 크림치즈 스프레드
   - ③ 올리브오일을 기본으로 한 바질 페이스트 스프레드

4. 샌드위치의 가니쉬

① 채소류 : 양상추, 로메인, 치커리, 라디치오, 양배추, 루꼴라, 토마토, 오이, 당근 등
② 새싹류 : 적채 싹, 알파파, 브로콜리 싹, 메밀 싹 등
③ 과일류 : 사과, 바나나, 아보카도, 오렌지, 파인애플, 머스크메론 등

Chapter 12 디저트 조리

1. 디저트

우리나라 말로는 '후식'을 뜻하는 디저트는 19세기에 프랑스로부터 자리 잡기 시작하였다. 양식 코스 요리의 마지막 순서로 모든 음식이 제공되고 난 후 식사의 끝맺음에 감미, 풍미, 과일의 세 가지 요소를 가미하여 깔끔하고 향기롭게, 시각적으로 화려하면서도 지나치게 달거나 기름지지 않게 하여 개운한 맛을 내야 한다.

2. 디저트의 분류

1) 콜드 디저트
   - ① 무스(Mousse) : 콜드 디저트의 가장 기본이 되는 무스는 프랑스어로 거품을 뜻하며, 크게 세 가지 종류로 나뉜다. 달걀흰자와 설탕으로 만든 머랭에 과일 퓌레를 섞어 만드는 방법, 노른자와 설탕으로 거품을 올려 우유, 과즙과 리큐르를 섞어 만드는 방법, 초콜릿을 기본으로 생크림과 흰자, 노른자 등의 거품을 섞어 만드는 초콜릿 무스로 구분한다.
   - ② 젤리(Jelly) : 젤리는 과일 주스나 우유에 설탕, 술 등을 넣어 굳히는 제품으로 젤라틴 젤리, 펙틴 젤리, 한천 젤리 등으로 나눈다. 액체의 투명함과 청량감은 산뜻하고 상쾌해서 기름진 요리를 먹은 뒤에 잘 어울리는 디저트이다.
   - ③ 바바루아(Bavarois) : 우유, 설탕, 달걀, 젤라틴, 휘핑크림 등을 혼합하여 굳혀먹는 푸딩인 바바루아는 독일에서 유래되었다. 무스보다는 덜 부드럽지만 커스터드 소스나 앙글레이즈와 휘핑크림, 젤라틴을 섞어 바바루아 크림을 만들고, 과일 퓌레, 리큐어, 초콜릿, 너트 등과 함께 사용하며, 패스트리나 케이크의 필링으로도 사용된다.
   - ④ 샤를로트(Charlotte) : 레이디 핑거, 제누아즈, 비스퀴아라퀴예 등을 이용하여 케이크 틀의 내부에 돌려 다양한 모양으로 응용하여 만들고 무스, 크림, 퓌레, 바바루아 크림을 채워 차갑게 굳혀서 사용한다.
   - ⑤ 과일 콤포트(Fruit comport) : 과일을 적당한 크기로 자른 후 시럽, 바닐라, 오렌지, 레몬, 시나몬 스틱 등을 넣고 삶아 차갑게 식혀 먹는 디저트다. 오렌지, 사과, 살구, 자두 등을 많이 사용한다.

2) 핫 디저트
   - ① 오븐에 굽는 방법 : 그라탕(Gratin)
   - ② 물이나 우유에 찌거나 삶아 내는 방법 : 수플레
   - ③ 기름에 튀기거나 굽는 방법 : 베네(Beignets), 크레이프(Crepe)
   - ④ 알코올 플람베(Flamb)

3) 얼린 디저트 : 유제품에 설탕, 과일 퓌레, 달걀, 꿀, 견과류, 초콜릿, 코코아, 커피 등과 각종 향료를 넣어 만든다. 향긋하고 시원한 맛이 특징이다. 아이스크림, 셔벗, 파르페, 그라니타, 카사타 등이 있다.
   ① 아이스크림류(Ice cream) : 프랑스에서는 글라세(Glacé), 이탈리아에서는 젤라토(Gelato)로 불린다.
   ② 셔벗류(Sherbet) : 과즙에 물, 설탕 등을 넣고 얼린 빙과로 프랑스어로는 소르베(sorbet)라고 하며 메인요리 사이에 제공되기도 한다.
   ③ 파르페(Parfait) : 달걀 노른자와 설탕을 휘핑하여 냉각시키고, 머랭과 생크림을 혼합하여 과일과 술 등을 섞어 무스 형태로 만들어 얼려 사용한다.
   ④ 그라니타(Granita) : 그라니타는 라임, 레몬, 자몽 등의 과일에 설탕, 와인, 샴페인을 넣고 얼린 이탈리아식 얼음과자로 반짝거리는 화강암(Granite)을 닮았다고 해서 붙여진 이름이다. 프랑스의 소르베(Sorbet)는 당도가 높고 입자가 고운 반면에 그라니타는 신맛과 톡 쏘는 맛이 강하고 입자가 거칠다.
   ⑤ 카사타(Cassata) : 카사타 젤라타(Cassata gelata)라는 주형 틀에 대비되는 색깔의 아이스크림을 층으로 나누는데 그 안에 견과류, 아이스크림, 설탕조림 과일, 초콜릿 등으로 혼합물을 채워서 얼려내는 이탈리아의 대표적인 디저트이다.

※ 더운 여름철에 판 젤라틴을 불릴 때에는 얼음물(약 10분 간)에 불려서 사용하면 판 젤라틴이 물에 풀어져 없어지는 것을 방지할 수 있다.

4) 프랑스 디저트의 특징과 종류
   ① 크렘 브륄레(Crème brûlée) : 크림 커스터드 반죽을 익힌 후 냉장 보관하여 제공하기 전 위에 설탕을 얇게 골고루 뿌린 다음, 토치로 열을 가해 캐러멜 토핑을 만든 후 제공하거나 리큐르를 뿌려 플람베 하기도 한다.
   ② 에끌레르 : 섬광이라는 뜻을 가진 에끌레르는 크림으로 속을 채우고 퐁당 아이싱을 덧입힌 길쭉한 모양의 프랑스 대표적인 디저트이다.
   ③ 밀푀유(Mille-feuilles) : 프랑스어로 1,000겹 또는 1,000개의 잎이라는 뜻으로 퍼프 패스트리를 구워 낸 후 퍼프 패스트리 사이에 크림이나 잼 등의 필링을 번갈아 가며 포개 넣어 만든다.
   ④ 몽블랑(Mont blanc) : 프랑스어는 몽블랑, 이탈리아어로는 몬테 비앙코로 특징은 밤 퓌레를 얇은 국수 모양으로 짜고 슈거 파우더로 장식하여 만년설을 표현한다.
   ⑥ 마카롱(Macaron) : 설탕, 아몬드, 로즈워터, 머스크로 만든 반죽을 약한 불에 구운 마카롱은 부분적으로 이름을 달리한다.
      ㉠ 코크(Coque) : 프랑스어로 껍질을 의미하며 마카롱에서 크림을 뺀 쿠키 부분이다.
      ㉡ 피에(Pied) : 프랑스어로 발을 의미하며 코크에서 아랫부분의 레이스 부분을 말하며 프릴이라고 한다.
      ㉢ 필링(Filling) : 코크 사이에 들어가는 크림을 말하며, 마카롱의 맛을 좌우하는 중요한 부분이다.

5) 머랭의 종류
   ① 프렌치 머랭 : 달걀 흰자를 상온(24℃) 정도에서 전분이 포함되지 않은 슈거 파우더나 설탕을 조금씩 넣어 주면서 거품을 올려 준다.
   ② 이탈리안 머랭 : 거품을 낸 달걀흰자에 115-118℃에서 끓인 설탕 시럽을 조금씩 넣어 주면서 거품을 올리게 되면 흰자 중 일부가 열 응고되어 거품이 단단하게 올라온다.
   ③ 스위스 머랭 : 달걀 흰자와 설탕을 믹싱 볼에 넣고 잘 혼합한 후에 43-49℃에서 중탕하여 설탕 입자가 완전히 녹으면 거품을 올린다. 각종 장식 모양으로 건조시켜 사용한다.
   ④ 생크림 : 한국에서는 유지방 18% 이상을 포함한 것이라고 규정하고 있으나, 커피용은 20% 정도의 유지방을 포함하고 있다. 생크림을 발효시킨 것은 사워크림이다.
   ⑤ 버터크림 : 버터, 설탕, 달걀노른자와 흰자, 우유, 크림으로 만든 것으로 다양한 파생 크림에 베이스로 활용할 수 있다. 케이크 장식용으로 많이 사용된다.
   ⑥ 커스터드 크림 : 우유, 달걀 노른자, 설탕, 밀가루 또는 옥수수 전분 등을 끓여 만드는 기본적인 크림의 하나다. 그 외에 버터, 생크림과 혼합하여 쓰이며 리큐어 바닐라 에센스로 향을 낸다. 바닐라 크림이라고 부르기도 하며, 다양한 파생 크림 제조에 베이스로 활용할 수 있다.

6) 디저트 소스 : 디저트에서의 소스는 맛을 증진시키고, 디저트의 풍미를 살리는 역할을 한다.
   ① 크림 소스 : 크림 소스의 기본 모체는 앙글레이즈, 커스터드, 바닐라 크림으로 불리며 용도에 따라 뜨거운 소스, 찬 소스, 리큐어를 넣거나 커피, 향신료를 넣어 사용한다.
   ② 캐러멜 소스 : 설탕을 졸인 후 크림과 혼합하여 만들며 필요에 따라 버터, 과일 퓌레, 리큐어, 바닐라 같은 추가 재료를 넣기도 한다. 버터 스카치 소스는 진한 갈색 설탕과 버터, 위스키를 넣어 만든 것으로 혼합하는 재료에 따라 다양하게 사용할 수 있다.
   ③ 과일 소스 : 천연 과일 퓌레에 시럽, 혼합 과일, 리큐어를 첨가하고 전분이나 농도가 있는 과일을 갈아서 사용하기도 한다. 소스의 농도를 조절하기 위해 살구잼을 주로 사용하거나 전분, 펙틴, 판 젤라틴을 사용하기도 한다.
   ④ 초콜릿 소스 : 초콜릿에 생크림을 끓여 혼합한 가나슈 형태로 용도에 따라 생크림의 양으로 농도를 조절한다.

Chapter 13 연회 조리

1. 리셉션(reception)

초대 연회, 축하 연회 등 기념을 위한 공식적인 모임을 뜻하며 화려하고 고급스러운 상차림을 연출한다.

2. 칵테일 리셉션

뷔페 종류 중 가장 형식이 자유롭고 경제적인 연회로 테이블과 의자가 없이 와인, 음료, 칵테일과 핑거 푸드 형태로 제공되는 것이 일반적이다. 종류로는 차가운 카나페인 치즈, 콜드컷, 올리브, 견과류, 핑거 샌드위치, 훈제 음식 등을 이용한 것으로 구성된다.

3. Cold buffet

여름이나 무도회 때 간단하게 차려지는 뷔페로서 요리의 내용과 양이 제한되고, 샴페인, 와인, 맥주, 탄산수 등의 음료와 그에 어울리는 음식 위주로 뷔페가 구성된다.

4. Standing buffet

스탠딩 뷔페는 연회장 행사에서 많이 볼 수 있는 뷔페 형태로 양식, 한식, 중식, 일식 등이 함께 곁들어진다. 나이프는 사용하지 않고 포크로만 사용하여 음식을 먹는 것이 특징이다. 국물이 있거나 한 입에 먹을 수 없는 요리는 적당하지 않으며 연회 메뉴보다는 단조롭고 간단하다.

5. 스페셜 리셉션

일반 연회와는 다르게 성격이 확연히 드러나는 연회를 말한다. 할러윈(Holloween day), 크리스마스(Christmas), 추수감사절(Thanksgiving day)과 같은 것으로 행사에 어울리는 메뉴와 스타일링이 필요하다.

① Holloween day : 호박을 이용한 음식을 준비하고 독특한 귀신 모양이나 거미와 같은 형태로 장식을 한다.
② Thanksgiving day : 합법적인 국경일이 된 것은 1941년 11월 넷째 주 목요일부터이며 이날은 가족들끼리 모여 칠면조를 비롯한 여러 음식을 만들어 먹고 추수감사절에 대한 기쁨을 함께 나눈다. 오늘날에는 칠면조 구이와 스터핑(stuffing), 크랜베리 소스, 매쉬드 포테이토, 호박 파이 등이 상징성을 나타낸다.

6. 리셉션에 맞는 분위기 연출과 메뉴 구성 시 주의할 점

1) 리셉션 뷔페의 테이블은 단계별 디스플레이로 요리의 높낮이를 다양하게 하여 감각적인 색의 대비와 멋스럽게 조리된 음식들로 테이블 전체를 조화롭게 꾸며야 한다. 또한 얼음 장식품 등은 중앙에 배치하여 연회장이 화려하게 보이도록 해야 하며 음식은 채소 종류, 찬 요리, 뜨거운 요리, 디저트와 과일의 순으로 배열한다.

2) 핑거푸드 리셉션에서 메뉴구성 시 오드볼은 성인 1인당 다섯 가지, 찬 음식 네 가지, 뜨거운 음식 세 가지, 디저트 세 가지, 과일 약간으로 예상하여 음식을 준비해야 한다.
   ① 핑거푸드 : 작은 사이즈 고기파이, 소시지, 파테(Pâté), 닭 날개, 춘권, 조각 파이, 사모사, 샌드위치, 아란치니, 햄버거, 피자, 핫도그 등
   ② 핑거푸드가 아닌 것 : 쿠키, 페이스트리, 콘 아이스크림, 아이스 팝(Ice pop)과 같은 디저트 품목은 손으로 먹지만, 핑거푸드류에서는 제외된다.

※ 카나페는 작게 만들어 한 입에 먹을 수 있는 특징을 가진 전채 요리로 칵테일 파티 및 리셉션에서만 제공되는 유일한 음식이다.

7. 출장 뷔페

케이터링(Catering)이라고도 하며, 음식과 음료를 준비하여 직접 고객을 찾아가서 서비스를 제공하는 것을 의미한다. 일반 뷔페와의 가장 큰 차이점은 의뢰인 쪽에서 장소를 제공하고 업체는 시간과 비용을 절약하고, 매장 내 영업에 비해 적은 투자로 높은 수익성을 올릴 수 있다는 장점이 있다. 메뉴 선택은 연회 성격, 초대 손님, 시간, 계절 등을 파악하여 메뉴를 선정하고 한식, 양식, 일식, 중식, 뷔페 메뉴, 칵테일 카나페, 바베큐 등이 가능하다.

Chapter 14 푸드 플레이팅

1. 푸드 플레이팅을 위한 기본 용어

① 프레임(Frame) : 접시를 구성하는 가장 가장자리 쪽의 넓은 면으로 접시에 안정감을 주는 틀이다.
② 림(Rim) : 접시 프레임 안쪽의 움푹 들어간 원형 부분으로 소스나 국물이 밖으로 흘러넘치지 않도록 하는 역할을 한다.
③ 캠퍼스(Campus) : 접시에서 음식을 담는 평편한 부분으로 그림을 그리는 캔버스처럼 조리사들이 음식과 식재료를 이용하여 다양한 푸드 플레이팅 기술을 표현하는 공간이다.
④ 센터 포인트(Center point) : 접시의 정중앙 부분을 센터 포인트라고 한다.
⑤ 이너 서클(Inner circle) : 조리사가 림에서 1~2㎝ 안쪽으로 상상해서 그린 원형을 이너 서클이라고 하고, 그 안쪽에 식재료와 음식을 담는다.
⑥ Section No.1 : 접시 정중앙 부분을 중심으로 8시에서 12시 방향 사이의 구역으로 주로 탄수화물 요리를 놓는 부분이다.
⑦ Section No.2 : 접시 정중앙 부분을 중심으로 12시에서 4시 방향 사이의 구역으로 주로 채소 요리를 놓는 부분이다.
⑧ Section No.3 : 접시 정중앙 부분을 중심으로 4시에서 8시 방향 사이의 구역으로 주로 단백질 요리를 놓는 부분이다.

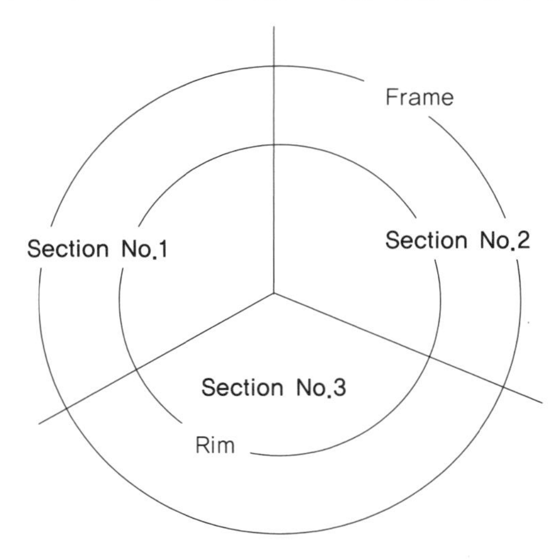

2. 접시의 종류와 모양

같은 재료와 음식이라도 접시의 종류에 따라 음식의 느낌이 달라질 수 있다. 따라서 음식의 질감과 색상을 고려하여 접시의 모양, 크기, 색상을 선택하도록 한다.

1) 접시의 종류
   ① 위치 접시 : 착석 전에 자리에 세팅되어 있는 접시로 지름은 30~32㎝ 크기로 화려하다.
   ② 수프 접시 : 지름 20~23㎝ 크기이며 깊이가 있다.
   ③ 빵 접시 : 지름 15㎝ 크기로 빵을 담는다.
   ④ 디너 접시 : 메인 음식 등을 담아내는 접시로 지름 23~28㎝ 크기이다.
   ⑤ 디저트 접시 : 지름 20㎝ 크기로 디저트를 담아낸다.

2) 접시의 모양
   ① 원형 접시 : 가장 무난하게 오랫동안 사용된 접시로 어느 곳에서나 사용 가능하다.
   ② 타원형 접시 : 안정감이 있고 부드러운 느낌을 준다.
   ③ 정사각형 접시 : 변화가 필요할 때 사용하면 좋다. 차분하면서도 안정감이 있다.
   ④ 직사각형 접시 : 공간 활용도가 높고 캐주얼한 분위기 연출이 가능하다.

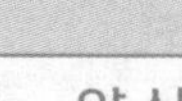

3. 푸드 플레이팅 도구

드로잉스푼, 스퀴즈 보틀, 붓, 원형 틀, 스패츌러, 핀셋, 파리지앤 나이프, 그릴, 면봉, 솜, 면수건, 꼬지 등

Chapter 15 조리 외식 경영

1. 조리 외식 산업의 이해

외식이란 "집이 아닌 밖에서 음식을 사 먹는다" 는 뜻을 가지고 있다. 외식의 종류에는 내식으로 먹던 음식들을 구매하여 가정에서 먹는 내식적 외식, 외식 전문점인 식당이나 레스토랑 등을 방문하여 식사를 하는 외식적 외식으로 구분한다.

2. 메뉴(Menu)의 정의

'차림표' 란 뜻으로 쓰이며 외식업소에서는 고객에게 식사로 제공되는 요리의 품목, 명칭, 형태 등을 체계적으로 알기 쉽게 설명해 놓은 목록이다. 이러한 메뉴의 선택은 고객과 수익성에 영향을 주며, 레스토랑을 경쟁력 있게 유지하기 위해서는 지속적인 메뉴 관리를 해야 한다.

3. 메뉴의 종류

① 일품요리 메뉴 : 고객의 취향이나 기호에 맞는 음식을 선택하여 주문하는 것으로 고객이 원하는 아이템을 선택하고 이에 대한 지불만 하면 된다.
② 정식 메뉴 : 정식 메뉴란 식사에 제공되는 음식들을 미리 선택하여 순서를 정하여 제공되는 것이다. 숙박업소에서 고객에게 주인이 음식을 정해진 시간에 정해진 가격으로 같은 음식을 제공하는 데서 유래되었다. 최근에는 행사를 위해 미리 예약을 하는 연회장에서 가장 많이 이용되고 있다.
③ 뷔페(Buffet) 메뉴 : 호텔이나 일반 레스토랑에서 정해진 요금을 지불하면, 고객은 원하는 음식을 정해진 시간 안에 마음껏 먹을 수 있는 식당을 뷔페라고 한다.
④ 특별 메뉴 : 정기적인 판매를 위한 메뉴가 아닌 계절별, 기념일 등에 제공하는 특별요리를 뜻하며 매출액 증대와 고객의 흥미를 유발하여 관심을 유도하기 위한 일시적인 마케팅 메뉴이다.

4. 메뉴 작성하기 : 일품요리와 정식 메뉴를 기획한다.

① 고객의 메뉴 선호도에 따른 욕구 파악
② 주변 환경을 분석, 식당 입지에 맞는 고객 파악
③ 원가와 수익성 관계를 확인한다.
④ 주방의 조리 설비 및 기기의 기능과 활용도를 감안하여 메뉴를 기획한다.
⑤ 식재료의 지속적이고 원활한 공급이 가능한지 파악한다.
⑥ 선호도가 많은 식재료를 알고 메뉴를 정한다.
⑦ 독창성이 보여지는 메뉴를 구성한다.
⑧ 계획한 메뉴와 식당의 인테리어나 분위기에 적합한지 고려하여야 한다.
⑨ 주방의 조리 인력과 서비스 종사원이 수용할 수 있는지 파악하여야 한다.

5. 외식 창업의 구성 요소 : 창업자, 창업 아이디어, 창업 자본

1) 창업에 필요한 단계별 관리
① 본인의 경험과 능력에 맞는 업종의 선택
② 독립 점포 또는 체인점 비교에 따른 창업 결정
③ 자기 자본, 대출, 차입금 등 자금 조달 계획 점검
④ 점포 결정 과정에서의 업종과 자금 규모에 맞는 최적의 입지 및 점포 탐색
⑤ 시장 조사에 따른 경쟁 전략 수립(판매 형태와 가격 결정)
⑥ 개업 계획 수립(인테리어, 주방설비, 홍보와 인력 확보)
⑦ 두 곳 이상의 협력 식자재 거래처 확정
⑧ 개업 최종 점검(정직원, 아르바이트, 원자재 확보)
⑨ 오픈 전 문제점 보완 및 역할 분담
⑩ 당일 오픈 이벤트, 홍보 전단지 배포 등
⑪ 친절한 서비스 마인드 지속 유지
⑫ 단골 고객 확보에 대한 노력과 베스트 메뉴 런칭

PART 4 중식 기초 조리

Chapter 1 중식 기초 조리 실무

1. 중식 조리도의 용어

종 류	용 도
채도 (菜刀 차이 다오)	채소를 썰 때 사용하는 칼
딤섬도 (點心刀 디엔 신 다오)	딤섬 종류의 소를 넣을 때 사용하는 칼
조각도 (雕刻刀 띠아오 커 다오)	조각 칼

2. 중식 기초 기능 썰기 익히기

1) 중식 썰기는 발음과 한자, 써는 방법을 함께 알도록 한다.
   ① 條(티아오 tiáo) : 채 썰기
   ② 泥(니 ní) : 잘게 다지기
   ③ 丁(띵 dīng) : 깍둑 썰기
   ④ 絲(쓰 sī) : 가늘게 채 썰기
   ⑤ 片(피엔 piàn) : 편 썰기
   ⑥ 粒(리 lì) : 쌀알 크기 정도로 썰기
   ⑦ 滚刀塊(다오 콰이 dāo kuài) : 재료를 돌리면서 도톰하게 썰기

3. 중식 조리에 사용되는 기물의 종류 및 명칭

① 중화 팬 : 음식을 볶을 때 사용하는 속이 깊은 프라이팬으로 무쇠로 만들어져 있다.
② 편수 팬 : 형태는 프라이팬과 비슷하나 구멍이 뚫려 있어 식재료를 물이나 기름에서 건져 낼 때 사용한다.
③ 국자 : 식재료를 볶을 때, 덜어 사용할 때 등 많이 이용되는 도구 중 하나이다.
④ 제면기 : 면을 뽑거나 만두피를 밀 때 사용한다.
⑤ 대나무 찜기 : 딤섬을 찔 때 사용한다.

4. 중국 요리에 사용하는 향신료와 한약재

인삼, 숙지황, 팔각, 정향, 산초, 구기자, 산마, 산사, 천궁, 당귀, 감초, 계피, 산초

5. 육 수

중국 요리에서 육수는 뼈와 채소, 향신료를 넣고 잘 끓여 맛, 향기, 색깔 및 영양 가치를 높여 수프나 탕을 만들 때 사용되는 기초 국물이다. 특히 서양에서 소고기 육수를 많이 쓰는 것에 비해 중국 요리에서는 재료의 맛을 잘 살릴 수 있는 담백한 닭 육수를 사용한다.

※ 재료에 따른 육수 조리 시간
- 소 뼈 : 8~12시간
- 닭 뼈 : 2~4시간
- 생 선 : 30분~1시간

6. 중국 요리의 특징

중국은 영토가 넓어 지역별로 기후, 풍습이 다르고 지역별로 사용하는 식재료와 조리 방법도 다양하게 발달하였다. 중국 요리는 크게 북부 지역의 북경 요리, 동부 지역의 상해 요리, 서부 지역의 사천 요리, 남부 지방의 광동 요리로 크게 분류하여 나눌 수 있다.

1) 북경 요리(징차이)
   ① 정치·경제·문화의 중심지 → 고급요리 발달
   ② 화북 평야의 광활한 농경지의 풍부한 농산물
   ③ 강한 화력으로 단시간에 조리하는 튀김, 볶음요리가 특징, 맛이 중후하며 기름진 음식이 많다.
   ④ 면류, 만두, 떡, 북경오리, 훠궈 등

2) 상해 요리(난징)
   ① 따뜻한 기후와 풍부한 농산물, 갖가지 해산물의 집산지로 다양한 요리 발달
   ② 해산물 요리가 비교적 유명
   ③ 특산품 장유와 설탕을 이용한 요리가 많다.
   ④ 게요리, 동파육, 볶음밥 등

3) 사천 요리
   ① 내륙지방의 요리로 강한 향신료 (고추, 후추, 생강)를 많이 사용, 맛이 자극적이고 매운 것이 특징
   ② 중국적인 전통을 가장 잘 보존하고 있는 요리라 할 수 있다.
   ③ 마파더후, 궁보계정, 곰발바닥요리 등

4) 광동 요리
   ① 더운 열대성 기후, 광동 = 식재광주라 하여 유달리 풍부한 요리법과 식재료를 갖고 있다.
   ② 해외 각국을 연결하는 중요한 통로로 해외와 혼합된 요리가 많다.
   ③ 담백하고 부드럽고 약간 달다.
   ④ 딤섬, 탕수육, 상어지느러미, 제비집 요리 등

7. 조리법의 특징

1) 물을 사용하는 조리법
   ① 배(ba, 바) : 북경 요리에 많이 사용하는 조리법으로 조리 시간이 다소 길다. 물 전분이 들어가 맛이 부드럽다.
   ② 소(shao, 샤오) : 조림을 소(샤오)라고 말한다. 재료를 볶거나 기름에 튀겨 놓은 상태에 육수를 붓고 센 불에 끓여 서서히 조리면서 진한 맛과 향이 나올 수 있도록 한다.
   ③ 돈(dun, 뚠) : 요리 재료에 육수를 넉넉히 넣어 오래 달이는 방법, 과돈, 청돈, 격수돈
   ④ 민(men, 먼) : 오래 건조된 식재료나 질긴 식재료에 육수를 붓고 은근히 익히는 방식이다.
   ⑤ 외(wei, 웨이) : 질긴 힘줄 등을 조리할 때 주로 사용한다. 재료를 크게 썰어 끓는 물에 데친 후 육수를 붓고 은근하게 익히면 완성된 음식에는 육수가 다소 많다.
   ⑥ 쇄(shuan, 쑤안) : 훠궈로 뜨거운 육수에 양고기나 채소를 담가 살짝 익힌 후, 기호에 맞는 소스를 찍어 먹는다. 사천 지역에서는 마라탕, 북경에서는 쇄양육으로 유명하다.
   ⑦ 자(zhu, 쮸) : 고기류를 작게 썰어 육수를 붓고 삶아 조리하는 방식이다.
   ⑧ 회(hui, 후에이)
      ㉠ 홍회 : 황설탕과 간장, 전분을 사용하여 만드는 요리로 농도가 진하다.
      ㉡ 청회 : 전분이 들어가지 않는 조리법이다
      ㉢ 백회 : 전분을 소량으로 넣어 조리하는 방법이다.
      ㉣ 소회 : 기름과 각종 향신료, 양념을 넣고 재료와 함께 조리는 방법이다.
   ⑨ 탄(tun, 툰) : 부드러운 재료로 완자를 만들어 끓는 물이나 육수에 빠르게 데쳐서 사용하는 조리법이다.

2) 기름을 사용하는 조리법
① 초(chao, 챠오) : '볶다'라는 뜻으로 재료를 먹기 좋게 썰어 팬에 기름을 두르고, 센 불에 재빠르게 볶아서 만드는 조리법이다.
② 팽(peng, 펑) : 되직한 전분을 만들어 밑간이 된 주재료에 옷을 입혀 기름에 바삭하게 튀긴 후 센 불에 양념을 넣어 빠르게 볶는 조리법이며, 대표 요리는 깐풍기, 칠리새우가 있다.
③ 폭(bao, 빠오) : 재료에 칼집을 넣어 뜨거운 물 또는 기름에 데친 후 팬을 달구어 센 불에서 빠르게 볶아내는 방식이다.
④ 작(zha, 짜) : 밑 손질한 재료를 중식 팬에 기름을 넉넉히 넣고 튀기는 방식이다.
⑤ 류(liu, 리우) : 재료에 간을 하고, 전분이나 밀가루 옷을 만들어 입힌 후 튀김 온도에 맞춰 튀겨 내는 방식과 재료를 데치거나 쪄 낸 후 준비한 소스에 빠르게 버무리는 방식이 있다.
⑥ 첩(tie, 티에) : 세 가지의 재료를 쓰는 첩은 특수한 조리법으로 만들어진다. 첫 번째 재료를 곱게 다지고, 두 번째 재료는 넓게 편을 내어 그 위에 재료를 얹고, 다시 세 번째 재료로 덮는다. 만든 음식을 아래로 하여 기름에 지져 낸 후 다시 그릇에 물을 붓고 끓여서 증기로 익힌다.
⑦ 전(jian, 지옌) : 팬에 기름을 두르고 만들어 놓은 재료를 넣어 양면 또는 요리에 따라 한쪽 면만을 익히기도 한다. 재료에 따라 전분이나 밀가루를 발라 지지기도 하는데, 속은 부드럽고 겉은 노릇하게 지져낼 때 사용하는 조리법이다.

3) 증기를 사용하는 조리법
① 고(kao, 카오) : 중국 요리 조리법 중 제일 오래되었으며 원시적인 방법이다. 음식의 수분이 증발되어 마치 튀겨놓은 듯 겉 표면은 바삭하며, 음식의 속은 부드럽게 만들어진다. 유명한 북경 오리구이가 대표적인 방식이라 할 수 있다.
② 증(zheng, 쩽) : 재료를 수증기로 쪄서 만드는 방식의 조리법이다.
㉠ 분증 : 재료에 향신료 등 조미료를 넣어 고루 버무린 후 그릇에 옮겨 담고 증기로 익힌다.
㉡ 청증 : 재료를 미리 손질하여 양념에 재워 놓았다가 그릇에 담아 증기로 익혀 낸다.
㉢ 포증 : 재료에 양념을 하고 대나무의 잎 또는 연잎에 재료를 싼 후 증기로 익히는 방식이다.

Chapter 2 절임·무침 조리

1. 중국 음식에서 절임과 무침에 많이 사용되는 채소

절임이란 채소, 과일, 향신료 등을 저장성이 강한 식염, 식초, 당류, 장류 등에 절인 후 그 상태로 먹거나 양념을 추가하여 먹는 방식을 말한다. 자차이, 향차이, 청경채, 무, 양파, 마늘, 고추, 배추, 양배추, 오이, 땅콩 등이 많이 사용된다.

2. 절임·무침류에 사용되는 향신료와 조미료

① 간장
② 굴소스 : 신선한 생굴을 으깬 다음 끓여서 조려서 농축시켜 만든 것이다.
③ 흑초 : 광동 요리에 많이 사용되며 검은콩을 발효시켜 만든 식초로 독특한 향기와 맛을 지니고 있다.
④ 고추기름 : 팔각, 파, 생강, 양파 등의 향신료와 고춧가루를 끓인 식용유에 받쳐 내면 매운맛과 풍미가 훌륭하다. 사천 요리에는 반드시 사용되는 조미료로 자차이무침에 사용된다.
⑤ 두반장 : 검은콩, 밀, 누에콩, 고추를 발효시켜 만든 것으로 볶음 요리, 찜 요리, 반찬류의 무침·절임 요리에 사용된다.
⑥ 해선장 : 북경요리에 많이 사용되는 된장류이다.
⑦ 새우간장 : 새우젓 같이 독특한 냄새를 지녔으며 요리의 맛을 내기 위해 볶음요리, 수프, 탕, 소스용으로 쓴다.
⑧ 겨자장 : 고추기름과 함께 사천 요리에서 매운맛의 기본으로 사용된다.
⑨ 미추 : 쌀을 발효시켜 만든 중국 전통 식초로 알코올 성분이 많아 농도가 진하고 막걸리 맛이 나기도 한다. 무침에 많이 사용한다.

Chapter 3 육수·소스 조리

1. 육 수

중국 요리에서 육수는 뼈와 채소, 향신료를 넣고 잘 끓여 맛, 향기, 색깔 및 영양 가치를 높여 수프나 탕을 만들 때 사용되는 기초 국물이다. 특히 서양에서 소고기 육수를 많이 쓰는 것에 비해 중국 요리에서는 재료의 맛을 잘 살릴 수 있는 담백한 닭 육수를 사용한다.

※ 중국 음식의 녹말로 농도를 맞추는 방법
- 수분과 기름은 분리되는 성질이 있으므로 녹말의 힘을 빌려 융화시킨다.
- 고온의 기름에서 음식을 튀기게 되면 겉면이 거칠 때가 있는데, 전분 처리를 하면 먹을 때 매끄러운 느낌이 든다.
- 뜨거운 국물을 오래 즐기고 싶을 때 녹말을 조금 풀어주면 잘 식지 않는다.

2. 탕에 들어가는 특수 재료

상어지느러미, 제비집, 죽순, 건해삼, 전복, 패주, 건 새우알, 건표고버섯, 은이버섯, 건가리비, 금침화, 발채

3. 탕에 많이 사용되는 조리법

① 燒(샤오) : 기름에 볶은 후 삶는다.
② 爆(파오) : 뜨거운 기름으로 단시간에 튀기거나 뜨거운 물에 데친다.
③ 炸(자) : 기름에 튀겨서 제공되는 요리이지만, 수프에 사용될 때는 튀겨서 찜통에 쪄서 낸다.
④ 湯(탕) : 수프의 종류, 찌개와 같은 조리법으로 국물이 적고 건더기가 많이 들어간 요리를 만들 때 사용한다.
⑤ 蒸(정) : 찜통에 넣어서 쪄서 낸다.
⑥ 扒(빠) : 푹 고아 삶는다.
⑦ 烹(펑) : 삶는다.
⑧ 燉(둔) : 약한 불에 오랫동안 푹 삶는다.

4. 소스 종류

① 노두유 : 관동지역 일대에서 쓰는 색깔이 진한 간장을 말한다. 노추라고도 하는데 짠맛은 강하지 않고 주로 색을 낼 때 사용한다.
② 춘장 : 대두, 소금, 밀가루를 이용하여 발효시킨 중국식 된장, 짙은 갈색이고 6개월 정도 발효를 시키면 검은색으로 변하여 맛이 깊어진다. 이 춘장을 볶고 돼지고기와 채소를 넣고 소스를 만들어 짜장면 등에 이용한다.

③ 검은콩 소스 : 광동 요리에 많이 사용되며 독특한 맛과 향을 지니고 있다.
④ XO 소스 : 홍콩에서 만들어졌으며 딥핑 소스로 많이 쓰인다.
⑤ 파기름 : 뜨거운 기름에 끓여 만든다. 파의 감칠맛과 풍미가 있어 중국 요리에 다양하게 사용된다.
⑥ 매실 소스 : 중국 매실과 생강, 고추를 섞어 만들며 매실의 연육 작용으로 육류 구이용으로 쓰이고, 향도 뛰어나 튀김 요리에 쓰인다.
⑦ 땅콩버터 : 땅콩, 식용유, 설탕, 소금, 액당을 넣어 만든다. 고소한 맛으로 기호에 따라 요리와 디저트에 넣어 먹는다.
⑧ 치킨 파우더 : 중국 요리에는 닭 육수를 많이 쓰는데 매번 닭 육수를 만들어 쓸 수 없을 시 사용한다. 물과 함께 끓여 국물을 내거나 볶음 요리에 첨가하여 감칠맛을 낸다.
⑨ 황두장 : 황두장은 밀가루, 대두, 소금, 누룩을 섞은 후 4개월 이상 발효를 시켜 만든다. 북경요리와 태국 요리에 많이 쓰이고 닭고기와 소고기, 생선, 해산물에도 잘 어울린다.
⑩ 마늘 소스 : 마늘, 식초, 설탕, 간장, 소금, 레몬 등을 배합하여 만든다. 해파리냉채, 오향장육, 닭고기 냉채

※ 육수 또는 소스를 냉장 보관했을 시에는 2~3일 내에 사용하는 것이 좋다.

Chapter 4 냉채 조리

1. 중국 요리에서의 냉채

중국 음식은 코스로 요리를 한 가지씩 상에 내는데 맨 처음 나가는 요리는 차게 해서 서빙한다. 이 요리를 냉채(冷菜-량차이)라고 하며 소화가 잘되게 구성해야 하는 것은 물론이며 뒤에 나오는 요리에 대해서 기대를 갖게 해야 한다. 냉채 요리의 온도는 4℃ 정도일 때가 가장 적당하다.

1) 냉채 요리에 사용할 수 있는 재료 : 소고기, 돼지고기, 닭고기 등의 육류와 해삼, 새우, 전복, 패주, 조개 등의 해물류, 그리고 모든 채소류가 가능하다.
   ① 고기류 : 오향장육, 사천식 닭고기냉채
   ② 해물류 : 해파리냉채, 오징어냉채, 전복냉채, 관자냉채, 삼선냉채, 삼품냉채, 오품냉채
   ③ 채소·버섯류 : 봉황냉채

2) 냉채 조리법 : 삶아서 무치기, 장국 물에 끓이기, 소금·간장·설탕·식초 등의 양념에 담그기, 훈제하기 등의 방법이 있다.

3) 냉채에 사용되는 향신료 : 파, 마늘, 생강, 간장, 소금, 설탕, 식초, 레몬즙, 겨자가루, 고추기름, 참기름, 볶은 참깨, 토마토케첩, 고수 등이 자주 사용된다.

4) 냉채 요리 선정 시 유의 사항
   ① 주 요리와의 조화를 생각하고 냉채 메뉴를 결정한다.
   ② 주 요리의 가격대에 맞춰 재료를 선정한다.
   ③ 주 요리는 계절, 연회 성격에 따라서 바뀌게 되므로 냉채 요리도 변화를 주어야 한다.
   ④ 주 요리와 조리 방법이 겹치지 않아야 한다.

2. 냉채 요리 재료의 손질법

① 해파리 : 해파리는 오랫동안 소금에 절여 놓은 것이므로 물에 담가 소금기를 제거한 다음 사용한다. 물에 데칠 때는 물의 온도가 뜨거우면 오그라들기 때문에 주의한다.
② 갑오징어 : 갑오징어는 몸통 속의 뼈와 껍질은 제거하고 다리는 떼어 쓰지 않고 몸통만 사용한다.
③ 피단 : 피단은 신선한 것으로 선택하여 한 개씩 껍질을 까서 사용한다. 냉암소에 보관해야 한다.
④ 분피(양장피) : 분피는 상온의 창고에 보관하고 사용할 때는 적당한 크기로 부수어 끓는 물에 담가 부드러워지면 사용한다.
⑤ 땅콩 : 햇 땅콩을 사용하되 전날 물에 불려 맑은 물이 나올 때까지 씻어서 사용한다.

※ 피단은 달걀이나 오리알을 삭힌 것으로 완전히 익혀서 사용할 때는 찜통에 쪄서 사용한다.

3. 냉채 담기

냉채의 색과 소스의 색, 그리고 기초 장식의 모양과 색에서 선명함과 생동감이 느껴져야 한다.

① 봉긋하게 쌓기 : 해파리 냉채, 오징어 냉채
② 평평하게 담기 : 아롱사태 냉채, 닭고기 냉채
③ 모양내서 담기 : 술 취한 새우

※ **냉채요리에 어울리는 기초장식** : 당근, 오이, 무 등을 이용한 장미꽃, 나비, 나뭇잎, 국화 등을 만들어 장식한다.

Chapter 5 딤섬 조리

1. 딤 섬

중국에서는 코스 요리의 중간에 식사로 먹기도 하고 홍콩에서는 전채 음식으로 먹는다.

2. 딤섬의 분류

1) 쪄 내는 딤섬-찌기(蒸)-쯩
   ① 돼지고기 소룡포 : 돼지 껍데기를 젤리 형태로 굳혔다가 소 재료에 넣고 딤섬을 만든다. 딤섬을 가열할 때 열이 가해짐으로서 콜라겐 성분이 녹아 육즙상태로 바뀌게 된다.
   ② 샤오마이 : 딤섬의 윗부분을 살짝 열어놓은 상태로 꽃 봉우리처럼 속이 보이는 모양이다.
   ③ 수정 새우 교자 : 딤섬 소가 보일 정도로 피가 투명하다.

2) 튀겨내는 딤섬-튀기기(炸)-작
   ① 춘권 : 봄철 식재료를 이용하여 얇은 전병이나 춘권 피, 계란 지단에 여러 가지 재료를 볶아서 넣은 후 말아서 튀긴 딤섬이다. 양식의 스프링 롤과 비슷하다.
   ② 찹쌀떡 튀김 : 찹쌀가루나 쌀가루를 동그랗게 빚은 후 깨를 묻혀 튀긴 딤섬이다. 후식으로 이용된다.

3) 지지는 딤섬-지지기(煎)-짼
   ① 고기교자 : 초승달 모양으로 주름을 잡아 만든 후 기름에 지진 것
   ② 채소버섯교자

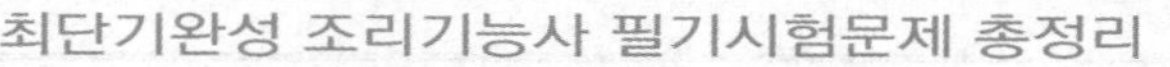

4) 삶는 딤섬-삶기(煮)-주

① 새우 훈둔 : 우리의 만둣국과 비슷하다. 육수와 채소를 끓인 후 익힌 훈둔을 넣고 한 번 더 끓여 낸다.

② 수 교자 : 물만두, 훈둔과 모양도 맛도 비슷하며 소는 재료에 따라 다양하게 만든다.

※ 삶거나 찌는 딤섬은 반드시 물이 100℃로 끓는 상태에서 쪄야 피가 투명하게 나온다.

3. 딤섬에 사용되는 재료

소고기, 돼지고기, 돼지껍질(젤라틴 형태), 돼지기름, 새우, 샥스핀, 하미(건새우), 죽순, 표고버섯, 배추, 부추, 파, 생강, 마늘, 양파, 당근 등

4. 딤섬 빚기

① 딤섬을 빚을 때 손에 밀가루를 조금 묻혀주어 피가 달라붙지 않게 한다. 그렇지만 주름잡는 부위에 밀가루가 묻으면 주름이 잡히지 않으니 주의한다.

② 딤섬의 피를 밀 때 중앙은 약간 도톰하게 하고 갈수록 얇게 밀어준다. 중앙은 팽창해서 터지지 않고 가장자리 부분은 주름잡기가 쉽다.

③ 딤섬 소 배합 시 육류와 새우는 끈기가 생기도록 치댄 후 채소를 넣고 버무린다.

④ 소를 미리 볶아야 하는 경우에는 수분이 많은 것부터 볶아준다.

5. 딤섬 담기

일반적으로 딤섬을 담는 용기는 나무 찜통으로 지름 10~15cm인 작은 찜통은 그대로 식탁에 올려 사용한다.

6. 딤섬 소스

① 진강초 : 현미를 1년 이상 발효시켜 짙은 색으로 적당한 단맛과 향을 지니고 신맛이 약한 강소지방의 특산물인 흑식초를 많이 사용하고 있다.

② 간장, 생강 채, 칠리소스(춘권에 곁들임)

Chapter 6 볶음 조리

1. 볶음 요리

전분을 사용하지 않는 볶음류(초채-차오 차이)와 전분을 사용하는 볶음류(류채-리우 차이)로 나뉜다.

① 전분을 사용하지 않는 볶음 : 부추잡채, 고추잡채, 토마토달걀 볶음 등

② 전분을 사용하는 볶음 : 라조육, 마파두부, 새우케첩 볶음, 채소 볶음, 류산슬, 전가복, 마라우육, 란화우육, 꽃게 볶음, 부용게살 등

2. 중국 음식에서의 기름

① 열 전달체의 역할 : 다른 나라 음식과는 달리 중식 조리에서는 주·부재료를 높지 않은 온도의 기름이나 물을 이용하여 전 처리한 후 볶음에 사용하는데 이를 데친다고 표현한다.

② 음식에 영양과 맛을 더한다 : 기름은 음식을 부드럽게 하고 고소한 맛을 증가시킨다. 또한 기름은 지용성 비타민의 흡수를 도와주므로 지용성 재료를 이용한 음식 조리에 많이 사용한다.

③ 음식에 향을 증가시킨다 : 고소한 맛과 함께 볶음작용으로 향을 배가시키므로 기름은 중식에 있어 자주 이용되고 있는 식품 재료이다.

3. 중국 고유의 향신료

화산조, 산조분, 회향, 오향분

4. 볶음과 관련된 중식의 대표적인 조리법

① 초(炒; 차오) : 초는 볶는다는 뜻으로 중식을 조리하는 데 있어서 가장 많이 사용되는 방법이다.

② 폭(爆; 빠오) : 정육면체로 썰거나 가늘게 채 썰고 뜨거운 물이나 탕, 기름 등으로 먼저 고온에서 매우 빠른 속도로 솥에서 뒤섞어 열처리를 한 뒤 볶아 내는 방법이다.

③ 류(溜; 려우) : 조미료에 잰 재료를 녹말이나 밀가루 튀김옷을 입혀 기름에 먼저 튀기거나 삶은 후 걸쭉한 소스를 위에 끼얹거나 버무려 내는 조리법이다.

④ 작(炸, zhà) : 기름을 넉넉히 붓고 센 불에 튀기는 조리를 말한다.

⑤ 전(煎, jiān) : 기름을 두르고 지지는 조리법이다.

Chapter 7 튀김 조리

1. 유지류와 식품

지질은 1g당 9kcal의 열량을 가지고 있으며, 조리 시 음식물에 풍부한 맛과 향을 부여한다.

2. 재료의 튀김 온도

튀김용 기름은 정제가 잘되고 발연점이 높은 식물성 유지류이다. 튀김 온도가 낮거나 튀김 시간이 길거나, 재료에 당이나 수분이 많을 때도 기름의 흡수량은 많아지기 때문에 깔끔한 맛으로 조리하기는 어렵다.

① 약과 : 140~150℃

② 닭·생선·도넛 : 160~180℃

③ 감자 튀김·양파 튀김 : 190~200℃

④ 감자칩 : 200~205℃

⑤ 두부 : 160℃

※ 새우 튀김은 준비 단계에서 꼬리 부분에 있는 물총을 꼭 제거해야 한다. 제거하지 않으면 기름이 튀어 위험할 수도 있다.

3. 중식 튀김옷 재료

전분, 밀가루(박력분), 달걀, 식소다, 설탕, 물

4. 튀김의 종류

① 육류 : 소고기 튀김, 탕수육, 마늘돼지갈비 튀김, 깐풍기, 유린기

② 어패류 : 관자 튀김, 굴 튀김, 오징어 튀김, 탕수어

③ 갑각류 : 깐소새우, 왕새우 튀김, 게살 튀김

④ 채소류 : 가지 튀김, 고구마 튀김, 춘권 튀김

⑤ 두부류 : 비파두부, 가상두부

5. 튀김 요리 시 주의할 점

① 재료의 투입은 기름양의 60%를 넘지 않게 한다. 한 번에 너무 많이 넣으면 기름 온도가 순간적으로 떨어져 재료에 기름의 흡유량이 늘어난다.
② 튀김 시 두꺼운 팬을 사용하면 튀김 온도의 변화가 적어 튀김이 골고루 튀겨진다.
③ 수분이 있는 반죽으로 튀김을 할 때 재료 표면에 전분 가루를 묻혀서 튀김 반죽에 넣으면 마찰력이 커져 튀김옷이 잘 붙고 모양이 깨끗하게 나온다.

6. 튀김 요리에 어울리는 중국 식기

① 챵야오판(타원형 접시) : 장축이 66cm 정도로 음식 형태가 길면서 둥근 모양이거나 장방형 음식을 담는 데 적합하다. 생선, 오리 등의 머리와 꼬리를 살려서 담을 경우에 사용한다.
② 위엔판(둥근 접시) : 지름 13~66cm 정도로 중식에서 가장 많이 사용하는 그릇으로 수분이 없거나 전분으로 농도를 잡은 음식을 담는 데 사용한다.
③ 완(사발) : 지름 5~50cm 정도로 다양하고 탕이나 갱을 담는 데 사용한다.

Chapter 8 찜·조림 조리

1. 찜

물이 수증기로 변할 때 발열되는 성질을 이용하여 식품을 가열하는 방법으로 만두, 떡, 생선 찜 등이 있다.

① 식품의 형태가 유지된다.
② 액체 형태의 식품을 익혀낼 수 있다.
③ 물을 첨가하는 조리법이 아니므로 수용성 영양소나 맛 성분의 손실이 적다.

2. 찜요리의 재료별 특성

① 육류 : 육류의 찜은 맛이 담백하다. 조리중 간을 할 수 없음으로 밑간을 하거나 완성 후 소스를 첨가한다. 동파육, 오리찜
② 어패류 : 중국 요리에서 생선 및 조개의 찜 요리는 고급 요리에 속한다. 신선한 재료를 사용해서 소금이나 청주로 밑간을 하여 찌는 것이 기본이기 때문에 식으면 비린내가 날 수도 있다.
XO 새우 관자찜, 홍소 상어지느러미찜, 굴 소스 표고 새우찜, 어향소스 전복찜, 우럭찜
③ 채소 : 제철 채소를 준비하여 특성에 맞게 조리한다.

3. 조 림

식재료를 양념을 하여 용기에 담아 불에 올려 자박하게 끓여내는 것을 조림이라 한다. 이때 재료 자체의 맛 성분이 외부로 빠져나가지 않도록 하는 것이 핵심이다. 마무리 단계에서 물 전분으로 농도를 조절한다.

① 육류 조림 : 돼지족발조림, 난자완스, 오향장육
② 생선 조림 : 홍소도미, 홍먼도미
③ 두류·채소류 조림 : 홍소두부, 오향땅콩조림

※ **홍소(紅燒-홍쇼)** : 고기나 생선 등의 재료를 뜨거운 기름이나 끓는 물에 데친 후 부재료와 볶아 소스에 조림한 것

4. 찜·조림 담기

① 크기가 작은 요리는 빨리 식을 수 있기 때문에 뚜껑이 있는 그릇을 준비한다.
② 크기가 큰 재료는 아래쪽에 크기가 작은 것은 위쪽으로 정리하여 담는다.
③ 소스가 있는 찜이나 조림은 오목한 그릇에 담고 주재료보다 소스의 양이 많이 담기지 않도록 한다.
④ 그릇에 담을 때 완성물이 부서지지 않도록 주의해서 담고 필요 시엔 도구를 사용한다.
⑤ 찜이나 조림같이 따뜻하게 먹어야 하는 음식은 접시를 따뜻하게 하여 담아내면 바로 식지 않아 먹는 동안 맛있게 먹을 수 있다.

※ 찜요리의 적정 온도는 60℃ 이상이다.

Chapter 9 구이 조리

1. 구 이

재료를 불에 직접 굽거나 오븐에 넣어 익히는 방법으로 전도열과 복사열이 음식에 작용해 조리되는 방법이며, 사용 에너지원은 나무·석탄·숯·가스·전기 등이 주로 쓰인다. 재료가 가열되어 익어가면 수분이 증발되므로 겉은 바삭해지고 속은 부드러워지며 풍미가 좋아진다.

1) 구이하는 방법
① 암로고(暗爐烤) : 봉쇄형의 오븐
② 명로고(明爐烤) : 재료를 화로에 올려놓고 굽는 것
③ 훈(燻) : 열이나 연기에 재료를 그을려 향미를 증진시키는 조리법
④ 염국(鹽焗) : 소금을 열전달 매개체로 사용하여 조리하는 방법, 소금구이이다.

2) 구이에 사용되는 조리장비
① 암로고(暗爐烤)용 : 고압로(북경오리), 컨벡션 오븐
② 명로고(明爐烤)용 : 직화 구이용 그릴, 케틀형 그릴(서양식 바비큐 그릴)

3) 구이의 종류
① 북경오리구이 : 오리를 오향분, 마늘가루, 소금, 고량주, 물엿, 식초, 전분 등으로 양념하여 껍질이 바삭해지게 굽는 요리
② 양 꼬치구이 : 작게 썰은 양고기를 꼬치에 꿰어 숯불화로에 올려놓고 굽는 것
③ 차샤오(돼지목살구이) : 핏물 제거한 목살을 팬에 구워낸 후 간장, 조청, 월계수잎, 마늘 등의 양념에 재우고 오븐에서 굽는다.

※ **북경고압에 사용되는 소스** : 춘장, 살구잼, 설탕, 해선장, 후추, 굴소스, 물

2. 구이를 위한 열원의 특징

① 숯·목탄 : 숯이나 목탄을 열원으로 사용하는 경우에는 구이 시 나무향이 배어 풍부한 향과 맛을 느낄 수 있다. 온도 조절에 주의해야 한다는 단점이 있다.
② 가스 : 사용하기는 편하나 불꽃의 위치에 따른 온도 차이가 있다.
③ 전기 : 열전도가 고르고 온도 조절이 용이하나 바베큐향이 부족하다.

Chapter 10 면 조리

1. 면

밀가루, 메밀, 전분, 쌀가루 등을 물과 혼합하여 성형 한 것을 면 또는 국수라 하고 재료, 제조방법, 모양에 따라 종류가 다양하다.

2. 면의 종류

① 국수, 냉면, 당면, 유탕면류, 파스타류, 수제비, 만두피
② 면발의 굵기에 따른 분류 : 세면, 소면, 중화면, 칼국수면, 우동
③ 중국 면 요리 : 탄탄면, 우육면, 짜장면, 짬뽕, 기스면, 울면, 굴탕면, 해물볶음면, 사천탕면, 냉짬뽕, 중국식 냉면 등

3. 수타면 뽑는 방법

1) 수타면 재료 : 밀가루(중력) 2컵, 물 1.2컵, 소금 3g, 탄산수소나트륨 2g

2) 수타면 만들기

① 밀가루 체에 내리기
② 물에 소금과 탄산수소나트륨을 섞어 반죽용 물을 만든다.
③ 완성된 반죽은 젖은 면포로 덮어 숙성시킨다.
④ 반죽을 면판에 내리쳐 고르게 섞는다.
⑤ 반죽을 쳐서 탄력성을 높이고 길게 늘여 가는 면발을 만든다.
⑥ 면을 끓는 물에 삶아 낸 후 찬물에 깨끗이 씻어 낸다.

4. 면 삶기

① 면을 뽑기 전에 면을 삶을 물이 충분히 끓고 있어야 한다, 물이 끓지 않는 상태에서 면을 뽑으면 이미 뽑아 놓은 면이 엉겨 붙어 버릴 수가 있기 때문이다.
② 삶은 면은 찬물에 바로 담가 헹구어야 면의 잡냄새를 제거할 수 있고, 면의 탄력성을 유지할 수 있다. 이때 면의 밀가루 냄새 등 잡냄새를 없게 하려면 두 번 정도 씻어 준다.
③ 씻은 면은 뜨거운 물에 데워서 소스를 얹어 내도록 한다. 중식 면 요리는 차가우면 기름이 끼고 맛이 없다.

Chapter 11 밥 조리

1. 쌀의 종류와 이용

쌀은 생긴 모양에 따라 자포니카형(단립종), 자바니카형(중립종), 인디카형(장립종)으로 나뉘며, 재배 지역도 다르고 밥을 지었을 때의 특징이 다르다.

① 자포니카형 : 한국, 일본, 중국 동북부, 대만 북부, 미국 서해안 등 온난한 지역에서 재배된다. 세계 쌀 생산량의 약 20%를 차지하며 짧고 둥근 형태이며 끈기가 있다.
② 인디카형 : 인도, 인도네시아, 방글라데시, 베트남, 태국, 미얀마, 필리핀, 중국 남부, 미 대륙, 브라질 등 고온 다습한 열대 및 아열대 지역에서 재배된다. 세계 쌀 생산량의 약 80%를 차지하고 있으며, 형태는 자포니카형에 비해 가늘고 길쭉하다. 자포니카형에 비해 끈기가 적고 부스러지기 쉽다.
③ 중식 밥 짓기 : 용도에 맞는 쌀(일반미 또는 안남미)과 물의 양을 계량하여 준비한다.

2. 중국 밥 요리

유산슬밥, 잡탕밥, 송이덮밥, 마파두부밥, 잡채밥, 고추잡채밥, 새우볶음밥, XO 볶음밥, 게살볶음밥, 카레볶음밥, 삼선볶음밥, 계란볶음밥, 버섯덮밥, 짜장밥, 짬뽕밥

Chapter 12 후식 조리

1. 후 식

동양의 식사 문화에서 후식은 크게 발달하지 못했다. 특히 중식에서의 후식은 다양한 편은 아니지만, 분류하자면 찬 후식과 더운 후식으로 나눌 수 있다.

① 빠스 : 중국어로 빠스(拔絲)는'실을 뽑다'라는 뜻이다. 설탕으로 시럽을 만든 후 식재료에 코팅 역할을 한다. 고구마빠스, 바나나빠스, 은행빠스, 귤빠스, 딸기빠스, 아이스크림빠스 등 다양한 종류가 있다.
② 시미로 : 타피오카를 주재료로 사용한 후식으로 한천이나 젤라틴 같은 효과를 낼 수 있다. 소화가 잘 되는 강점이 있다. 많이 사용되는 메뉴는 멜론시미로, 망고시미로, 홍시시미로 등이다.
③ 찹쌀떡, 탕위안(찹쌀떡 탕), 과일

Chapter 13 식품 조각

1. 식품 조각

중국 음식에서의 식품 조각 장식은 음식을 아름답게 보이기 위함 뿐 아니라 테이블 세팅과도 접목되어 음식문화의 표현으로 발전하였다. 가장 단순한 장식은 잎채소를 밑에 깔아 요리를 돋보이게 하는 것이고 손님 초대 연회일 경우에는 연회의 의미에 맞는 조각을 통해서 모임의 성격을 나타내기도 한다.

2. 식품 조각의 종류

① 입체 조각 : 3차원 조각품으로 미술 조각 작품에 비견 된다.
② 평면 조각 : 식재료로 밑그림을 그리거나 이미지를 붙여 평면에 조각하는 기술이다.
③ 각화 : 엠보싱조각법으로 다양한 과일이나 채소의 특성에 따라 패턴을 표현한다.
④ 루각 : 글자를 새길 때 주로 사용한다.
⑤ 병파 : 냉채나 여러 가지의 장식을 한 접시에 표현하는 것을 말한다.

3. 식품 조각의 소재

아름다운 문양, 동물, 식물, 사람, 어류 등으로 희망, 장수, 복, 활력, 기쁨을 의미한다.

① 용 : 위엄과 고귀함을 뜻한다.
② 봉황 : 모든 새들의 왕으로 평화로움과 아름다움을 상징한다.
③ 잉어 : 잉어가 중국 황허강 상류의 용문 계곡을 오르면 용이 된다는 전설에서 등용문(登龍門) 이라는 고사성어가 유래하였다. 이 때문에 잉어는 출세, 성공, 발전을 의미한다.
④ 닭 : 닭의 볏은 관직을 뜻한다.
⑤ 공작 : 화려한 깃털은 부귀를 뜻한다.
⑥ 호랑이·사자 : 용맹을 뜻한다.
⑦ 매·독수리 : 용맹과 위엄, 성공을 의미한다.
⑧ 소나무, 학, 복숭아, 거북이 : 장수를 의미한다.

4. 식품 조각의 재료

일반적으로 아삭한 재료인 무, 당근, 오이를 사용한다. 재료 선택 시 껍질이 단단하지 않아야 하고 속이 꽉 차 있어야 한다.

① 무 : 무는 재료 중 가장 크기 때문에 원하는 장식을 만들어 내기가 쉽고 속이 꽉 찼을 뿐만 아니라 부드럽기 때문에 힘을 들이지 않아도 원하는 모양을 만들어 낼 수 있다.
② 당근 : 붉은색을 좋아하는 중국에서 가장 많이 쓰이는 기초 장식의 재료이다. 앵무새, 장미꽃 등을 만드는 데 이용한다.
③ 오이 : 접시의 가장자리를 두르는 등의 기초 장식에 사용하고 토마토나 레몬과 함께 얇게 썰어 장식하기도 한다.
④ 가지 : 굵기가 두꺼우며 색이 균일해야 하고 속이 꽉 차 있으며 꼭지가 길게 붙어 있는 것을 사용한다.
⑤ 그 외 감자, 붉은 고추, 청 고추, 피망, 파프리카, 양파 등도 많이 사용한다.

5. 식품 조각 도구

① 식도 : 큰 재료를 자르거나 평면으로 깎을 때, 돌려 깎기 등을 할 때 사용
② 주도(카빙 나이프) : 칼날은 가늘고 긴 모양으로 조각하기 적당하다.
③ 각도(V도) : 각을 이용해 파내는 도구로서 채소에 밑그림을 그릴 때 쓰인다.
④ 둥근칼(U도) : 둥근 형태를 그려낼 때 사용하는 도구로서 물고기의 비늘이나 새의 날개깃 등을 조각할 때 쓰인다.
④ 필러 : 채소 껍질을 벗기는 용도로 사용하지만, 재료의 곡선을 부드럽게 만드는 데 쓰인다.
⑤ 스쿱 : 과일을 동그랗게 파낼 때 사용하는 도구로서 과일 볼을 만들 때 사용한다.
⑥ 원형 커터 : 꽃의 센터를 조각할 때 사용하는 도구로 둥근 모양을 찍어내거나 그려낼 때 쓰인다.

6. 식품 조각 세팅

① 테이블 세팅 : 뷔페에서 많이 쓰이는 세팅 방법으로 음식을 돋보이게 하는 용도보다는 식공간을 화사하고 보이도록 분위기를 고조시키는 것이 주목적이다. 테이블 세팅 조각은 크고 웅장하게 조각하는 것도 좋지만, 앞 사람이 안 보일 정도로 시야를 가리게 해서는 안 된다.
② 접시 세팅 : 접시의 중앙이나 접시 주위에 돌려 음식과 함께 세팅하는 방법이다. 조각 작품의 높이는 접시 길이 1/2을 넘지 않게 하고 접시에서 차지하는 넓이는 접시 넓이의 1/3을 넘어서는 안 된다.

7. 식품 조각과 요리와의 조화

① 행사 및 연회의 성격과 목적에 맞는 식품 조각을 장식한다.
② 요리 접시의 크기와 모양에 따라 조각 작품을 장식한다.
③ 음식과 식품 조각에 맞는 색채와 크기로 장식한다.
④ 뜨거운 요리 : 전분이 들어간 장식
⑤ 차가운 요리 : 신선하고 시원한 느낌을 주는 과채류

PART 5 일식 기초 조리

Chapter 1 일식 기초 조리 실무

1. 일식 조리도의 용어

종 류	용 도
회칼-사시미보쵸	생선회를 자를 때 사용(길이 27~30cm)
절단칼-데바보쵸	생선손질, 포 뜰 때, 굵은 뼈를 자를 때 사용
채소칼-우스바보쵸	채소 손질 시, 무 돌려 깎기 할 때 사용
장어칼-우나기보쵸	장어 손질 시 사용(칼끝이 45°로 뾰족함)

2. 일식 기초 기능 썰기 익히기

1) 일본 요리에서는 재료를 써는 방법을 매우 중요시 여긴다.
   ① 와기리 : 둥글게 썰기
   ② 한게쯔기리 : 반달 썰기
   ③ 이쵸기리 : 은행잎 썰기
   ④ 치가미기리 : 부채꼴 썰기
   ⑤ 나나메기리 : 어슷 썰기
   ⑥ 효우시기기리 : 사각 기둥 썰기
   ⑦ 사이노메기리 : 주사위 썰기
   ⑧ 아라래기리 : 작은 주사위 썰기
   ⑨ 미진기리 : 곱게 다지기
   ⑩ 고구치기리 : 잘게 썰기
   ⑪ 센기리 : 채썰기
   ⑫ 센롯폰 기리 : 성냥개비 두께로 썰기
   ⑬ 하리기리 : 바늘 두께 썰기
   ⑭ 단자쿠기리 : 1x4cm 썰기
   ⑮ 이로가미기리 : 2.5cm 정사각 썰기
   ⑯ 가츠라무키기리 : 돌려 깎기
   ⑰ 랑기리 : 마구 썰기
   ⑱ 사사가키기리 : 대나무 잎 썰기
   ⑲ 다마네기 미징기리 : 양파 다지기

3. 일식 조리도의 특징과 관리

① 일본 음식에 사용되는 조리도는 종류가 다양하며 폭이 좁고 긴 것이 많아 생선 손질에 적합하게 발달 하였다.
② 조리도는 하루 1회 이상 갈아 쓰도록 한다.
③ 칼을 간 후 숫돌 특유의 냄새는 자른 무 끝에 헝겊을 감은 후 고운 돌가루를 묻혀 칼을 닦기도 하고, 세제를 묻힌 수세미로 닦은 후 물기를 제거하고 마른종이에 싸서 칼집에 넣어 보관한다.

4. 기본양념 사용 순서

① 생선·육류 : 청주 → 설탕 → 소금 → 식초 → 간장
② 채소 : 설탕 → 소금 → 간장 → 식초 → 된장

5. 초밥용 밥 만들기

① 초밥용 쌀은 햅쌀보다는 묵은쌀로 하며 향과 적당한 탄력이 있는 것으로 한다.
② 초밥용 밥의 쌀 : 물의 비율은 1 : 1 로 맞춘다.
③ 초밥 비비기 : 밥은 뜨거울 때 배합초의 양을 1/10 정도로 한다.

6. 일식 곁들임 재료

일식에서 곁들임 재료는 대부분이 채소류로 종류도 다양하다. 주 재료와의 시각적인 조화로 맛을 한층 돋우어 주는 역할을 한다.

7. 일식 다시 국물 만들기

① 일번 다시 : 다시마와 가쓰오부시로 최고의 맛과 향을 지닌 국물, 초회, 국물 요리, 냄비 요리 등 일본 요리 전반에 사용한다.
② 이번 다시 : 일번 다시에서 남은 재료에 가쓰오부시를 조금 더 첨가하여 뽑아낸 국물로 된장국이나 조림 요리에 사용한다.

※ 가다랑어 포를 넣고 오래 두면 국물이 탁해지고 쓴맛이 난다(물이 끓기 전 90℃정도일 때 불을 끄고 투입 → 10분 정도 우려낸다).
※ 다시마를 오래 끓이면 국물이 미끌거리고 끈적해진다(찬물에 넣고 물이 끓기 직전에 건진다).

8. 일식에서 많이 쓰이는 식재료

참치, 도미, 가다랑어. 학꽁치, 방어, 삼치, 전갱이, 연어, 새우, 은어, 대구, 장어, 고등어, 문어, 갑오징어, 피조개, 가리비, 키조개, 전복, 소라, 바지락, 대합 등 어패류가 많다.

9. 기본적인 일본 요리 이름

① 맑은국(스이모노)
② 생선회(사시미)
③ 구이(야키모노) - 간장양념구이(데리야키), 소금구이(시오야키)
④ 튀김(아게모노) - 튀김옷 없는 양념 튀김(가라아게)
⑤ 조림(니모노)
⑥ 찜(무시모노) - 달걀찜(자완무시)
⑦ 무침(아에모노) - 채소무침(야사이아에)
⑧ 초회(스노모노) - 문어초회(다코노스노모노)
⑨ 냄비(나베모노)
⑩ 면류(멘루이) - 소면(소우멘)
⑪ 덮밥(돈부리) - 튀김덮밥(텐동)
⑫ 밥(고항)
⑬ 녹차밥(오차쯔케) - 매실차밥(우메차쯔케)
⑭ 초밥(스시) - 생선 초밥(니기리즈시), 김 초밥(노리마키즈시), 유부 초밥(이나리즈시)
⑮ 절임류(쯔케모노) - 매실절임(우메보시), 단무지(다쿠왕쯔케)

Chapter 2 초회·무침 조리

1. 초 회

초회는 식초를 사용하여 신맛과 상큼함을 곁들여 재료를 담백하게 먹을 수 있게 조리한 것으로 주메뉴나 튀김 등과 잘 어울린다.

2. 초회에 사용되는 재료와 손질법

해삼, 문어, 새우, 미역, 오이, 실파, 무, 초생강 등

① 오이 : 오이 표면을 소금으로 문질러 씻으면서 돌기 부분을 제거한다.
② 미역 : 건미역은 물에 불리고, 생미역은 바락바락 문질러 씻어 미끈거림이 없어질 때까지 헹군다.
③ 문어 : 밀가루와 소금을 한줌씩 넣어 주물러 점액질과 빨판에 끼어있는 뻘을 깨끗이 씻어 낸다.
④ 해삼 : 해삼의 입 부분을 제거하여 해삼 내장을 제거한다. 먹기 좋게 자른 다음 차가운 얼음물에 담가두면 싱싱한 해삼을 맛볼 수 있다.
⑤ 새우 : 수염과 잔발을 가위로 잘라내고 등 쪽 내장을 빼낸다.
⑥ 초생강 : 껍질을 제거하고 얇게 저며 뜨거운 물에 잠깐 데쳐서 수분을 제거하고 소금, 설탕, 식초에 재워 놓는다.
⑦ 무즙 : 무를 강판에 갈아 물에 살짝 헹군 후 물기를 짜 둔다.

2. 무 침

재료와 양념을 섞어서 무친 것으로 된장 무침, 명란젓 무침, 초무침, 깨 무침, 호두 무침, 땅콩 무침, 성게알젓 무침, 두부 양념해서 버무린 무침 등이 있다. 신선한 재료를 사용하고 먹기 직전에 무치는 것이 중요하다.

3. 초회와 무침에 어울리는 혼합초 만들기

① 이배초 : 해산물 초무침, 생선 구이
다시물 : 식초 : 간장 = 1.3 : 1 : 1 끓은 후 식혀 사용한다.
② 삼배초 : 해산물, 채소, 해초류
다시물 : 식초 : 간장 : 설탕 = 3 : 2 : 1 : 1 끓인 후 식혀 사용한다.
③ 배합초 : 초밥용
식초 : 설탕 : 소금 = 3 : 2 : 1/2 완전히 섞어주거나 살짝 끓여 사용한다.
④ 폰즈 소스 : 해산물, 채소, 해초류
다시물 : 식초 : 간장 = 1 : 1 : 1
⑤ 덴다시 : 튀김
다시물 : 간장 : 설탕 : 청주 = 4 : 1 : 1 : 1/2 : 1/2

4. 초회·무침 담기

일본 음식은 늘 계절감 있게 차리는 것을 원칙으로 한다. 따라서 그릇의 선택은 무엇보다 중요하다. 초회는 화려하거나 큰 접시는 어울리지 않으며 작고 깊이 있는 것에 담는다.

※ 갑오징어는 50℃의 따뜻한 청주에 데치도록 한다.
명란젓과 갑오징어를 버무릴 때 수분이 많을 경우 질척하여 명란 알과 오징어채가 잘 버무려지지 않아 분리되기 쉽다.

Chapter 3 국물·냄비 조리

1. 국물 요리

국물 요리는 맑은 국물과 진한 국물로 나눌 수 있으며 주재료와 부재료, 그리고 향미 재료로 이루어진다.

1) 맑은 국물 : 국물의 기본인 다시 국물의 맛과 향이 중요하고 재료에서 계절감이 돋보이도록 한다. 회석요리에서 많이 차려 나온다. 도미 맑은 국, 조개 맑은 국

2) 진한 국물 : 식사와 함께 많이 나오며 일본식 된장을 이용하여 국물을 낸다.

3) 국물 요리의 재료
① 주재료 : 육류와 채소류도 이용하지만, 어패류를 가장 많이 사용한다.
② 부재료 : 주재료와 어울리는 것으로 제철채소나 해조류가 있다.
③ 향미재료 : 주재료의 맛을 살리는 역할로 유자, 산초, 겨자, 생강, 고춧가루, 깨 등

2. 냄비 요리

1인용 냄비로 나오거나 큰 냄비에 재료를 넣고 끓여가면서 먹는 요리

① 양념 없이 재료만 넣고 끓이는 냄비 요리 : 샤브샤브, 도미냄비
② 양념을 약간 넣고 끓이는 냄비 요리 : 우동냄비, 꼬치냄비
③ 진한 양념 맛을 내는 냄비 요리 : 스키야키, 모츠나베(곱창전골)

※ **다시마 다시** : 도미냄비, 전골냄비에 사용
※ **일번 다시** : 모둠냄비, 꼬치냄비에 사용

3. 냄비의 종류

깊이가 얕고 입구가 넓은 것, 1인용~4인용까지 크기가 다양, 재질은 토기, 동, 철, 알루미늄, 돌냄비 등이 있다.

※ 냄새가 좋지 않거나 끓이면 부서지는 재료는 냄비 요리에 적당하지 않다.
튀긴 재료는 물에 씻어 기름기를 제거하고 사용한다.

Chapter 4 조림·찜 조리

1. 일본 요리에서의 조림

조림은 오법(조림)과 오미(짠맛)에 해당 되는 조리법이다. 재료와 국물을 함께 끓여 재료에 맛이 배이게 하는 것으로 밥과 함께 어울리는 반찬이 된다.

2. 조림에 들어가는 양념

간장, 설탕, 맛술, 소금, 청주, 된장, 식초 등

① 단 조림 : 설탕, 청주, 맛술
② 짠 조림 : 간장, 청주, 맛술, 설탕
③ 소금조림 : 소금, 청주, 맛술
④ 된장조림 : 된장, 맛술, 청주

3. 조림의 방법

① 조림 국물을 많이 해서 재료를 넣고 오래 졸여 간이 잘 배이게 하는 조리 방법
② 간장과 다시 국물에 채소를 넣고 엷은 갈색이 나도록 조리는 방법

※ 도미 조림 시 도미를 데친 후 남아 있는 불순물을 완벽히 제거해야 비린 맛을 제거할 수 있다.

4. 일본 요리에서의 찜

찜 요리는 찜통의 증기열을 이용하여 재료의 식감이 부드럽게 완성되고 담백한 감칠맛이 유지되며 영양 손실도 적은 조리 방법이다.

5. 찜 요리의 양념

① 술 찜 : 소금 간을 한 뒤 술을 부어 찐 것, 도미, 전복, 조개, 닭고기
② 미소 찜 : 된장을 사용해서 잡내를 제거하고 풍미를 살린 것
③ 무즙 찜 : 흰살 생선 위에 순무를 갈고 달걀 흰자 거품 낸 것을 섞어 쪄낸 것
④ 찹쌀 찜 : 찹쌀을 건조시켜 잘게 부숴 놓은 것을 다시 불려 사용하는 것
⑤ 벚꽃잎 찜(사쿠라무시) : 향기있는 벚꽃잎에 흰 살 생선을 싸서 찌는 것

※ **야쿠미 양념** : 무를 강판에 갈아서 즙을 만들고 찬물에 살짝 씻어 물기를 제거 후 무 간 것 1 큰 술과 고춧가루 1/2 작은 술을 섞어 고춧물을 들인다.

6. 조림·찜 먹는 법

① 조림 먹는 방법 : 그릇을 손으로 잡고 먹거나 그릇의 뚜껑에 덜어서 먹는다.
② 찜 먹는 방법 : 뚜껑이 있는 그릇을 사용하고 젓가락으로 가운데 재료를 저어 가며 깨뜨려 먹는다.

Chapter 5 튀김 조리

1. 튀김(덴뿌라)

쌀이 주식이고 생선과 채소를 즐겨먹던 일본 음식에 튀김이라는 조리법은 16세기 포르투갈 상인들에 의해 전해졌다는 가설은 일본 음식문화에 있어서 세계화의 시작으로 볼 수 있다. 튀김은 바삭한 튀김옷과 속재료의 부드러운 맛, 고소한 기름의 풍미가 어우러지면서도 영양소의 손실이 적다. 맛있는 튀김을 만들기 위해서는 좋은 기름은 기본이고 기름 온도, 튀기는 시간, 적합한 튀김옷 등 여러 가지 조건이 모두 갖추어져야 한다.

2. 튀김의 분류

① 덴뿌라 : 튀김옷을 입혀 튀긴 것
② 스아게 : 재료 자체를 튀겨내는 것, 160~165℃
③ 가라아게 : 재료에 양념을 한 후 밀가루, 전분을 가볍게 묻혀 튀긴 것, 1차 - 160℃, 2차 - 190℃

3. 튀김옷에 사용되는 재료

1) 밀가루 : 글루텐 함량이 적은 박력분

2) 전분
① 감자 전분 : 잘 부풀고 바삭한 식감으로 튀김옷으로 적당하다.
② 고구마 전분 : 고소한 맛은 좋지만, 튀김옷이 질긴 편이다.
③ 옥수수 전분 : 옥수수향이 강하고 잘 부풀지 않는다.

3) 튀김옷 농도 : 얼음물, 달걀 노른자 등으로 농도를 조절한다.

※ 튀김옷을 미리 만들어 오랫동안 방치하게 되면 끈기가 생기게 된다. 따라서 튀김옷은 재료 준비를 다 해놓고 튀김 직전에 만든다.

4. 튀김 온도

① 채소류 : 170℃
② 생선류 : 180~190℃

5. 튀김 담기

① 튀김 요리는 튀김 종이를 밑에 깔고 같은 종류의 튀김은 한 곳에 모아 놓고 크고 길이가 긴 것은 안쪽에, 맛이 진한 재료는 중앙에 배치한다.
② 튀김끼리 서로 맞닿게 되면 축축해질 수 있으므로 서로 닿는 면이 적게 하여 튀김을 세우듯이 담아낸다.
③ 채소 튀김 : 색상이 보일 수 있게 담는다.
④ 새우 튀김 : 꼬리부분이 위로 올라가게 세워 담는다.
⑤ 육류 튀김 : 쌓아 올려 담는다.

6. 튀김 소스

① 튀김 간장(덴다시) : 일번 다시 : 진간장 : 맛술 = 5 : 1 : 1
② 생강즙과 무즙을 첨가해서 양념장과 같이 낸다.
③ 소금은 살짝 볶아 약간의 화학조미료를 혼합 한 후 절구에서 부드럽게 갈아서 사용한다.
④ 양념장 그릇은 손으로 들고 먹어도 좋다. 레몬은 주위에 튀기지 않도록 왼손으로 감싸주며 짠다. 먹고 남은 찌꺼기는 밑에 깔았던 종이에 싸서 놓아둔다. 그러나 바삭바삭한 튀김을 즐기려면 튀김 위에 레몬을 뿌리지 않는 것이 좋다. 레몬을 꼭 넣어야 한다면 양념장에 짜 넣어 먹는 편이 좋다.

Chapter 6 구이 조리

1. 일식 구이

구이는 재료의 표면이 열에 노출되어 표면의 단백질이 순간적으로 응고 되어 재료가 가지고 있는 감칠맛이 새어 나오지 않아 맛이 더욱 좋다.

1) 구이 양념에 따른 분류
① 시오 야끼(소금구이) : 소금으로 밑간을 하여 굽는 구이, 연어, 도미, 삼치, 은어
② 데리 야끼(간장구이) : 간장을 발라 가며 굽는 구이, 장어, 방어, 소고기, 닭구이
③ 미소 야끼(된장 구이) : 된장에 재료를 재웠다가 굽는 구이, 은대구, 병어, 소고기

2) 구이에 사용되는 열원
   ① 스미 야끼 : 숯불구이
   ② 데판 야끼 : 철판구이
   ③ 쿠시 야끼 : 꼬치구이

2. 구이에 어울리는 음식

① 초절임 : 연근 초절임, 무 초절임, 햇생강대
② 단조림 : 고구마 조림, 밤 조림
③ 간장조림 : 우엉 조림, 꽈리고추 조림
④ 구이 위에 뿌리거나 입가심 용 : 레몬

3. 구이 담기

곁들임 요리와 양념장이 함께 제공되며 각각의 음식은 놓이는 위치가 정해져 있다.

① 생선 한 마리 통구이 : 먹는 사람의 위치를 기준으로 머리는 왼쪽으로 배는 앞쪽으로 담고 곁들임 음식은 생선위치의 오른쪽 앞쪽에 놓고 양념장은 구이접시 오른쪽 앞에 둔다.
② 토막 생선 : 껍질이 위로 향하게 하고 넓은 쪽이 왼쪽으로 향하게 하여 담아낸다.
③ 육류 담기 : 육류는 위쪽 방향으로 쌓아 올려 담아낸다.

Chapter 7 면류 조리

1. 면류의 종류

일본에서 흔히 먹는 국수의 종류는 메밀, 우동, 라멘, 소면 등이다.

① 메밀국수 : 소바라고도 부르며 주로 쯔유와 함께 먹는다. 일본 관동지역에서 많이 먹는다.
② 우동 : 메밀국수와 함께 대표적인 일본 요리 중의 하나로 굵은 면발이 특징이다. 관서지역에서 많이 먹는다.
③ 라멘 : 대중적인 면 요리로 된장으로 맛을 낸 '미소 라멘', 간장으로 맛을 낸 '쇼유 라멘', 소금으로 맛을 낸 '시오 라멘', 돼지뼈로 맛을 낸 '돈코츠 라멘'이 대표적이다.
④ 소면 : 한·중·일에서 공통적으로 먹는 가는 면발의 국수로 일본에서는 소멘이라 부른다.

2. 면 요리에 사용되는 양념

1) 간장
   ① 진간장(코이구치쇼유) : 일본 요리에 가장 많이 쓰이는 간장
   ② 엷은 간장(우스구치쇼유) : 염도가 다른 간장보다 강하다.
   ③ 타마리간장(타마리쇼유) : 부드럽고 단맛을 띠며 진하다.
   ④ 나마쇼유 : 열 처리를 하지 않은 간장
   ⑤ 시로쇼유 : 옅은 갈색으로 우수한 향을 갖고 있다.
   ⑥ 간로쇼유 : 일본 관서지방에서는 사시미 등을 찍어먹는 양념으로 사용한다.

2) 맛술 : 찐 찹쌀, 쌀누룩, 소주 또는 알코올을 원료로 40일~60일 동안 당화 숙성시키게 되면 아미노산과 유기산이 특유의 풍미를 생성한다.

3) 시치미 : 지역에 따라서 배합에 특징이 있다. 관서 지방은 산초의 비율이 높은 반면, 관동지방의 시치미는 산초의 배합이 없거나 적은 것이 특징이다.

※ **시치미 배합** : 고춧가루, 산초, 진피, 삼씨, 파래김, 검은깨, 생강가루

3. 면발의 두께

세면 〈 소면 〈 중화면 〈 칼국수면 〈 우동면

4. 면 요리 담기

1) 차가운 면
   ① 메밀국수 : 곁들임으로 실파, 무즙, 고추냉이, 김을 준비하고 쯔유를 함께 낸다.
   ② 냉우동, 냉소면 : 아게다마, 실파, 생강즙, 무즙을 준비하고 국수에 어울리는 국물을 함께 낸다.

2) 따뜻한 면
   ① 냄비우동 : 면, 새우, 대파, 오징어, 유부, 표고, 어묵 등을 보기 좋게 담고 국물을 부어 끓여 낸다.
   ② 온메밀국수 : 그릇에 면과 국물을 붓고 곁들임 채소를 넣어 완성한다.

3) 볶음 면
   ① 볶음우동 : 부재료와 우동면, 소스를 준비하고 간을 맞추어 볶아 낸다. 이때 소스는 진하게 만들 필요가 있다. 설탕과 간장의 비율이 1 : 3~4 정도이며 모도간장이라 부른다.

5. 면 요리에 어울리는 그릇

① 국물 국수 : 깊이가 있으며 넓이가 적당한 것
② 국물 없는 국수 : 넓고 얕은 그릇
③ 자루소바 : 물기가 빠질 수 있는 그릇

Chapter 8 밥류 조리

1. 밥과 죽의 물 조절

1) 밥물 조절 : 체에 밭쳐 불린 쌀을 넣고 쌀 중량의 1.2배의 물을 넣는다.

2) 죽물 조절
   ① 오카유 : 부드럽게 먹는 죽인 오카유는 쌀 중량의 10배 정도의 물을 넣는다.
   ② 조우스이 : 밥을 씻어 물을 부어 끓여주므로 밥 중량의 2배 정도의 물을 넣는다. 짧은 시간에 끓여 간편하게 먹을 수 있다.

※ 쌀을 지나치게 오랫동안 불리게 되면 쌀이 부서지거나 크랙이 생겨 밥을 지었을 때 품질이 떨어진다.

2. 녹차 밥 조리

차밥 오차즈케(おちゃずけ)는 녹차 우린 물을 밥 위에 부어서 먹는 요리로 현대에는 녹차뿐만 아닌 뜨거운 물이나 다시를 넣는 경우에도 "차밥"이라는 이름을 사용한다.

① 녹차만을 사용한 국물 : 향이 진한 세작을 사용하여 녹차 자체의 맛이 진하고 향이 강해야 한다.
② 가쓰오부시만을 사용한 국물 : 일반 다시를 만들어 소금, 우수구치, 맛술로 간을 하여 감칠맛이 강하다.
③ 녹차와 가쓰오부시를 사용한 국물 : 가쓰오부시 국물을 만든 후 상에 내기 직전에 녹차를 우려낸다.
녹차물 : 가쓰오부시 국물 = 1 : 1

3. 녹차 밥에 들어가는 고명

가장 많이 사용되는 고명은 매실장아찌(우메보시)와 연어(사케)다.

1) 매실장아찌는 씨를 제거하고 잘게 다진다.

2) 연어는 소금을 뿌려 구워준 후 식혀서 살만 발라준다.

3) 오차즈케 부재료
① 생와사비는 강판에 간다.
② 김은 가늘게 채 썬다.
③ 실파는 향이 우러나올 수 있게 잘게 썬다.
④ 참깨는 고소하게 볶아준다.

※ 차밥을 그릇에 담을 때는 고명이 잠기지 않도록 밥을 담아야 맛국물을 충분히 부울 수 있고 고명이 국물에 흐트러지지 않는다.

4. 덮 밥

돈부리는 돈부리모노의 줄임말로 본래 사발 형태의 깊이가 깊은 식기를 말한다. 여기에 밥과 요리를 함께 담아 제공하는 것이 발전하여 다양하게 이용되고 있다.

1) 덮밥용 국물은 2번 다시를 사용하여 만든다.
다시 : 간장 : 맛술 : 청주 : 설탕 = 12 : 2 : 2 : 1 : 1

2) 덮밥의 종류 : 밥 위에 올리는 재료에 따라 이름을 달리한다.
① 덴동(天丼) - 튀김
② 규동(牛丼) - 소고기 볶음
③ 카츠동(カツ丼) - 돈까스
④ 부타 동(豚丼) - 돼지고기 구이
⑤ 우나동(鰻丼) - 장어구이
⑥ 카이센동(海鮮丼) - 여러 종류의 회
⑦ 오야코동(親子丼) - 닭과 달걀

3) 덮밥용 냄비 : 돈부리 나베 → 프라이팬 모양으로 생겨 뚜껑이 있는데, 이는 재료를 익히는 과정에서 국물이 너무 졸여지는 것을 방지하기 위해 필요하다.

Chapter 9 굳힘 조리

1. 굳힘 조리

액체 형태의 재료를 틀에 부어 굳히는 요리로 양갱, 참깨두부, 우유두부, 옥수수두부, 어묵

1) 굳힐 때 필요한 재료
① 한천 : 25℃에서 응고된다.
② 젤라틴 : 5℃에서 응고된다.
③ 칡 전분 : 호화 과정에서 많이 치댈수록 점성이 높아진다.

2) 굳힘 요리는 후식 종류로 요리 자체도 아름답지만, 담아내는 접시도 계절감, 형태, 담는 모양새 모두가 어울려야 한다.

Chapter 10 면 조리

1. 횟감용 조개

모든 조개류를 회로 먹는 것은 아니다. 내장을 손질하고도 수율이 많이 나오는 조개와 패주가 큰 조개, 안전이나 위생적으로 안전한 것을 사용한다.

① 피조개 : 붉은 몸색을 가지고 있으며 단맛과 감칠맛, 탄력적인 식감이 좋은 것이 특징이다.
② 전복 : 육질의 식감이 좋아 회로 많이 이용하지만 내장을 생으로도 먹을 수 있는 것이 특징이다.
③ 뿔소라 : 내장의 섭취가 가능하지만 생으로 먹기보다는 삶아서 섭취를 한다.
④ 굴 : 강의 하류나 근해에서 주로 양식을 한다. 굴은 내장을 제거하지 않고 생식을 하기 때문에 식중독의 위험이 높은 조개이다. 주로 가을부터 봄 사이에 생식을 하지만 가을이나 봄에는 노로바이러스로 인해 위생 사고가 많이 발생하므로 주의를 기울여야 한다.
⑤ 가리비 : 생으로 먹을 때 패주를 섭취하는 조개류로 가리비의 패주는 하나인 것이 특징이다.
⑥ 새조개 : 검고 뾰족한 새의 부리를 닮았다고 해서 새조개라 부르게 되었다. 내장을 제거하고 뜨거운 물에 빠르게 데쳐 사용한다.

※ 전처리를 마친 조개류의 숙성 온도는 3℃ 전후로 보관하는 것이 좋고 가능한 한 수분이 없는 상태로 보관한다.

2. 쯔마와 갱

생선회를 돋보이게 하거나 생선회와 잘 어울리는 채소를 의미하며, 살균 작용으로 식중독을 예방하는 효과와 생선회에서 나오는 수분을 흡수하고, 입을 상큼하게 만들어 다른 종류의 맛을 즐길 수 있게 한다.

① 쯔마 : 미역, 방풍, 차조기잎과 꽃, 무순, 당근, 소국, 오이, 레몬, 래디시 등
② 갱 : 얇게 채 썬 무, 당근, 오이 등
③ 가라미 : 매운맛을 주는 채소로 고추냉이와 생강이 있다.

3. 초절임(스지메)와 다시마절임(곤부지메)

① 초절임 : 소금에 살짝 절인 후 일번다시와 다시마, 레몬, 식초, 간장, 미림, 청주를 혼합한 식초에 스지메를 한다. 지방이 많고 비린내가 나는 생선에 잘 어울린다.
② 다시마절임 : 다시마의 짠맛과 감칠맛의 특성을 이용하여 재료의 수분은 제거하고 감칠맛을 재료 내부에 스며들게 하는 방법이다. 주로 지방이 적은 흰 살 생선에 잘 어울린다.

4. 조개 회 담기

① 접시를 낮은 온도로 보관하여 차갑게 준비한다.
② 패류의 껍데기를 활용하여 담으면 자연스럽게 아름답고 해당 조개류를 알 수 있다.
③ 레몬을 바닥에 깔거나 사이에 끼워 담아 비린내를 줄이고 탑처럼 쌓아서 담는다.
④ 미적인 요소, 위생적인 요소, 미각을 살리기 위한 곁들임을 함께 담는다.

Chapter 11 롤 초밥·모둠 조리

1. 초밥용 쌀의 종류와 이용

맛과 향기가 있고 적당한 탄력과 끈기가 있는 것, 쌀 품종은 전분의 구조가 단단하고 끈기가 있는 고시히카리가 많이 이용된다.

① 쌀 계량 : 1인분 기준으로 쌀 100g 계량하면 밥은 230g 정도이다.
② 쌀 씻기 : 쌀알이 깨지지 않도록 부드럽게 2~3번 깨끗하게 씻어 체에 밭쳐 물기를 제거한다.
③ 밥 짓기 : 쌀과 물의 비율은 1:1 로 하고 밥 짓는 시간은 30분 내외가 적당하다.

2. 초밥 재료

① 롤 초밥 재료 : 달걀, 박고지, 오보로, 참치, 오이, 고추냉이, 생강, 시소(자소엽)
② 모둠 포밥 재료 : 참치, 도미, 광어, 문어, 새우, 고등어, 전어, 전갱이, 청어 등

3. 배합초

식초, 설탕, 소금

4. 모둠 초밥 재료 손질

1) 냉동 참치(마구로) 식염수 해동법
① 여름철 : 3~5%의 식염수, 18~25℃
② 겨울철 : 3~4%의 식염수, 30~33℃

2) 도미(다이) : 겨울에서 봄까지가 제철이다.

3) 광어(히라메) : 10월~3월까지가 제철이며, 우리나라에서는 최고로 선호하는 횟감이다.

4) 문어(다꼬) : 문어의 제철은 6~8월로 돌문어보다는 피문어가 부드럽고 단맛이 더 있어 선호도가 높다.

5) 새우(에비) : 초밥용 새우는 보리새우와 빨간 새우로 구분하며 보리새우는 익혀서 껍질을 벗긴 후 사용하고 빨간 새우는 익히지 않고 껍질만 벗겨 사용한다.

6) 등 푸른 생선(고등어, 전어, 전갱이) : 초밥용으로 손질한 후 소금에 절였다가 담금초에 담가 초절임(시메)하여 이용한다.

※ 도미(마쓰가와)는 뜨거운 물을 빠르게 끼얹은 후 얼음물에 바로 식혀 껍질만 익고 살은 익지 않도록 한다.

5. 배합초에 밥 비비기

① 초밥용 비빔 통(한기리)는 작게 쪼갠 나무를 여러 개 이어서 둥글고 넓으면서 높지 않게 만들어 초밥을 식히는데 사용되는 조리기구이다. 사용할 시 물로 깨끗하게 씻어 물기를 행주로 닦고 밥이 따뜻할 때 배합초를 버무려 사용한다.
② 배합초의 비율 : 밥 : 배합초 = 10~15 : 1
③ 나무 주걱으로 자르듯이 밥알이 깨지지 않도록 섞고 한 번씩 밑과 위를 뒤집어 주면서 배합초가 골고루 섞이도록 한다.
④ 밥과 배합초가 다 비벼지면 부채로 남아있는 수분을 날리고 사람의 체온인 36~37℃ 정도가 되면 보온 통에 보관한다.

6. 초밥 도구

김발, 강판, 밥 버무리는 통, 눌림 상자, 초밥통

7. 초밥 종류

1) 말이 초밥
① 굵게 말은 김초밥(후도마끼) : 김 한 장을 이용해서 만든 초밥 노리마끼를 말한다.
② 가늘게 말은 김초밥(호소마끼) : 김 1/2장을 이용해서 만든다. 참치를 넣어 만든 데카마키와 오이를 넣어 만든 갓빠마키가 대표적이다.
③ 데마끼 : 손으로 가볍게 말아서 만드는 초밥

2) 생선 초밥(니기리즈시) : 초밥을 손이나 틀로 눌러 만든 것으로 쥔 초밥에 해당한다.

3) 상자 초밥(하꼬즈시) 오사카에서 발전한 초밥으로 사각의 나무 상자를 만들어 초밥과 재료를 넣고 눌러 만드는 것이다.

4) 유부 초밥(이나리즈시) : 양념한 유부를 조려 만든다.

5) 지라시스시 : 넓게 편 밥 위에 초밥용 생선, 달걀지단, 박고지, 오보로, 초밥 생강 등을 보기 좋게 담아서 제공한다. 고추냉이와 간장은 별도로 제공한다.

8. 초밥 담는 방법

① 굵게 말은 김 초밥(후도마끼) : 1개를 일정하게 8개로 잘라 한 줄 또는 두 줄로 담는다.
② 가늘게 말은 김 초밥(호소마끼) : 오이와 참치 2개를 12개로 잘라 4개씩 놓거나 12개를 반듯하게 담는다.
③ 모둠 초밥 : 한 쪽 방향으로(15°) 일정하게 담아야 보기에 좋고 깔끔하다. 등 푸른 생선과 조개류 등을 담을 때는 붙여 담지 않도록 한다.

9. 초밥 용어

1) 참치
① 아카미 : 참치의 등쪽 살로 빨간 색을 띈다.
② 새도로 : 참치 등 쪽 껍질 쪽에서부터 안쪽으로 5㎝ 정도 부분
③ 주도로 : 참치의 갈비 부위 살
④ 오도로 : 참치 배 쪽 살

2) 기타
① 샤리 : 초밥용 밥
② 네타 : 초밥 위에 올리는 재료
③ 게소 : 갑오징어의 발
④ 나마가이 : 전복
⑤ 갓빠 : 오이
⑥ 가리 : 초생강
⑦ 사비 : 고추냉이
⑧ 교꾸 : 계란말이
⑨ 오아이소 : 계산

10. 초밥의 곁들임

초생강, 락교, 단무지, 야마고보(산우엉), 우메보시(매실절임), 오차, 장국 등을 함께 제공하고 등 푸른 생선의 곁들임 재료인 생강은 강판에 갈아서 올리거나 초생강을 곱게 채를 썰어 올린다.

※ 초밥의 곁들임은 젓가락질하기 편하게 오른쪽 앞부분에 놓는다.

Chapter 12 알 초밥 조리

1. 알 초밥에 들어가는 알 재료

① 연어알 : 소금물 용액에 절인 후 조미액에 침지하여 사용한다.
② 성게알 : 일본 3대 진미 중 하나인 성게는 초밥집에서 가장 사랑받는 고가의 식재료이다.
③ 청어알 : 오세치요리에 사용되는 중요한 식재료로 초밥집에서는 소금기를 뺀 뒤 조미액에 적셔서 사용한다.
④ 날치알 : 옅은 노란색으로 특별한 맛은 없지만 알이 갖는 식감이 매우 우수하여 다양한 요리에 사용한다.

2. 군함 초밥

군함 초밥은 전장의 김을 초밥 크기에 맞게 균등하게 자르고 초밥에 휘감아 붙여 그 위에 알을 올린다. 오이를 얇고 길게 깎아 김과 함께 사용하기도 한다.

PART 6 복어 기초 조리

Chapter 1 복어 기초 조리 실무

1. 복 어

복어는 일반적으로 독성을 많이 가지고 있어 특히 주의하여 다루어야 하는 식재료이다. 밀복, 까치복, 검복, 황복 등이 있다.

> ※ 복어의 독 : 신경성 독으로 말초 신경을 마비시켜 전신의 운동 신경, 혈관, 호흡 운동 신경, 지각 신경 등을 마비시켜 사망에 이르게 한다. 복어의 테트로도톡신은 불가식 부위에 많다.

2. 칼 연마와 관리

① 절단칼과 회칼은 용도에 따라 날 세우기를 달리 한다.
② 절단칼은 용도에 따라 무게와 크기를 선택하여 사용 한다.
③ 회칼은 연마의 정도에 따라 썰어 놓은 생선살의 결이 달라진다.
④ 절단칼과 회칼의 보관 상태에 따라 녹이 쓰는 것을 방지할 수 있다.

3.도마 종류에 따른 관리법

① 나무 도마 : 베이킹소다와 식초를 골고루 뿌려 세척하고 햇빛에 말려 건조 보관한다.
② 플라스틱 도마 : 흠집이 잘 생겨 소금과 레몬을 이용하여 깨끗하게 닦고 난 후 세제를 사용하여 세척한다.
③ 유리 도마 : 주방 세제로 깨끗하게 세척한다.

4. 복어 곁들임 재료

무, 당근, 파, 미나리, 배추, 팽이버섯, 레몬

Chapter 2 복어 선별 관리 및 손질 조리

1. 복어 저장·관리

1) 냉장 보관 : 온도를 3℃로 유지하고 청결 상태를 확인한다.

2) 냉동 보관
① 급속 동결법으로 냉동시키고 가능한 한 저온(-18℃ 이하)으로 보관 창고의 온도를 일정하게 유지하여야 한다.
② 동결 보관 중 근육부의 수분이 증발하여 고기에 스펀지 현상이 나타날 경우 복어독이 근육부로 쉽게 이행되므로 스펀지 현상이 발생되지 않도록 주의하여야 한다.
③ 실온에 방치하여 해동하는 경우는 반해동 상태에서 내장 등 유독 부위를 제거하여야 하며, 내장 등 유독 부위를 포함한 채 완전 해동을 하는 것은 안 된다.

> ※ 동결복어 취급 시 복어독의 이행을 방지하기 위한 가장 확실한 방법은 어획 직후에 유독 부위를 제거하고 동결하는 것이지만 부득이 원형 그대로 동결하는 경우 동결 방법보다는 해동 방법에 세심한 주의를 요구한다.

2. 복어의 부위별 명칭

① 가식 부위 : 입, 머리, 몸살, 뼈, 겉껍질, 속껍질, 지느러미, 정소
② 불가식 부위 : 피, 내장(아가미, 안구, 쓸개, 심장, 간, 장, 식도, 위, 난소), 피가 배어 있는 조직

3. 복어 손질

① 복어의 입 부분을 분리한다.
② 복어의 각 지느러미를 몸통에서 분리한다.
③ 몸체와 껍질을 완전히 분리한다.
④ 안구를 제거한다.
⑤ 머리·몸통 부위와 아가미살·내장 부위를 분리한다.
⑥ 내장과 함께 있는 정소(이리)는 식용 부분이므로 분리하여 소금으로 잘 손질하여 끓는 물에 살짝 데쳐 일품요리나 냄비 요리 등에 사용한다.
⑦ 손질한 복어는 흐르는 수돗물에 5~6시간 동안 담가두어 피를 제거하고 철저한 해독 작업을 한다.
⑧ 겉껍질은 잘 드는 칼로 가시를 밀어 제거하여 끓는 물에 데친 후 얼음물에 넣어 식힌 다음 수분을 제거하여 회, 무침 요리에 사용한다.
⑨ 안쪽 껍질은 약간 강한 불에 3~5분간 삶아 익힌 다음 찬물에 식혀 사용한다.
⑩ 횟감용은 물기가 없는 면포로 가볍게 싸서 수분을 줄여준다.

> ※ 흐르는 물에 복어를 씻어 가며 작업하면 이물질이나 점액질이 튀는 것을 방지할 수 있다.

4. 테트로도톡신에 의한 복어의 중독 증상

① 제1도 중독의 초기 증상 : 입술과 혀끝이 가볍게 떨리면서 느낌이 둔해지고 보행이 부자연스러워지며 구토 증상이 나타난다.
② 제2도 불완전 운동 마비 : 구토 후 급격하게 손발의 운동 장애와 발성 장애가 오며 호흡 곤란 등의 증상이 나타난다. 언어 장애가 나타나고 혈압이 현저하게 떨어지나 조건 반사는 그대로 나타나고 의식도 뚜렷하다.
③ 제3도 완전 운동 마비 : 골격근의 완전 마비로 운동이 불가능하며 호흡 곤란과 혈압이 떨어지며 언어 장애 등으로 의사 전달이 안 된다. 반사 작용은 있지만 의식 불명의 초기 증상이 나타난다.
④ 제4도 의식 소실 : 완전히 의식 불능 상태가 되고 호흡 곤란과 심정지로 사망한다.

> ※ 복어의 독성 부위를 남김없이 정리하여 폐기용 용기에 담는다.
> → 음식물 쓰레기로 처리해서는 안 된다.

Chapter 3 복어 회 조리

1. 복어 세 장 뜨기

세 장 뜨기는 기본적인 생선 포 뜨기의 방법으로 생선을 위쪽 살, 아래쪽 살, 중앙 뼈의 3장으로 나누는 것을 말한다.

2. 복어 회 뜨기

① 복어 표면의 엷은 막은 질겨서 횟감용으로 부적절하므로 제거하여 준비를 한다.
② 복어 살의 숙성 : 4℃(24~36시간), 12℃(20~24시간), 20℃(12~20시간)이 가장 적당하다.
③ 복어처럼 단단한 육질의 살은 얇게 썰기(우스쯔꾸리) 방법으로 용기의 밑바닥이 비쳐 보일 정도로 얇게 자른다.

3. 그릇 선택

복어 회 접시는 유리처럼 매끄러운 질감과 두께에 섬세하고 화려한 채색화를 넣은 접시를 선택한다. 흰색이 아닌 컬러 접시가 사용되는 것은 복어회의 얇은 두께를 강조하기 위함이다.

4. 학 모양 담기

① 회는 시계 반대 방향으로 원을 그리듯이 일정한 간격으로 바깥쪽의 날개 부분을 먼저 담는다.
② 안쪽의 날개는 바깥쪽보다 작은 크기로 원을 그리듯이 시계 반대 방향으로 담는다.
③ 학의 머리 부분의 장식은 복어 껍질과 지느러미, 빨간 무즙을 이용하여 장식한다.
④ 부재료를 접시에 가지런히 담고, 폰즈 소스와 같이 제공한다.

5. 복어 회 국화 모양내기

① 복어 회는 꼬리쪽부터 머리쪽으로 당겨 썰어 시계 반대 방향으로 원을 그리듯이 일정한 간격으로 겹쳐 담는다.
② 중앙에는 복어 회를 말아 꽃 모양으로 만들어 올려준다.
③ 엷은 막은 끓는 물에 데쳐서 말린 복어 지느러미와 함께 나비 모양으로 장식해 준다.

Chapter 4 복어 부재료 손질과 양념장 준비 및 복어 술 제조

1. 복어 요리에 곁들이는 채소 손질법

① 미나리 : 복어회에 곁들일 용도는 마디가 없고 깨끗한 부분으로 골라 가지런히 정리해서 5cm 길이로 잘라 둔다. 복어 지리나 탕에는 7cm 정도로 잘라 둔다.
② 당근 : 당근은 지리에 사용하는데, 살짝 삶아서 벚꽃 모양으로 모양을 내서 자른다.
③ 무 : 지리나 탕에 사용할 경우 삶아서 반달 모양으로 자른 다음 은행잎 모양으로 자른다. 회에 곁들이는 폰즈소스의 야쿠미로 사용할 때는 껍질을 벗기고 강판에 갈아서 빨간 고춧물을 들여 아카오로시를 만든다.
④ 대파 : 지리나 탕에 사용하며 5~8cm 정도로 어슷썰기를 한다.
⑤ 실파 : 폰즈의 야쿠미로 사용하거나 튀김에 사용한다. 송송 썰어 물에 헹구어 파의 진액을 제거하고 거즈로 감싸 준비해 둔다.
⑥ 죽순 : 지리나 탕에 주로 사용하며, 빗살무늬를 잘 살려서 자른다.
⑦ 표고버섯 : 지리나 탕에 사용하며 갓의 중앙에 칼집을 내서 별 모양을 만든다.

2. 복떡 굽기

① 복떡을 3cm 크기로 잘라 놓는다.
② 쇠꼬챙이에 꽂는다.
③ 복떡을 골고루 구워 낸다.
④ 찬물에 담가 형태가 변하지 않게 한다.
⑤ 지리의 국물이 끓으면 복떡을 넣어 준다.

3. 복어술 만들기

복어 지느러미술, 복어 정소술, 복어살 술이 있다.

① 복어 지느러미술 : 말린 복어 지느러미를 구워 잔에 넣은 다음 뜨겁게 데운 정종을 넣고 향이 술에 스며들면 마신다.
② 복어 정소술 : 복어 정소를 노릇하게 구워 뜨거운 정종이 담긴 잔에 풀어서 마신다.
③ 복어 살술 : 구운 복어 살 3~4토막을 잔에 넣고 뜨거운 정종을 넣어 마신다.

4. 청 주

쌀을 주원료로 사용하고 누룩으로 빚어서 걸러낸 맑은 술, 일본에서는 사케라 한다. 청주의 등급은 정미율에 따라 나뉘며 준마이란 명칭은 원료에 알코올이 없이 쌀과 누룩만으로 제조했을 때 붙는 명칭이다.

Chapter 5 복어 껍질 굳힘 및 초회 조리

1. 복어 껍질 굳힘

① 나카시캉에 담기 : 굳힘 틀에 물기가 살짝 돌 정도로만 묻힌 후, 그 안에 복어 껍질 조린 것과 실파 섞은 것을 넣어 섞어 준다. 굳힘 틀은 스테인레스 또는 실리콘 틀을 사용한다.
② 얼음물에 식혀 굳히기 : 복어 껍질 내용물을 넣은 굳힘 틀을 수평이 되게 하여 1차로 얼음물에 식히고 냉장고에서 한 번 더 굳힌다.
③ 담기 : 칼에 물을 묻혀 단면을 깨끗이 자른 후 한 입 크기로 썰어 접시에 시소를 깔고 폰즈 소스를 곁들인다.

2. 복어 껍질 손질과 건조 방법

① 복어 껍질은 미끈거리는 점액질과 냄새가 많이 나기 때문에, 굵은 소금으로 문질러 씻어 맑은 물에 헹군다.
② 가시가 제거된 복어 껍질은 겉껍질과 속껍질을 끓는 물에 넣고 무른 느낌이 들 정도로 삶은 후 얼음물에 헹구어 물기를 제거하고 편편하게 만들어 냉장고에 차게 건조시켜 사용한다.
③ 복어 껍질을 초회용으로 썰 때에는 씹히는 식감이 좋도록 가늘게 채 썬다.

3. 복어 초회 만들기

① 초간장 : 일번 다시, 진간장, 식초, 미림, 레몬즙, 설탕
② 양념 : 무와 고춧가루로 아카 오로시를 만들고, 실파는 곱게 썰어 놓는다.

4. 복어 껍질 무치기

① 복어 껍질 삶기 : 끓는 물에 소금을 약간 넣고 삶는다.
② 복어 껍질 식히기 : 껍질이 전체적으로 투명해지고 만져 보았을 때 물렁한 느낌이 들면 건져내어 얼음물에 식힌다.
③ 복어 껍질 썰기 : 건져낸 복어 껍질은 수분을 제거하고 가늘게 채 썬다.
④ 미나리 : 흐르는 물에 씻어 껍질과 비슷한 길이로 자른다.

Chapter 6 구이 및 튀김 조리

1. 복어 구이

1) 구이를 위한 전처리
① 요리에 사용되는 청주는 복어의 어취는 제거하고 감칠맛은 증가시키며 재료를 부드럽게 하는 역할을 한다.
② 복어 튀김을 할 때 유자 껍질을 잘게 썰어서 넣으면 어취는 사라지고 향긋한 유자향이 풍미를 좋게 한다.

2) 구이 양념에 따른 분류
① 시오야끼 : 소금으로 밑간을 하여 굽는 구이
② 데리야끼 : 간장을 발라가며 굽는 구이

2. 복어 튀김

1) 복어 튀김의 재료를 준비
① 복어는 손질하여 수분을 제거하고 복어살에 칼집을 넣어 준다.
② 국간장, 미림, 정종, 참기름을 약간 넣고 소스를 만들어 1분 정도 절여준다.
③ 복어살은 건져서 채에 받쳐 준 후, 다진 유자 껍질을 복어살과 버무린다.
④ 전분과 튀김 가루는 살짝 묻힐 정도로만 넣고 고루 섞어준다.
⑤ 복어 가라아게는 160~170℃에서 튀겨낸다.

Chapter 7 복어 찜 조리

1. 복어 술찜·수육 준비

찜 요리는 모양과 형태가 변하지 않고 재료 본연의 맛이 잘 유지될 수 있게 가열 조리하는 것으로 담백한 재료를 사용한다.

① 복어 술찜 부재료 : 두부, 대파, 표고버섯, 팽이버섯, 다시마, 당근, 무, 배추, 죽순, 미나리, 레몬 등
② 술찜 재료를 용기에 담는 순서
다시마 깔기 → 배추 말이 → 두부 → 무 → 대파 → 죽순 → 표고 → 팽이 → 당근 꽃 → 복어
③ 복어 술찜 찌는 시간 : 센불로 12분, 미나리와 팽이버섯을 넣고 약불로 1분, 불 끄고 2분 뜸들이기
④ 복어 수육 부재료 : 부추, 미나리, 실파, 콩나물, 겨자소스 등
⑤ 복어 수육 찌는 시간 : 콩나물을 맨 아래 깔고 그 위에 복어 살을 올린 후 청주와 소금으로 밑간을 하고 12분 찐다. 미나리와 실파를 넣고 20초 정도 더 찐다.

※ 손질된 복어 몸통은 4~5cm 크기로 재단한다.
복어살은 연한 소금물에 5분 정도 담가 두면 탄력이 생긴다.

2. 찜통의 종류 및 특징

① 나무 찜통 : 열효율과 수분 흡수가 좋아 뚜껑에 물방울이 생기지 않는 장점이 있는 반면, 곰팡이가 생기기 쉬워 사용 후 잘 건조시켜야 한다.
② 스테인리스·알루미늄 찜통 : 열 효율은 떨어지나 사용이 간편하고 오래 쓸 수 있다.

※ 찜통의 물이 끓을 때 재료를 넣고, 물을 보충할 때에는 뜨거운 물을 붓는다.

Chapter 8 복어 초밥 및 죽 조리

1. 밥과 죽의 물 조절

1) 밥 뜸들이기 : 불 끄기 바로 직전에 술을 100cc 정도 밥에 뿌려서 뜸을 들이면 감칠맛이 나고 밥이 잘 부풀어 오르고 밥맛이 좋다.

2) 복어죽용 부재료 준비
① 다시마로 맛국물을 만든다.
② 곤부 다시에 손질한 복어 뼈를 넣고 맛국물을 만든다.
③ 실파와 미나리는 손질 후 곱게 썰어 놓는다.
④ 김은 살짝 구워 잘게 부수어 놓거나 곱게 채 썬다.
⑤ 달걀은 잘 풀어 놓는다.
⑥ 세 장 뜨기 한 복어살을 작은 토막으로 썰어 준비한다.
⑦ 복어의 정소는 소금으로 씻어 흐르는 물에 담가 실핏줄과 핏물을 제거하고, 한 입 크기로 잘라 놓거나, 고운 체에 걸러 놓는다.
⑧ 참기름과 깨를 준비한다.

2. 복어 조우스이

조우스이는 밥알의 형체가 있는 죽이다.

3. 복어 오카유

오카유는 밥알의 형체가 없는 일반적인 죽이다.

Chapter 9 복어 샤브샤브 조리·맑은 탕 조리

1. 복어 샤브샤브·맑은 탕

1) 복어 뼈 맛국물 내기
① 냄비에 다시물과 복어 뼈를 넣고 서서히 끓인다.
② 국물이 끓으면서 거품이 일면 걷어낸다.
③ 청주와 소금으로 양념을 한다.

2) 샤브샤브와 맑은 탕 용도로 복어 살의 포를 뜬다.
① 복어 살의 등과 배 쪽의 겉껍질을 제거한다.
② 복어 살을 샤브샤브용 크기로 포를 뜬다.
③ 완성 접시에 일정하게 돌려 담는다.

3) 부재료 손질하기
① 배추, 대파, 표고버섯, 팽이버섯, 두부는 용도에 맞게 자른다.
② 당근과 무는 한번 데쳐내어 다른 재료와 익는 속도를 맞춘다.
③ 복떡은 주재료와 크기를 맞춰 자른 후 석쇠에 타지 않게 굽도록 한다.
④ 우동은 저어 가면서 삶아 찬물에 씻은 후 물기를 제거한다.
⑤ 쑥갓, 미나리 등의 푸른 채소는 마지막에 넣는다.

4) 소스 준비하기
① 폰즈 소스는 비율을 맞춰 제조한다.
② 참깨는 고소하게 볶은 후 곱게 갈아 다시물, 맛술, 간장을 넣어 완성한다.
③ 야쿠미도 준비한다.

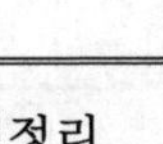

02

출제예상문제

한식편 제 1 회 출제예상문제

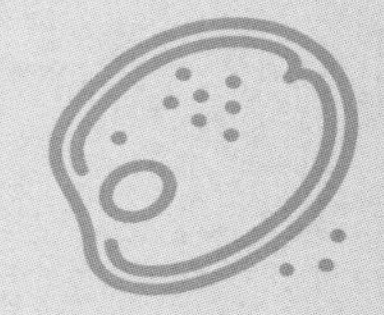

01 위생관리의 목적이 아닌 것은?

① 쓰레기와 폐기물의 안전한 처리
② 음식물의 위생적 처리
③ 식품첨가물과 기구 및 포장의 제조와 가공에 관한 위생 관련 업무
④ 의약품의 올바른 섭취 정보

해설 의약품은 위생관리의 목적에 해당되지 않는다.

02 위생관리의 필요성이 아닌 것은?

① 안전한 먹거리로 상품 가치를 상승시킨다.
② 식품위생법 및 행정 처분의 완화
③ 청결한 업장 유지를 통해 식중독을 예방한다.
④ 고객 만족을 통한 대외적 브랜드 이미지 관리

해설 ※ 위생관리의 필요 조건
식중독 예방, 안전한 먹거리로 상품가치 상승, 청결한 업장 유지, 고객 만족, 대외적 브랜드 이미지 관리, 식품위생법 및 행정 처분 강화

03 식품위생법상 조리사 면허를 받지 못하는 사람은?

① 향정신성 의약품 중독자
② 미성년자
③ 비활동성 B형 간염
④ 조리사 면허 취소 처분을 1년 6개월 전에 받은 자

해설 조리사 결격 사유는 정신질환자, 감염병 환자, 마약 중독자, 조리사 면허 처분날부터 1년이 지나지 않은 자

04 병원성 미생물의 크기가 큰 순서로 나열한 것은?

① 효모 〉 스피로헤타 〉 세균 〉 곰팡이
② 세균 〉 리케차 〉 바이러스 〉 스피로헤타
③ 곰팡이 〉 스피로헤타 〉 리케차 〉 바이러스
④ 바이러스 〉 리케차 〉 세균 〉 스피로헤타

해설 곰팡이 〉 효모 〉 스피로헤타 〉 세균 〉 리케차 〉 바이러스

05 육류에서 감염되는 기생충은?

① 무구촌충, 선모충 ② 회충, 십이지장충
③ 폐흡충, 유구촌충 ④ 고래회충, 요충

해설 – 육류에서 감염되는 기생충에는 무구촌충, 유구촌충, 선모충, 만손열두조충
– 회충, 십이지장충, 요충은 채소에서 감염되며 폐흡충, 고래회충은 어류에서 감염된다.

06 살균·소독을 하는데 있어서 소독약의 살균력을 나타내는 기준이 되는 것은?

① 포름알데히드 ② 역성 비누
③ 석탄산 ④ 생석회

해설 석탄산 계수는 소독약의 살균력을 나타내는 기준이며 살균력이 안전하고 유기물에도 소독력이 약화되지 않음

07 식재료의 위생관리 방법으로 올바르지 않은 것은?

① 유통기간, 보존 상태 확인 후 구입한다.
② 식재료는 주방 바닥에 내려놓지 않는다.
③ 통조림의 경우 찌그러짐이나 팽창 확인은 반드시 한다.
④ 조리 시 남은 채소류의 경우 랩 포장하여 냉장 보관한다.

해설 조리 시 남은 채소류의 경우 매일 폐기를 원칙으로 한다.

08 식품첨가물의 사용 목적이 아닌 것은?

① 기생충 감염예방
② 식품의 부패와 변질을 방지
③ 식품의 기호 및 관능 만족
④ 식품의 품질 유지와 개량

해설 식품첨가물의 사용 목적은 식품의 부패와 변질을 방지, 식품의 기호 및 관능 만족, 식품의 품질 유지와 개량, 식품의 영양을 강화

09 HACCP의 의무대상 품목이 아닌 것은?

① 어묵 ② 껌류
③ 면류 ④ 레토르트식품

10 포도상구균에 대한 설명으로 맞는 것은?

① 화농성 질환자에 의해 오염된 식품에 의해 중독을 일으킨다.
② 12~36시간으로 잠복기가 가장 길다.
③ 원인 독소는 뉴로톡신(Neurotoxin)이다.
④ 살균이 덜 된 통조림, 햄, 소지지 가공품이 원인이다.

해설 포도상구균은 화농성 질환자에 의해 오염된 식품에 의해 중독을 일으키며 원인 독소는 엔테로톡신(Enterotoxin)으로 잠복기가 평균 3시간으로 가장 짧다.

11 다음 중 식중독의 원인과 독소를 잘못 연결한 것은?

① 감자 – 솔라닌 ② 독버섯 – 무스카린
③ 목화씨 – 리신 ④ 복어 – 테트로도톡신

해설 목화씨의 원인 독소는 고시폴(Gossypol)이다.

정답 01. ④ 02. ② 03. ① 04. ③ 05. ① 06. ③ 07. ④ 08. ① 09. ② 10. ① 11. ③

12 다음 중 식품위생법에서 식품위생의 대상이 올바른 것은?

① 식품, 식품첨가물, 기구, 포장용기
② 식품, 의약품, 기구, 화학적 합성품
③ 화학적 합성품, 조리인, 기구, 의약품
④ 의약품, 단체 급식, 식품, 식품첨가물

해설 식품위생법에서 식품위생의 대상은 식품, 식품첨가물, 기구, 포장용기 등의 음식에 대한 전반적인 것이다.

13 감각 온도의 3요소가 아닌 것은?

① 기온 ② 기습
③ 기류 ④ 기압

해설 감각 온도의 3요소는 기온, 기습, 기류

14 물의 소독 중 물리적 소독 방법이 아닌 것은?

① 열 처리법 ② 표백분
③ 오존(O_3) ④ 자외선

해설 화학적 소독 : 수도 - 염소, 우물 - 표백분

15 레이노이드병의 산업 재해 원인은?

① 고열 환경 ② 고압 환경
③ 소음 ④ 진동

해설 레이노이드병은 진동에 의한 국소 장애로 나타난다.

16 주방 내 안전사고 유형 중 인적 안전사고 원인이 아닌 것은?

① 시력이나 청력의 결함 ② 협소한 통로
③ 지식·기능 부족 ④ 과격함, 신경질

해설 환경적 요인에 의한 안전사고 : 건축물의 부적절한 설계, 통로의 협소, 채광, 조명, 환기 시설의 문제, 고열, 먼지, 소음, 진동, 가스 누출, 누전 등

17 안전사고 발생 시 응급조치로 맞지 않는 것은?

① 구조자 자신의 안전보다는 동료의 구조가 중요하다.
② 현장의 안전 상태와 위험요소를 파악한다.
③ 현장의 응급상황을 전문 의료기관(119)에 알린다.
④ 응급환자를 처치할 때 원칙적으로 의약품을 사용하지 않는다.

해설 구조자 자신의 안전 여부를 확인 후 주변 사람을 돕도록 한다.

18 식품 재료의 구성 성분 중 특수 성분인 것은?

① 수분 ② 탄수화물
③ 효소 ④ 칼슘

해설 특수 성분 : 색, 향, 맛, 효소

19 다당류에 속하는 탄수화물은?

① 포도당 ② 섬유질
③ 과당 ④ 갈락토오스

해설 다당류 : 단당류가 2개 이상 결합된 당, 전분, 글리코겐, 섬유소, 펙틴, 이눌린, 만난, 알긴산, 리그닌

20 단맛이 가장 약한 당은?

① 맥아당 ② 포도당
③ 설탕 ④ 젖당

해설 과당(170) 〉 전화당(85~130) 〉 설탕(100) 〉 포도당(74) 〉 맥아당(60) 〉 갈락토오스(33) 〉 젖당(16)

21 단백가가 가장 높은 식품은?

① 달걀 ② 소고기
③ 돼지고기 ④ 우유

해설 단백질의 영양가를 필수아미노산 조성으로부터 판정하고자 하는 수치로 달걀을 100, 소고기 80, 돼지고기 85, 우유 80

22 불완전 단백질은?

① 알부민 ② 오리자닌
③ 카세인 ④ 제인

해설 필수아미노산이 결여되어 생명 유지와 성장이 어려운 단백질 : 옥수수 - 제인

23 불포화 지방산인 식물성 유지를 가공할 때 산패 억제를 위해 수소를 첨가하는 과정에서 생기는 지방산은?

① 포화 지방산 ② 트랜스 지방산
③ 불포화 지방산 ④ 필수 지방산

24 지질의 기능적 성질이 아닌 것은?

① 유화 ② 수소화
③ 생리작용의 촉매 ④ 연화

해설 생리작용의 촉매역할은 무기질의 특성이다.

정답 12. ① 13. ④ 14. ② 15. ④ 16. ② 17. ① 18. ③ 19. ② 20. ④ 21. ① 22. ④ 23. ② 24. ③

25 비타민 A의 결핍증으로 나타나는 증상은?

① 야맹증　② 구루병
③ 혈액 응고 지연　④ 노화

해설 비타민 D - 구루병, 비타민 E - 노화, 비타민 K - 혈액 응고 지연

26 조리 시 손실이 가장 큰 비타민은?

① 비타민 B_1　② 비타민 C
③ 비타민 B_2　④ 나이아신

해설 비타민 C는 수용성으로 불안정하다.

27 다음 중 맛의 대비는?

① 설탕과 꿀을 혼합하여 불고기 양념을 하였다.
② 커피에 설탕을 넣어 먹었다.
③ 한약을 마시고 물을 먹었다.
④ 팥죽에 설탕과 소금을 약간 넣었다.

해설 맛의 대비 : 서로 다른 맛을 혼합했을 때 주된 맛이 강하게 느껴진다.

28 효소적 갈변 현상을 일으키는 것은?

① 마이야르 반응　② 캐러멜화
③ 티로시나아제　④ 아스타잔틴

해설 효소적 갈변으로 티로신이 멜라닌으로 변하게 된다.

29 식품의 색소에 관한 설명 중 잘못된 것은?

① 클로로필은 열과 산에선 녹갈색, 알칼리에선 진녹색으로 바뀐다.
② 카로티노이드는 당근, 고구마, 토마토에 존재하며 프로비타민 A의 기능이 있다.
③ 플라보노이드는 자색의 수용성 색소로 가지에 존재한다.
④ 안토시아닌은 산성에서는 적색, 알칼리성에서는 청색으로 바뀐다.

해설 플라보노이드는 흰색·황색의 수용성 색소로 밀가루, 양파, 귤에 존재한다.

30 영양소와 소화 효소가 바르게 연결된 것은?

① 탄수화물 - 아밀라아제
② 단백질 - 리파아제
③ 젖당 - 트립신
④ 지방 - 펩신

해설 탄수화물의 아밀로오스는 효소 아밀라아제에 의해 분해된다.

31 시장조사의 원칙이 아닌 것은?

① 경제성　② 기호성
③ 적시성　④ 탄력성

해설 시장조사의 원칙은 경제성, 적시성, 탄력성, 계획성, 정확성이다.

32 매월 고정적으로 포함해야 하는 경비는?

① 지급운임비
② 복리후생비
③ 특별 수당
④ 감가상각비

해설 고정비란 생산량에 관계없이 고정적으로 발생하는 비용으로 감가상각비가 해당된다.

33 물의 조리 원리가 아닌 것은?

① 삼투압　② 팽윤
③ 복사　④ 용출

해설 복사는 물체에 열이 직접 전달되는 것이다.

34 조리장의 설비로 옳지 않은 것은?

① 조리장 바닥과 내벽 30cm까지는 물청소가 가능한 자재를 사용할 것
② 객실과 객석의 구분이 명확할 것
③ 미끄럽지 않고 산, 염, 유기용액에 강할 것
④ 내구력이 충분할 것

해설 조리장 바닥과 내벽 1m까지는 물청소가 가능한 자재를 사용할 것

35 미숫가루와 누룽지는 전분의 어떤 성질을 이용한 원리인가?

① 전분의 호화(α화)
② 전분의 노화(β)
③ 전분의 당화
④ 전분의 호정화

해설 전분을 수분 없이 160℃ 이상으로 가열하게 되면 가용성 전분을 거쳐 덱스트린으로 분해된다. 이 과정에서 구수한 맛과 갈색으로 색이 변하게 된다.

36 밀가루로 국수 반죽을 할 때 쫄깃한 면발을 만들기 위해 넣은 첨가제는?

① 지방　② 소금
③ 설탕　④ 이스트

해설 소금은 맛을 향상 시키고 글루텐의 구조를 단단하게 만든다.

정답 25. ① 26. ② 27. ④ 28. ③ 29. ③ 30. ① 31. ② 32. ④ 33. ③ 34. ① 35. ④ 36. ②

37 육류의 연화법 중 단백질 분해 효소를 사용하여 육질을 연화시키려 한다. 잘못 연결된 것은?

① 파파야 - 파파인　② 파인애플 - 브로멜린
③ 무화과 - 액티니딘　④ 배 - 프로테아제

해설 무화과 - 피신, 키위 - 액티니딘

38 어취의 제거 방법으로 잘못된 것은?

① 생선 비린내의 주성분인 트릴메틸아민은 소금물에 잠시 담가둔다.
② 식초나 레몬즙을 첨가하면 비린내가 감소된다.
③ 마늘, 파, 양파, 생강, 겨자 등의 향신료는 비린향을 제거한다.
④ 알코올은 휘발성 어취를 제거하고 맛을 향상시킨다.

해설 소금물에 담글 경우 호염성 장염 비브리오균이 번식할 수 있다.

39 달걀의 품질 등급 판정을 옳게 표현한 것은?

① 기실은 달걀류의 품질과 관련이 없다.
② 농후난백이 난황을 상당부분 감싸고 있는 것이 신선하다.
③ 난각의 조직은 외관 판정에서 제외된다.
④ 알끈은 식감이 좋지 않으므로 부드럽게 풀어진 것으로 고른다.

해설 달걀의 등급 판정은 외관(난각), 기실, 난황, 난백 등으로 이루어진다.

40 한천에 대한 설명으로 맞지 않는 것은?

① 우뭇가사리 등을 삶은 액을 냉각, 동결, 건조시킨 것으로 주성분은 갈락탄이다.
② 젤리, 족편, 마시멜로, 아이스크림, 푸딩 제조에 사용된다.
③ 용해 온도는 80~100℃, 응고 온도는 38~40℃
④ 설탕량이 많아지면 겔의 강도가 높아져 점성과 탄성이 증가한다.

해설 젤리, 족편, 마시멜로, 아이스크림, 푸딩 제조에는 젤라틴이 이용된다.

41 조미료 첨가순서가 제대로 된 것?

① 설탕 → 식초 → 소금　② 식초 → 설탕 → 소금
③ 설탕 → 소금 → 식초　④ 소금 → 설탕 → 식초

42 우리나라 전통 향신료가 아닌 것은?

① 생강　② 마늘
③ 겨자　④ 정향

해설 정향은 중국 향신료이다.

43 채소를 냉동시키기 전에 데치는 이유로 맞지 않는 것?

① 수분 유지　② 효소 불활성화
③ 산화 반응 억제　④ 조직 연화

해설 채소를 데치는 이유 : 미생물 번식 억제, 효소 불활성화, 산화 반응 억제, 조직 연화

44 식재료 썰기의 목적이 아닌 것은?

① 모양과 크기를 맞춰 조리하기 쉽게 한다.
② 비가식 부위도 먹을 수 있도록 한다.
③ 한 입에 먹기 편하게 하여 소화를 도와준다.
④ 열전달이 잘되고 양념의 침투가 잘되도록 한다.

해설 먹지 못하는 부분을 정리하기 위해서다.

45 모서리를 둥글게 깎아내는 방법으로 오랫동안 끓이는 찜 요리에 재료의 모양이 뭉그러지지 않게 할 때 이용하기 위해 써는 방법은?

① 반달 썰기　② 저며 썰기
③ 둥글려 깎기　④ 돌려 깎기

46 한식의 고명을 사용하는 이유가 아닌 것은?

① 음식의 외관을 보기 좋게 한다.
② 꾸미라고 부른다.
③ 음양오행설을 바탕으로 한 오방색을 사용한다.
④ 음식의 보존성을 높이기 위해서다.

해설 한식의 고명은 장식적인 요소가 강하다.

47 음식과 약의 근본은 하나라 생각하여 재료의 배합이나 조미료 선택, 음식을 만드는 것을 자신이 사는 지역의 생태를 알아가는 과정이며 몸을 치유하는 행위로 생각하였다. 조선시대에 민중의 식생활에 보편적으로 자리 잡은 이 사상은?

① 약식동원　② 의학동원
③ 근원사상　④ 자연치유

해설 약식동원 또는 의식동원이라 한다.

48 한식 밥 짓는 방법으로 잘못된 것은?

① 물의 양은 쌀 부피의 1.2배 정도가 적당하다.
② 뜸 들이는 시간이 길수록 호화가 잘 되어 밥맛이 좋아진다.
③ 밥 짓기가 끝나면 주걱으로 위아래를 가볍게 뒤섞어 준다.
④ 쌀을 침지시키는 시간은 실온에서 30~90분 정도가 적당하다.

해설 뜸 들이는 시간이 너무 길면 수증기가 밥알 표면에서 응축되어 밥맛이 떨어진다.

정답 37. ③ 38. ① 39. ④ 40. ② 41. ③ 42. ④ 43. ① 44. ② 45. ③ 46. ④ 47. ① 48. ②

49 면류의 세분류에서 국수류에 들어가지 않는 것은?

① 국수장국 ② 막국수
③ 비빔냉면 ④ 수제비

해설 비빔냉면은 냉면류로 분류된다.

50 조림을 할 때 잘못된 조리법은?

① 조림국물은 재료가 잠길만큼 충분히 부어준다.
② 쇠고기 장조림은 양념장을 처음부터 함께 넣어 조려야 간이 잘 밴다.
③ 전복·홍합 조림은 마지막에 전분물을 넣어 걸쭉하고 윤기가 나게 한다.
④ 붉은살 생선은 비린내를 잡기 위해 고추장과 고춧가루를 많이 사용한다.

해설 양념장을 처음부터 고기와 함께 넣고 삶으면 육즙이 빠져 질겨지게 된다.

51 전을 부칠 때 주의할 점이 아닌 것은?

① 재료는 신선해야 하고 크기는 한입에 넣을 수 있는 정도로 빚는다.
② 완성품은 초간장을 찍어먹게 되므로 재료의 간은 하지 않는 것이 좋다.
③ 밀가루는 재료의 5% 정도로 준비하여 너무 꼭꼭 눌러가며 묻히지 말고 물기를 가시게 할 정도로 살짝 묻힌다.
④ 전을 부칠 때 사용하는 기름은 콩기름, 옥수수기름 같이 발연점이 높은 기름을 사용해야 하고 참기름, 들기름 등과 같이 발연점이 낮은 기름에서는 재료가 쉽게 탈 수 있다.

해설 재료의 간은 소금과 후추로 하고 소금간은 2% 정도로 하는 것이 좋다.

52 한국 전통 음식에서 재료에 밀가루나 찹쌀로 풀을 발랐다가 말려서 튀긴 음식은?

① 김부각 ② 미역튀각
③ 깻잎 튀김 ④ 호두강정

해설 재료를 그대로 튀긴 것은 튀각, 재료에 밀가루나 찹쌀 풀을 발랐다가 말려서 튀긴 것은 부각이다.

53 홍합초 만드는 방법으로 잘못된 것은?

① 홍합의 수염처럼 생긴 털을 가위로 제거한다.
② 냄비에 양념장을 넣고 끓이다가 데친 홍합과 마늘, 생강을 넣고 중불로 줄여 국물을 끼얹어 가며 윤기 나게 조린다.
③ 대파는 처음에 넣어야 향이 충분히 우러난다.
④ 전분 물을 홍합초에 넣고 재빨리 저어 국물이 걸쭉해지면 참기름을 넣어 윤이 나게 한다.

해설 대파는 거의 조려졌을 때 넣어야 숨이 죽지 않는다.

54 소고기 너비아니에 적당하지 않은 재료는?

① 등심, 채끝 ② 목심, 안심
③ 채끝, 우둔 ④ 양지, 사태

해설 양지와 사태는 결합 조직이 많아 질긴 부위이나 가열하면 젤라틴이 되어 부드러워지기 때문에 국·탕용으로 적당하다.

55 더덕구이를 조리하기 위한 전처리 과정으로 적당하지 않은 것은?

① 더덕의 껍질은 돌려 깎기 방식으로 벗겨낸다.
② 씻은 더덕의 수분을 제거한 후 살살 두드려 펼쳐 놓는다.
③ 껍질 벗긴 더덕은 소금물에 담가 쓴맛을 제거한다.
④ 손질한 더덕은 유장을 고루 발라 놓는다.

해설 구이의 전처리란 다듬기, 씻기, 수분 제거, 핏물 제거, 자르기를 말한다.

56 식기에 음식을 담을 때 50% 정도만 담아야 하는 것은?

① 젓갈 ② 볶음
③ 구이 ④ 생채

해설 식기의 50% 정도로 담아내는 것에는 장아찌와 젓갈이 있다.

57 한과의 종류 중 흑임자, 송화, 녹말 등을 꿀로 반죽하여 모양 판에 박아낸 것은?

① 유과 ② 다식
③ 과편 ④ 정과

해설 흰 깨, 흑임자, 콩, 쌀 등을 익혀 가루를 내거나 송화, 녹말 등을 꿀로 반죽하여 다식판에 박아낸 것이다. 다식판의 모양은 수레바퀴, 꽃, 나비 등의 무늬가 새겨져 있다.

58 곡류, 검정콩, 검은깨 등을 쪄서 말리거나 볶아 가루로 만들어 물이나 꿀물, 설탕물에 타 마시는 음청류는?

① 밀수 ② 미수
③ 수단 ④ 화채

해설 미수 : 곡류와 검정콩, 검은깨 등을 쪄서 말리거나 볶아 가루로 만들어 물이나 꿀물, 설탕물에 타 마신다. 찹쌀미수, 현미미수, 보리미수 등이 있다.

59 음청류 제조 시 주의할 점이 잘못된 것은?

① 오미자는 살짝 끓여주어야 5가지 오미가 잘 살아난다.
② 엿기름 구입 시 오래되어 빛깔이 검은 것은 식혜를 탁하게 한다.
③ 배를 지나치게 많이 먹으면 뱃속이 냉해져서 소화 불량이 생길 수도 있다.
④ 곶감을 처음부터 달이거나 우리면 국물이 탁해진다.

해설 오미자는 끓이거나 뜨거운 물을 부으면 쓴맛이 강해진다.

정답 49. ③ 50. ② 51. ② 52. ① 53. ③ 54. ④ 55. ④ 56. ① 57. ② 58. ② 59. ①

60 한과를 튀기고 사용한 기름 관리로 맞지 않는 것은?

① 한 번 사용한 기름은 재사용하지 않는 것이 좋다.
② 튀김에 사용한 기름을 재사용할 때는 고운체에 밭쳐서 불순물을 제거한 후 기름이 식으면 병에 밀봉하여 찬 곳에 보관한다.
③ 폐유는 하수구에 버리지 말고 통에 담아 분리수거한다.
④ 한 번 사용한 기름에 들기름을 섞어놓으면 풍미와 보존력이 좋아져서 전을 부칠 때 사용 가능하다.

해설 들기름은 발연점도 낮고 불포화 지방산이 많아 산패가 빨리 일어난다.

정답 60. ④

제 2 회 출제예상문제

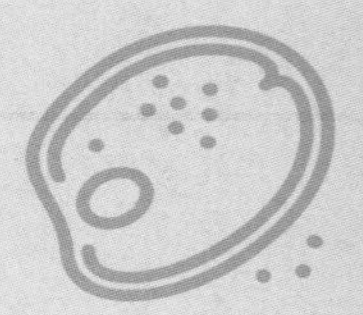

01 조리위생에서 맞지 않는 것은?

① 조리 시 음식의 내부 온도는 85℃에서 3분 이상 충분히 가열한다.
② 조리된 음식은 맨손이 아닌 위생장갑을 착용하고 작업한다.
③ 식중독 발생 시 원인 규명을 위해 보존식은 144시간 냉동 보관한다.
④ 배식 시간을 아끼기 위해 새로 조리한 음식과 미리 완성된 음식은 함께 모아 배식한다.

해설 미리 조리된 음식과 새로 조리한 음식은 섞지 않는다.

02 식품위생과 관련된 미생물이 아닌 것은?

① 세균 ② 곰팡이
③ 효모 ④ 기생충

해설 기생충은 미생물이 아닌 위생해충에 속한다.

03 미생물에 의한 식품의 변질의 유형 중에서 인간에게 해롭지 않은 것은?

① 부패 ② 변패
③ 발효 ④ 산패

해설 탄수화물이 미생물의 분해 작용으로 알코올과 유기산을 생성하여 유용한 물질을 만들어 내는 현상

04 식품첨가물의 종류 중 보존료에 속하지 않는 것은?

① 차아염소산나트륨
② 데히드로초산
③ 소르빈산
④ 안식향산 나트륨

해설 차아염소산나트륨 : 과일과 채소 살균 목적

05 노로바이러스에 대한 설명으로 잘못된 것은?

① 감염 경로는 경구 감염 또는 비말 감염이다.
② 발병 후 자연 치유는 가능하지 않다.
③ 구토, 복통, 설사 등의 증상이 있다.
④ 예방 대책은 식품을 충분히 가열 섭취하는 것이다.

해설 노로바이러스는 발병 후 1~2일 경과 후 자연 치유된다.

06 화학 물질에 의한 식중독으로 미나마타병을 일으킨 중금속은?

① 카드뮴(Cd) ② 납(Pb)
③ 수은(Hg) ④ 비소(As)

해설 수은(Hg) 중독의 증상은 구토, 경련을 일으키는 미나마타병이다.

07 식중독 발생 시 즉시 취해야 할 행정적 조치인 것은?

① 식중독 발생 신고
② 역학조사
③ 원인 식품 폐기
④ 방역 소독

해설 식중독 발생 신고를 가장 먼저 해야 한다.

08 식품위생법상 조리사를 두어야 할 업장이 아닌 것은?

① 복어를 조리·판매하는 영업
② 급식인원 50명인 산업체
③ 집단급식소 운영자
④ 학교·병원 및 사회복지시설

해설 1회 급식인원 100명 미만인 산업체는 조리사를 두지 않아도 된다.

09 국가의 보건 수준을 나타내는 보건 지표로 가장 많이 사용하는 것은?

① 평균 수명
② 사인별 사망률
③ 조사망률
④ 영아 사망률

해설 영아 사망률은 출생 후 1년 내에 사망한 영아의 비율 지표로 모성의 건강 상태와 주변 환경의 영향에 의해 발생하기 때문에 평가 지표로 많이 사용되고 있다.

10 자외선에 대한 설명으로 맞지 않는 것은?

① 망막을 자극하여 색채와 명암을 구분할 수 있게 한다.
② 태양광선 중 파장이 가장 짧다.
③ 비타민 D의 형성으로 구루병 예방, 관절염 치료에 효과가 있다.
④ 신진대사를 촉진시키고 적혈구를 생성한다.

해설 망막을 자극하여 색채와 명암을 구분할 수 있게 하는 것은 가시광선이다.

정답 01. ④ 02. ④ 03. ③ 04. ① 05. ② 06. ③ 07. ① 08. ② 09. ④ 10. ①

11 법정 감염병 중 제2급 감염병에 속하지 않는 것은?

① 콜레라 ② 장티푸스
③ 세균성 이질 ④ 말라리아

해설 말라리아는 간헐적으로 유행할 가능성이 있어 지속적으로 감시하고 방역대책을 수립해야하는 제3급 감염병이다.

12 소화기 보관법이 잘못된 것은?

① 소화기는 사람이 많이 있는 곳에서는 위험하므로 창고에 안전하게 보관한다.
② 직사광선, 온도가 높은 곳은 피한다.
③ 습기가 많은 곳은 피한다.
④ 소화기 내부의 약제가 굳어지지 않게 한 달에 한 번 정도 뒤집어서 흔들어 준다.

해설 소화기는 눈에 잘 띄는 곳에 보관한다.

13 미생물을 사멸시킬 수 있지만 대기오염의 원인이 될 수 있는 쓰레기 처리 방법은?

① 매립법 ② 투기법
③ 소각법 ④ 재활용법

해설 소각법 : 매립장에서 암모니아, 메탄가스, 유황수소가스 등이 발생한다.

14 정수 과정의 응집에 대한 효과와 거리가 먼 것은?

① 세균 수 감소 ② 이미 제거
③ 공기 공급 ④ 침전 잔유물 제거

해설 정수 과정의 응집은 침전에 관여되는 것으로 공기 공급과는 관련이 없다.

15 이타이이타이병의 유발 물질은?

① 수은 ② 비소
③ 납 ④ 카드뮴

16 영양소에 대한 설명 중 틀린 것은?

① 영양소는 식품의 성분으로 생명 현상과 건강을 유지하는 데 필요한 요소이다.
② 건강이라 함은 신체적, 정신적, 사회적으로 건전한 상태를 말한다.
③ 물은 체조직 구성 요소로서 보통 성인 체중의 2/3를 차지하고 있다.
④ 조절소란 열량을 내는 무기질과 비타민을 말한다.

해설 조절소란 생리적 작용을 조절하는 영양소로서 무기질, 비타민, 물이 여기에 해당된다.

17 식품의 수분활성도(Aw)에 대한 설명으로 틀린 것은?

① 식품이 나타내는 수증기압과 순수한 물의 수증기압의 비를 말한다.
② 일반적인 식품의 Aw 값은 1보다 크다.
③ Aw의 값이 작을수록 미생물의 이용이 쉽지 않다.
④ 육류의 Aw의 0.97 정도이다.

해설 일반적인 식품의 수분활성도는 1보다 작다. 물의 수분활성도가 1.0이다.

18 다음 동물성 지방의 종류와 급원식품이 잘못 연결된 것은?

① 라드 – 돼지고기의 지방
② 우지 – 소고기의 지방
③ 쇼트닝 – 돼지고기의 지방
④ DHA – 생선유

해설 마가린은 액체 상태의 식물성 유지에 수소를 첨가하여 포화 지방산의 형태로 고체화시킨 가공 유지이다.

19 소화된 영양소는 주로 어디에서 흡수되는가?

① 위 ② 소장
③ 대장 ④ 췌장

해설 모든 영양소의 대부분은 소장에서 흡수된다.

20 다음 중 단당류에 해당하는 것은?

① 포도당 ② 유당
③ 맥아당 ④ 전분

해설 단당류에는 포도당, 과당, 갈락토오스가 있다. 유당, 맥아당은 이당류이며, 전분은 다당류이다.

21 우유 가공품이 아닌 것은?

① 치즈 ② 버터
③ 마시멜로 ④ 액상발효유

해설 마시멜로는 젤라틴, 설탕, 달걀 흰자 등을 넣고 만든 사탕류의 과자이다.

22 물에 녹는 비타민?

① 레티놀 ② 토코페롤
③ 티아민 ④ 칼시페롤

해설 수용성 비타민으로는 비타민 B군과 C가 있다. 티아민은 비타민 B_1이다.

정답 11. ④ 12. ① 13. ③ 14. ③ 15. ④ 16. ④ 17. ② 18. ③ 19. ② 20. ① 21. ③ 22. ③

23 단맛을 갖는 대표적인 식품과 가장 거리가 먼 것은?

① 사탕무 ② 감초
③ 벌꿀 ④ 카사바

해설 카사바는 타피오카 전분의 원료이다.

24 유지의 산패에 영향을 미치는 인자에 대한 설명으로 맞는 것은?

① 저장 온도가 낮으면 산패가 방지된다.
② 광선은 산패를 촉진하나 그 중 자외선은 산패에 영향을 미치지 않는다.
③ 구리, 철은 산패를 촉진하나 납, 알루미늄은 산패에 영향을 미치지 않는다.
④ 유지의 불포화도가 높을수록 산패가 활발하게 일어난다.

해설 유지는 저장 온도가 높을수록 산패 속도가 증가되며, 광선, 자외선, 금속류는 산패를 촉진시킨다.

25 다음 냄새 성분 중 어류와 관계가 먼 것은?

① 트리메틸아민 ② 암모니아
③ 피페리딘 ④ 부티르산

해설 부티르산은 버터의 포화 지방산이다.

26 식혜를 당화시켜 끓일 때 설탕과 함께 소금을 조금 넣어 단맛이 강하게 느껴지는 현상은?

① 미맹 현상 ② 소실 현상
③ 대비 현상 ④ 변조 현상

해설 맛의 대비현상은 주된 맛 성분에 소량의 다른 맛 성분을 넣으면 주된 맛 성분이 강해지는 현상으로 설탕 용액에 약간의 소금을 첨가하면 단맛이 증가되는 것이 이에 해당한다.

27 육류나 어류의 구수한 맛을 내는 성분은?

① 이노신산 ② 호박산
③ 알리신 ④ 주석산

해설 호박산은 조개류의 신맛 성분이다. 알리신은 마늘의 매운 특수 성분이다. 주석산은 사과산과 함께 포도에 자연적으로 들어있는 산이다.

28 식품의 효소적 갈변에 대한 설명으로 맞는 것은?

① 간장, 된장 등의 제조과정에서 발생한다.
② 데치는 과정에 의해 반응이 억제된다.
③ 기질은 주로 아민류와 카르보닐 화합물이다.
④ 아스코르빈산의 산화반응에 의한 갈변이다.

해설 짧은 시간에 물이나 기름으로 재료를 데쳐 내게 되면 효소가 불활성화 된다.

29 젤 형성을 이용한 식품과 젤 형성 주체 성분의 연결이 바르게 된 것은?

① 양갱 – 펙틴
② 도토리묵 – 한천
③ 과일잼 – 전분
④ 족편 – 젤라틴

해설 양갱 – 한천, 도토리묵 – 전분, 과일잼 – 펙틴

30 다음 중 전분 노화에 가장 가까운 온도는?

① 0~5℃ ② 10~15℃
③ 20~25℃ ④ 30~35℃

해설 전분이 노화되기 가장 쉬운 온도는 0~5℃이다.

31 식품의 부패 과정에서 생성되는 불쾌한 냄새 물질과 거리가 먼 것은?

① 암모니아 ② 포르말린
③ 황화수소 ④ 인돌

해설 포르말린은 포름알데히드의 수용액으로 살균, 소독용으로 사용하고 부패 과정과 관계가 없다.

32 향신료의 매운맛 성분 연결이 틀린 것은?

① 고추 – 캡사이신 ② 겨자 – 채비신
③ 울금 – 커큐민 ④ 생강 – 진저롤

해설 겨자는 시니그린, 후추는 채비신이다.

33 식품을 계량하는 방법으로 틀린 것은?

① 밀가루 계량은 부피보다 무게가 더 정확하다.
② 설탕은 계량 전에 체로 친 다음 계량한다.
③ 버터는 계량 후 고무주걱으로 잘 긁어 옮긴다.
④ 꿀같이 점성이 있는 것은 계량컵을 이용한다.

해설 설탕은 모양이 유지될 정도로 계량컵에 꾹꾹 눌러 담아 컵의 위를 평면으로 깎은 후 한 컵으로 하여 계량해야 한다.

34 다음 급식시설 중 1인 1식 사용 급수량이 가장 많이 필요한 시설은?

① 학교 급식 ② 보통 급식
③ 산업체 급식 ④ 병원 급식

해설 병원 급식은 10~20L로 급식시설 중 1인 1식 사용량으로 가장 많이 필요하다.

정답 23. ④ 24. ④ 25. ④ 26. ③ 27. ① 28. ② 29. ④ 30. ① 31. ② 32. ② 33. ② 34. ④

35 재고관리의 중요성으로 옳지 않은 것은?

① 물품 부족으로 인한 생산계획의 차질을 예방한다.
② 재고는 여유 있게 준비하여 비상시에 활용할 수 있도록 한다.
③ 최소의 가격으로 최상의 품질을 구매할 수 있도록 한다.
④ 경제적인 재고관리로 원가를 절감한다.

해설 적정재고 수준의 유지로 재고관리의 유지비용을 감소시킨다.

36 채소류 식재료의 감별법으로 옳은 것은?

① 신선도 ② 폐기율
③ 산패취 ④ 잔류 농약

해설 산패취는 곡류의 감별법이다.

37 식품에 식염을 직접 뿌리는 염장법은?

① 물간법 ② 마른간법
③ 압착염장법 ④ 염수주사법

38 김치 저장 중 김치 조직의 연부 현상이 일어나는 이유에 대한 설명으로 가장 거리가 먼 것은?

① 조직을 구성하고 있는 펙틴질이 분해되기 때문에
② 미생물이 펙틴 분해 효소를 생성하기 때문에
③ 용기에 꼭 눌러 담지 않아 내부에 공기가 존재하여 호기성 미생물이 성장번식하기 때문에
④ 김치가 국물에 잠겨 수분을 흡수하기 때문에

해설 연부 현상이란 무나 배추의 조직이 펙틴 분해 효소에 의해 분해되어 김치가 물러지는 현상을 말한다.

39 다음 중 식단 작성 시 고려해야 할 사항으로 옳지 않은 것은?

① 급식 대상자의 영양 필요량
② 급식 대상자의 기호성
③ 식단에 따른 종업원 및 필요 기기의 활용
④ 식단표 기재의 순서

40 단체 급식에서 생길 수 있는 문제점과 거리가 먼 것은?

① 심리적으로 가정식에 대한 향수를 느낄 수 있다.
② 비용적 측면에서 물가상승 시 재료비가 충분하지 않을 수 있다.
③ 청결하지 않게 관리할 경우 식중독 같은 위생상의 위험이 있다.
④ 남은 반찬은 조리사들에게 나눠주도록 한다.

41 다음 중 고정비에 해당되는 것은?

① 노무비 ② 연료비
③ 수도비 ④ 광열비

해설 고정비는 일정한 기간 동안 조업도의 변동에 관계없이 항상 일정액으로 발생하는 원가로 감가상각비, 노무비, 보험료, 제세공과금 등이 포함된다.

42 달걀을 삶을 때 난각의 응고를 도우며, 기름진 재료에 이것을 사용하면 맛이 부드럽고 산뜻해지는 것은?

① 설탕 ② 후추
③ 식초 ④ 소금

43 식혜를 만들 때 엿기름을 당화시키는 데 가장 적합한 온도는?

① 10~20℃ ② 30~40℃
③ 50~60℃ ④ 70~80℃

해설 β-아밀라아제의 최적 활성 온도는 55~60℃이다.

44 약과를 반죽할 때 필요 이상으로 기름과 설탕을 많이 넣으면 어떤 현상이 일어나는가?

① 매끈하고 모양이 좋아진다.
② 튀길 때 둥글게 부푼다.
③ 튀길 때 모양이 풀어진다.
④ 켜가 좋게 생긴다.

해설 약과 반죽 시 필요 이상의 기름을 넣으면 모양이 풀어진다.

45 표고버섯과 생선포를 뜰 때 써는 방법은?

① 반달 썰기 ② 저며 썰기
③ 은행잎 썰기 ④ 편 썰기

해설 편 썰기는 모양 그대로 얇게 썰 때 이용하는 방법이다.

46 소고기 구이를 할 때 연화작용과 관계없는 것은?

① 설탕 ② 배즙
③ 키위 ④ 레닌

해설 레닌은 우유의 카세인을 응고시킨다.

47 김치를 담는 식기는?

① 주발 ② 바리
③ 대접 ④ 보시기

해설 보시기는 김치류를 담는 그릇으로 쟁첩보다 약간 크고 조치보다는 운두가 낮다.

정답 35. ② 36. ③ 37. ② 38. ④ 39. ④ 40. ④ 41. ① 42. ③ 43. ③ 44. ③ 45. ② 46. ④ 47. ④

48 죽 맛에 영향을 미치는 요인이 아닌 것은?

① pH 3~4일 때 죽 맛과 외관이 좋아진다.
② 죽을 쑤는 냄비는 돌이나 옹기처럼 두꺼운 것이 열을 천천히 전하여 오래 끓이기에 적합하다.
③ 불의 세기는 중불 이하에서 서서히 오래 끓인다.
④ 죽의 간은 곡물이 완전히 호화되어 부드럽게 퍼진 후에 하도록 한다.

해설 pH 7~8일 때 죽 맛과 외관이 좋고 산성이 높아지면 맛이 나빠진다.

49 국수 삶는 시간으로 잘못된 것은?

① 소면 : 4분　② 칼국수 : 5~6분
③ 냉면 : 3~4분　④ 중면 : 4~5분

해설 냉면은 40초 동안 삶는다.

50 육류 조리에 대한 설명으로 틀린 것은?

① 탕 조리 시 찬물에 고기를 넣고 끓여야 추출물이 최대한 용출된다.
② 장조림 조리 시 간장을 처음부터 넣으면 고기가 단단해진다.
③ 편육조리 시 찬물에 넣고 끓여야 고기 맛이 좋다.
④ 불고기용으로는 결합조직이 되도록 적은 부위가 적당하다.

해설 끓는 물에 고기를 넣으면 고기 표면이 응고되어 내부 성분의 용출이 덜 되기 때문에 고기의 맛이 좋아진다.

51 생선 매운탕을 끓이는 방법으로 적합하지 않은 것은?

① 탕을 끓일 경우 국물을 먼저 끓인 후에 생선을 넣는다.
② 생강은 처음부터 넣어야 어취 제거에 효과적이다.
③ 생선은 가능한 한 머리도 함께 끓인다.
④ 생선 표면을 물로 씻으면 비린내가 많이 감소된다.

해설 생강은 생선이 익은 후 넣어야 탈취 효과가 있다.

52 다음 중 누름적에 속하지 않은 것은?

① 섭산적　② 화양적
③ 잡누름적　④ 지짐누름적

해설 섭산적은 고기를 다져서 뭉쳐 석쇠에 구워내는 산적류에 속한다.

53 한식에서 습열 조리법이 아닌 것은?

① 설렁탕　② 갈비찜
③ 불고기　④ 버섯전골

해설 불고기는 건열 조리법이다.

54 숙채 조리법으로 적합하지 않은 것은?

① 끓이기, 삶기　② 데치기
③ 볶기　④ 굽기

해설 굽는 것은 숙채 조리법에 해당되지 않는다.

55 장아찌 담그기에서 옳지 않은 것은?

① 장아찌는 재료의 물기를 제거해서 담가야 변질되지 않는다.
② 달임장에 쓰이는 간장, 식초, 설탕은 팔팔 끓여서 만들고 장물은 서너 차례 끓여 부어야 변질되지 않는다.
③ 깻잎 장아찌는 달임장이 뜨거울 때 부어야 식감이 좋다.
④ 내용물은 공기와 접촉하지 않게 위에 무거운 것을 올려놓아 재료가 국물에 잠기게 한다.

해설 오이를 제외한 채소는 달임장을 뜨거울 때 부으면 재료가 익어서 물컹해 지므로 반드시 식혀서 부어야 한다.

56 장아찌를 식기에 바르게 담아내는 방법이 아닌 것은?

① 식기에 음식을 담을 때 50% 정도만 담아야 한다.
② 국물이 있는 장아찌의 경우 깊이가 약간 깊은 그릇에 담아 낸다.
③ 국물이 있는 장아찌는 건더기와 국물의 비율을 3 : 1 정도로 맞춰서 보기 좋게 담아낸다.
④ 더덕·마늘·양파 등 독특한 향미를 갖고 있는 장아찌는 참기름을 넉넉히 둘러주어야 고소한 맛이 살아난다.

해설 더덕·두릅·쑥·엄나무·취·마늘·양파·매실 등 독특한 향미를 갖고 있는 장아찌는 참기름을 넣지 않고 통깨만 뿌려 향을 즐기며 먹는다.

57 밤이나 대추를 다져서 달게 조린 후 본래의 모양과 비슷하게 빚은 것을 무엇이라 하는가?

① 초　② 란
③ 정과　④ 유과

해설 율란, 조란은 열매를 다져 달게 조린 후 본래의 모양과 비슷하게 빚은 것이다.

58 한과의 발색 재료 중 붉은 색을 내는 재료가 아닌 것은?

① 지초　② 치자
③ 백년초　④ 오미자

해설 치자는 노란색을 내는 재료이다.

59 곡물을 그대로 삶거나 흰 떡 모양으로 빚어서 썬 다음 녹말가루에 묻혀 삶아 꿀물을 타서 먹는 것은?

① 화채　② 식혜
③ 밀수　④ 수단

정답 48. ① 49. ③ 50. ③ 51. ③ 52. ① 53. ③ 54. ④ 55. ③ 56. ④ 57. ② 58. ② 59. ④

60 음청류를 바르게 마시는 방법은?

① 센 불에서 재빨리 끓여낸다.
② 차의 재료들은 섞어서 끓이면 효능이 감소한다.
③ 성질이 찬 재료들은 한번 말리거나 볶는 과정을 거치면 영양 성분이 훨씬 좋아지고 독성도 사라지는 경우가 많다.
④ 과일이나 채소를 건조 시킬 시 맛과 향이 덜하다.

정답 60. ③

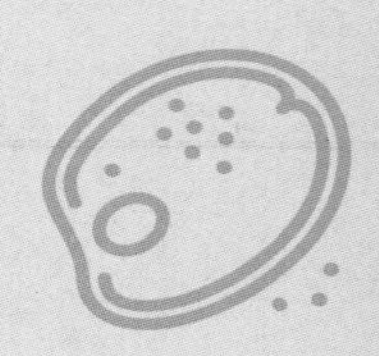

01 다음 중 콩에 대한 설명으로 맞는 것은?

① 우리나라는 삼국시대 이전부터 단백질의 중요한 공급원으로 콩을 먹었으며 기름을 추출하여 사용했다.
② 최근 들어 산분해 간장은 비용적으로 효율이 높아 이용에 적합하다.
③ 일본의 낫토는 우리나라 고추장과 유사한 납두균을 이용하여 발효한 것이다.
④ 콩에는 트립신 저해제가 들어 있으나 열에 불안정하여 문제가 되지는 않는다.

해설 트립신 저해제는 가열 시 불활성화 된다.

02 식중독 방지를 위해 손을 씻어야 할 상황과 맞지 않는 것은?

① 작업 시작 전
② 생선이나 생고기를 만지고 난 후
③ 얼굴을 만지고 난 후
④ 소금과 후추 병을 사용하고 난 후

03 식품위생관리의 목적이 아닌 것은?

① 식품에 관한 올바른 정보 제공
② 식품영양의 질적 향상 도모
③ 식품산업의 세계화
④ 국민보건 증진에 이바지

해설 식품으로 인해 생기는 위생상의 위해 방지, 식품에 관한 올바른 정보 제공, 식품영양의 질적 향상 도모, 국민보건 증진에 이바지가 식품위생관리의 목적이다.

04 기호 향상을 위한 식품첨가물이 아닌 것은?

① 포름알데히드 ② 주석산나트륨
③ 스테비오사이드 ④ 안식향산 나트륨

해설 포름알데히드 : 병원, 도서관 등의 소독

05 클로스트리디움 보툴리늄 식중독에 대한 설명으로 잘못된 것은?

① 살균이 덜 된 통조림, 햄, 소지지 가공품에서 원인을 찾을 수 있다.
② 발병 후 1~2일 경과 후 자연 치유된다.
③ 원인 독소는 뉴로톡신(Neurotoxin)이다.
④ 12~36시간으로 잠복기가 가장 길다.

해설 신경 마비(시야 흐림, 안면 마비, 동공 확대)와 치사율 40%의 고위험군 식중독이다.

06 업종별 식품위생교육 시간이 다른 것은?

① 식품 제조·가공업 ② 즉석판매제조·가공업
③ 식품운반업 ④ 식품첨가물제조업

해설 식품운반업, 식품소분·판매업, 식품보존업, 용기·포장류제조업의 경우 4시간의 위생교육 시간이 필요하다.

07 사회적 환경 조건이 아닌 것은?

① 신념 ② 교통
③ 인구 ④ 종교

해설 신념은 환경위생을 위한 사회적 환경 조건이 아니다.

08 한국 음식 문화의 특징이 아닌 것은?

① 주식과 부식의 구분
② 유교사상의 영향으로 차 문화 발달
③ 발효식품의 발달
④ 음양오행설에 맞는 오방색 사용

해설 차 문화는 불교의 영향을 받았다.

09 우리나라의 시절식 중 어떤 명절을 말하는 것인가?

"달이 가득 찬 날이라 하여 한 해 농사의 풍요를 기원하는 행사로 지신밟기, 달집태우기, 쥐불놀이 등을 하고 오곡밥, 부럼, 복쌈, 묵은나물, 귀밝이술 등을 먹는다."

① 단오 ② 설
③ 추석 ④ 정월대보름

해설 상원(上元)이라고도 하며, 신라시대부터 지켜온 명절로 달이 가득 찬 날이라 하여 한 해 농사의 풍요를 기원하는 행사. 오곡밥, 약식, 부럼, 복쌈, 묵은나물, 귀밝이술, 원소병 등을 먹는다.

10 통과의례 상차림에 대해 잘못 말한 것은?

① 통과의례란 한평생 사는 동안 치르게 되는 여러 가지 의식을 말한다.
② 조선시대 후기에 유교에 준한 양식이 정해졌다.
③ 통과의례 음식은 현세적 기복신앙, 조상숭배, 후손의 번영을 기원한다.
④ 삼신상은 아이가 출생한 후 바로 차리는 상차림이다.

해설 생일, 삼칠일, 백일, 돌, 관례, 결혼, 회갑, 회혼례, 상례, 제사 등의 의례를 치르게 되며 조선시대 초기에 유교 영향에 의해 양식이 정해졌다.

정답 01. ④ 02. ④ 03. ③ 04. ① 05. ② 06. ③ 07. ① 08. ② 09. ④ 10. ②

11 향토 음식의 특징으로 맞지 않는 것은?

① 경기도 음식은 소박하고 양이 많으며 강원, 충청도와 비슷한 것도 있다.
② 충청도 음식은 하천과 강에 근접한 지역이 많아 생선을 이용한 조리법이 어느 지역보다도 많고 화려하다.
③ 서울음식은 격식이 까다롭고 맵시를 중요시한다.
④ 전라도 음식은 가짓수가 많고 화려하며 다양한 음식이 많다.

해설 충청도 음식은 소박하고 꾸밈이 없다. 서해안은 해산물, 내륙지방은 산채와 버섯이 유명하다.

12 다음 중 올바른 것을 고르시오.

① 시금치를 데치면 시금치의 유기산이 유리되어 선명한 초록색을 나타낸다.
② 연한 채소일수록 중조를 넣어 데쳐야 식감이 좋아진다.
③ 비트는 지용성 안토시아닌 색소를 함유하고 있어 기름에 볶아 먹는게 좋다.
④ 마늘을 다지면 알리신이 분해되어 디알릴디설파이드를 형성하므로 강한 냄새를 풍기게 된다.

해설
- 시금치 색이 변하는 이유는 조직 내 효소가 유리되어 엽록소에 작용
- 비트의 색소는 베탈레인으로 수용성이다.

13 조미식품 재료에 대한 설명으로 올바른 것은?

① 올리고당은 포도당, 갈락토오스, 과당 등의 단당류 결합으로 체내에서 소화되지 않는다.
② 재래 된장은 풍미를 위해 밀이나 쌀 등 전분제품을 섞어 발효시킨다.
③ 양조간장은 콩 단백질을 산분해시킨 것으로 아미노산의 풍미가 좋다.
④ 조미 양념은 간장 → 식초 → 소금 → 설탕 순서로 넣어야 재료의 조직이 부드럽고 맛이 좋아진다.

해설 밀이나 쌀을 넣어 만드는 것은 개량 된장이다.

14 다음 중 써는 방법이 다른 것은?

① 나박 썰기 ② 반달 썰기
③ 어슷 썰기 ④ 은행잎 썰기

해설 어슷 썰기는 가늘고 길쭉한 재료를 45° 정도의 각도로 가지런하게 썬다.
나박 썰기, 반달 썰기, 은행잎 썰기는 두께는 다르지만, 납작하게 썰어내는 방법이다.

15 가볍게 먹는 상차림을 기본으로 국수나 만두, 온면, 냉면 등으로 차려내는 상차림은?

① 초조반상 ② 반상
③ 주안상 ④ 낮것상

해설 낮것상 → 점심

16 다음은 한국의 식기 중 어떤 그릇을 설명하는 것인가?

"유기로 된 여성용 밥그릇으로 주발보다 밑이 좁고 배가 부르고 위쪽은 좁아들며 뚜껑에 꼭지가 있다."

① 쟁첩 ② 반병두리
③ 조치보 ④ 바리

해설
- 쟁첩 : 찬을 담는 그릇으로 작고 납작하며 뚜껑이 있다.
- 반병두리 : 위는 넓고 아래는 조금 평평한 양푼 모양의 유기나 은기의 대접으로 면·떡국·떡·약식 등 을 담는다.
- 조치보 : 찌개를 담는 그릇으로 주발과 같은 모양으로 탕기보다 한 치수 작은 크기이다.

17 밥 짓기에 필요한 물의 분량으로 부피와 물의 분량을 잘못 말한 것은?

① 백미 – 1.2배 ② 찹쌀 – 2배
③ 햅쌀 – 1.0배 ④ 죽 – 5~6배

해설 찹쌀 – 0.9배

18 여름에 먹는 "미만두"로 궁중에서는 수라상에 오르는 음식이다. 밀가루 반죽에 오이, 쇠고기, 표고버섯 볶은 것을 섞고 잣을 넣어 소를 만들어 해삼 모양으로 주름을 많이 넣어 빚는 만두는?

① 편수 ② 석류만두
③ 규아상 ④ 병시

19 국·탕을 끓일 때 국물 내는 재료가 아닌 것은?

① 우족, 도가니 ② 실치, 삼치
③ 닭, 닭발 ④ 대파 뿌리, 양파 껍질

해설 삼치 등의 붉은살 생선은 비린내가 있어서 국물용으론 적합하지 않다.

20 제철 음식으로 만든 국이 아닌 것은?

① 봄 – 도다리쑥국 ② 여름 – 초계탕
③ 가을 – 토란국 ④ 겨울 – 모시조개냉이국

해설 냉이의 제철은 3~4월로 봄이다.

21 다음 음식은 무엇에 대한 설명인가?

"열구자탕이라 하여 육류, 어류, 채소가 갖가지 종류별로 들어있어 끓이면서 먹는 호화스러운 궁중 음식이다."

① 도미면 ② 어복쟁반
③ 신선로 ④ 불고기전골

정답 11. ② 12. ④ 13. ① 14. ③ 15. ④ 16. ④ 17. ② 18. ③ 19. ② 20. ④ 21. ③

22 일반적으로 전을 부칠 땐 기름이 넉넉해야 잘 부쳐지고 고소하다. 그중에서도 특히 기름의 양이 많이 들어가는 것은?

① 양동구리　② 생선전
③ 녹두전　④ 오징어전

해설 곡류를 갈아서 부치는 전(빈대떡)은 기름을 넉넉하게 사용해야 흡유량이 많아 바삭한 전을 만들 수 있다.

23 갈비찜을 담아내는 방법과 가장 거리가 먼 것은?

① 깊이가 있는 그릇에 담고 국물을 자박하게 담는다.
② 그릇을 따뜻하게 준비해서 담도록 한다.
③ 달걀지단을 마름모꼴로 썰어 주재료와 어울리게 한다.
④ 은행, 잣 등의 고명은 양을 많게 얹어야 영양도 좋고 고급스러워 보인다.

해설 갈비찜이나 닭찜 등 주·부재료의 덩어리가 큰 찜 요리에는 은행, 잣 등의 고명은 양을 많게 얹을 경우 지저분해 보일 수 있다.

24 구이의 전처리에 해당되지 않는 것은?

① 다듬기, 씻기　② 자르기
③ 핏물 제거, 수분 제거　④ 양념하기

25 돼지고기 보쌈을 하려할 때 어울리는 부위가 아닌 것은?

① 목심, 앞다리　② 삼겹살
③ 사태　④ 등심

해설 등심은 담백하긴 하지만, 지방이 거의 없어 삶아 놓으면 퍽퍽해진다. 돈가스, 잡채, 폭찹, 탕수육으로 활용한다.

26 식혜를 당화시켜 끓일 때 설탕과 함께 소금을 조금 넣어 단맛이 강하게 느껴지는 현상은?

① 미맹 현상　② 소실 현상
③ 대비 현상　④ 변조 현상

해설 맛의 대비 현상은 주된 맛 성분에 소량의 다른 맛 성분을 넣으면 주된 맛 성분이 강해지는 현상으로 설탕 용액에 약간의 소금을 첨가하면 단맛이 증가되는 것이 이에 해당한다.

27 다음 중 맞게 연결된 것은?

① 회 - 미나리 강회
② 숙회 - 파강회
③ 생채 - 어채
④ 회 - 두릅회

해설 숙회 - 숙회는 육류, 어패류, 채소류를 끓는 물에 삶거나 데쳐서 익힌 후 초고추장이나 겨자즙 등을 찍어 먹는 조리법으로 문어숙회, 오징어 숙회, 미나리 강회, 파강회, 어채, 두릅회 등이 있다.

28 볶음 조리에 대한 설명으로 잘못된 것은?

① 색깔이 있는 채소는 기름을 적게 두르고 중불에 볶으면서 소금을 넣는다.
② 볶음을 할 때 작은 냄비를 사용하여야 재료에 양념장이 골고루 배어들어 볶음의 맛이 좋아진다.
③ 버섯은 수분이 많이 나오므로 센 불에 재빨리 볶거나 소금에 살짝 절인 후 볶는다.
④ 볶음요리를 낮은 온도에 볶으면 기름이 재료에 흡수되어 좋지 않다.

해설 볶음을 할 때 작은 냄비보다는 큰 냄비를 사용하여 바닥에 닿는 면이 넓어야 재료가 균일하게 익으며 양념장이 골고루 배어들어 볶음의 맛이 좋아진다.

29 다음 중 치는 떡이 아닌 것은?

① 가래떡
② 인절미
③ 개피떡
④ 찹쌀경단

해설 찹쌀경단은 빚는 떡이다.

30 삼복에 먹는 음식이 아닌 것은?

① 토란탕
② 팥죽
③ 육개장
④ 삼계탕

해설 토란탕은 추석 명절 음식이다.

31 배추의 선별로 옳지 않은 것은?

① 배추는 중간 크기의 것으로 흰 줄기가 단단하고 탄력이 있는 것
② 배추 겉잎의 색은 진한 노란색인 것
③ 배추 속잎은 두께가 얇으면서 연한 연록색인 것
④ 잎을 조금 씹어 보았을 때 고소하고 단맛이 나는 것

해설 겉잎의 색은 진한 녹색인 것이 맛있는 배추다.

32 김치 양념 버무리는 것으로 옳지 않은 것은?

① 무채에 고춧가루를 넣고 고루 버무려서 빨갛게 색을 들인다.
② 생새우는 맨 처음부터 버무려서 섞어야 살이 으깨지면서 감칠맛이 좋아진다.
③ 미나리, 갓, 쪽파, 파는 양념을 거의 버무린 후에 넣고 섞는다.
④ 다진 마늘, 생강, 양파 등을 넣고 젓갈을 넣어 섞은 후 간을 본다.

해설 생새우는 파 넣기 전에 넣고 버무려서 섞는다.

정답 22. ③ 23. ④ 24. ④ 25. ④ 26. ③ 27. ② 28. ② 29. ④ 30. ① 31. ② 32. ②

33 채소류를 절여서 볶거나 간장에 조려 만들어 저장 기간이 짧고 갑자기 만들었다고 하여 특이한 이름을 갖고 있는 것은 어떤 것을 말하는가?

① 더덕장아찌 ② 오이 갑장과
③ 꼬시래기 장아찌 ④ 고추장 굴비

해설 오이 갑장과, 무 갑장과

34 서양의 젤리처럼 녹말과 설탕, 꿀, 또는 과즙을 이용하여 만드는 후식은?

① 도라지정과 ② 양갱
③ 행인과 ④ 앵두편

해설 과편(果片) : 과일즙에 녹말, 설탕, 꿀을 넣고 조려 그릇에 식혀 썰어 먹는 것으로 앵두편, 오미자편, 복분자편, 살구편 등이 있다.

35 다음 음청류 중 만드는 방식이 다른 것은?

① 진달래 화채 ② 연엽 식혜
③ 송화 밀수 ④ 모과 갈수

해설 식혜(食醯) : 밥알을 엿기름에 삭혀서 은은한 단맛과 고유의 향기를 가지고 있는 것으로 식혜, 감주, 안동식혜, 연엽식혜 등이 있다.

36 음청류 제조 시 주의할 점으로 틀린 것은?

① 오미자는 끓이거나 뜨거운 물을 부으면 쓴맛이 강해진다.
② 엿기름 구입 시 오래되어 빛깔이 검은 것은 식혜를 탁하게 한다.
③ 곶감은 처음부터 달여야 단맛이 충분히 우러난다.
④ 전통 음료 만들 때는 사기, 자기, 유리 그릇을 사용해야 색이나 맛의 변화가 없다.

해설 곶감을 처음부터 달이거나 우리면 국물이 탁해진다.

37 다음 중 습열 조리법이 아닌 것은?

① 설렁탕 ② 너비아니
③ 두부전골 ④ 어죽

해설 너비아니는 건열조리법이다.

38 홍조류로 무기질과 단백질이 함유된 것은?

① 미역 ② 파래
③ 다시마 ④ 우뭇가사리

해설 단백질, 미네랄, 요오드, 칼륨 등도 풍부하게 들어 있다.

39 노화가 잘 일어나는 전분은 어떤 성분이 많은 것인가?

① 글리시닌 ② 글루코겐
③ 아밀로펙틴 ④ 아밀로오스

40 곡류의 설명으로 틀린 것은?

① 밀 단백질은 글리아딘과 글루테닌으로 이루어져있다.
② 호밀은 글루텐 함량이 적어 빵이 덜 부풀어 오른다.
③ 보리의 단백질은 제인이다.
④ 수수에는 탄닌성분이 함유되어 있어 떫은 맛이 난다.

해설 보리의 단백질은 호르데인(Hordein)이다.

41 다음 중 유지류의 발연점이 낮아지는 경우는?

① 유리지방산 함량이 많을수록
② 기름을 사용한 횟수가 적을수록
③ 튀김 그릇이 작을수록
④ 기름에 이물질이 없을수록

해설 유지류는 물이나 산, 알칼리, 효소에 의해 유리지방산과 글리세롤로 분해되어 불쾌취와 맛을 형성, 유지가 변질되는 경우로 비산화적 산패이다.

42 제공하는 음식은 온도가 중요하다. 맛있게 느껴지는 식품의 온도가 가장 높은 것은?

① 커피 ② 밥
③ 국 ④ 전골

해설 전골 : 95~98℃, 커피 : 80~85℃, 국 : 60~70℃, 밥 : 40~45℃

43 부패취의 성분이 아닌 것은?

① 메르캅탄 ② 인돌
③ 트리메틸아민 ④ 아로마

해설 부패취는 암모니아, 황화수소, 인돌, 아민류, 메르캅탄 등의 악취를 말한다.

44 식품에 식염을 직접 뿌리는 염장법은?

① 물간법 ② 압착염장법
③ 염수주사법 ④ 마른간법

해설 마른간법은 어패류를 염장할 때 소금을 직접 뿌리는 것

45 미생물에 살균력이 가장 좋은 것은?

① 적외선 ② 자외선
③ 가시광선 ④ 초단파

해설 자외선 2500~2800Å에서 살균력이 높다.

정답 33. ② 34. ④ 35. ② 36. ③ 37. ② 38. ④ 39. ④ 40. ③ 41. ① 42. ④ 43. ④ 44. ④ 45. ②

46 분변 소독에 가장 적합한 것은?

① 과산화수소　② 알코올
③ 표백분　④ 생석회

해설 생석회는 수분 흡수, 용해가 잘 되므로 분변, 하수도, 진개 등의 오물 소독에 사용된다.

47 자외선으로 인한 대표적인 눈질환이 아닌 것은?

① 백내장　② 황반변성
③ 광각막염　④ 안구 건조증

해설 안구 건조증은 스마트폰의 사용량이 증가하며 많이 생기는 질환 중 하나이다.

48 규폐증과 관계가 먼 것은?

① 골다공증　② 유리규산
③ 암석 채취　④ 폐조직 섬유화

해설 골다공증은 낮은 골밀도로 인해 뼈의 강도가 약해져서 생기는 병

49 우리나라의 4대보험에 해당하지 않는 것은?

① 고용보험　② 산재보험
③ 실비보험　④ 국민연금

해설 우리나라의 4대보험은 국민연금, 건강보험, 고용보험, 산재보험이다.

50 대기오염을 일으키는 요인으로 가장 영향력이 큰 것은?

① 저기압　② 고기압
③ 기온 역전　④ 강풍

해설 기온 역전 시 대기오염 물질이 수직 확산하지 못하여 오염이 심해진다.

51 탄수화물의 구성요소가 아닌 것은?

① 탄소　② 산소
③ 질소　④ 수소

52 두부를 만드는 과정은 콩 단백질의 어떤 성질을 이용한 것인가?

① 무기염류에 의한 변성
② 건조에 의한 변성
③ 동결에 의한 변성
④ 효소에 의한 변성

해설 콩단백 글리시닌에 무기염류를 첨가하게 되면 응고가 시작된다.

53 새우젓의 부패를 방지하기 위한 방법은?

① 건강을 위해 염도를 대폭 줄인다.
② 햇빛 소독을 위해 항아리 뚜껑을 가능한한 열어둔다.
③ 보존료는 물론 식품첨가물을 일체 사용하지 않는다.
④ 수분활성도를 억제한다.

해설 수분활성도를 억제할 경우 미생물의 생육, 번식도 억제된다.

54 오이 소박이가 시간이 지날수록 누렇게 변하는 것은 어떤 색소의 변화인가?

① 플라보노이드　② 카로티노이드
③ 안토시아닌　④ 클로로필

해설 클로로필은 산소, 열, 효소에 의해 갈색이 된다.

55 다음 중 갈변 현상이 다른 하나는?

① 껍질 벗긴 감자의 갈변
② 썰어 놓은 양송이버섯의 갈변
③ 소고기 스테이크
④ 썰은 사과의 단면 갈변

해설 소고기 스테이크의 갈색은 비효소적 갈변 현상이다.

56 참기름이 산패에 비교적 안정성이 큰 것은 무슨 이유인가?

① 고시폴　② 타우린
③ 레시틴　④ 세사몰

해설 참기름의 세사몰은 항산화물질이다.

57 알칼로이드성 물질로 커피의 자극성을 나타내면서도 쓴 맛에 영향을 미치는 성분은?

① 카테킨　② 카페인
③ 카카오　④ 사포닌

58 다음 중 변질된 식용유가 아닌 것은?

① 가열과정에서 쉽게 기포가 생긴다.
② 기름색은 옅은 담황색으로 투명하다.
③ 낮은 온도에서 연기가 난다.
④ 사용 후 기름이 끈적끈적한 느낌이 남는다.

59 양조식초가 아닌 것은?

① 현미식초　② 감식초
③ 주정식초　④ 빙초산

해설 빙초산 : 화학적으로 만들어진 초산을 희석하여 만든 식초

정답 46. ④ 47. ④ 48. ① 49. ③ 50. ③ 51. ③ 52. ① 53. ④ 54. ④ 55. ③ 56. ④ 57. ② 58. ② 59. ④

60 숙채에서 자주 사용되지 않는 양념은?

① 된장 ② 간장
③ 고추장 ④ 식초

설탕, 식초, 소금, 고춧가루 등은 생채 양념에 주로 사용되며 산뜻한 맛을 내기 위해 사용된다.

정답 60. ④

제 1 회 출제예상문제

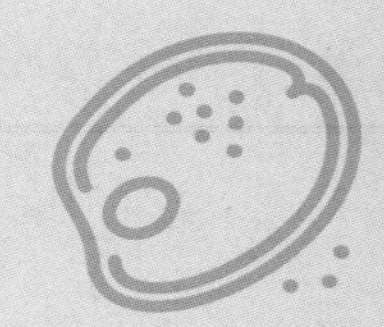

01 식품의 위생과 관련된 곰팡이의 특징이 아닌 것은?

① 건조식품을 잘 변질시킨다.
② 생육에 산소를 요구하는 절대 호기성 미생물이다.
③ 견과류에 아플라톡신을 생성한다.
④ 생육 속도가 세균에 비하여 빠르다.

해설 곰팡이의 번식력은 세균보다 느리지만 생명력은 질기다.

02 모든 미생물을 제거하여 무균 상태로 하는 조작은?

① 소독 ② 살균
③ 멸균 ④ 정균

해설 멸균은 비병원균과 미생물의 아포까지 사멸한다.

03 식품위생법상 조리사가 식중독이나 그 밖의 위생과 관련한 중대한 사고 발생의 직무상 책임에 대한 1차 위반 시 행정처분기준은?

① 시정명령 ② 업무정지 1개월
③ 업무정지 2개월 ④ 면허 취소

해설 1차 위반 시 업무정지 1개월이다. 2차 위반 시 업무정지 2개월이며, 3차 위반 시 면허 취소가 된다.

04 전분식품의 노화를 억제하는 방법으로 적합하지 않은 것은?

① 설탕을 첨가한다.
② 식품을 냉장 보관한다.
③ 식품의 수분함량을 15% 이하로 한다.
④ 유화제를 사용한다.

해설 노화 방지 온도는 0℃ 이하거나 60℃ 이상 유지해야 한다.

05 과실 저장고의 온도, 습도, 기체 조성 등을 조절하여 장기간 동안 과실을 저장하는 방법은?

① 산 저장 ② 자외선 저장
③ 무균포장 저장 ④ CA 저장

해설 산소는 낮추고 이산화탄소 농도를 증가시키는 저장법으로 과일 호흡을 억제시킨다.

06 완두콩 통조림을 가열하여도 녹색이 유지되는 것은 어떤 색소 때문인가?

① 클로로필 ② 구리-클로로필
③ 주석-클로로필 ④ 클로로필린

해설 클로로필(청록색)은 구리나 철 이온들과 함께 가열하면 클로로필 분자 중의 마그네슘과 치환되어 선명한 청록색의 구리(또는 철)-클로로필이 된다.

07 미생물의 생육에 필요한 수분활성도의 크기로 옳은 것은?

① 세균 〉 효모 〉 곰팡이 ② 곰팡이 〉 세균 〉 효모
③ 효모 〉 곰팡이 〉 세균 ④ 세균 〉 곰팡이 〉 효모

해설 미생물의 생육에 필요한 최저 수분활성도(Aw)는 세균(0.90~0.95) 〉 효모(0.88) 〉 곰팡이(0.65~0.80)의 순이다.

08 아미노산, 단백질 등이 당류와 반응하여 갈색물질을 생성하는 반응은?

① 폴리페놀 옥시다아제 반응
② 마이야르 반응
③ 캐러멜화 반응
④ 티로시나아제 반응

해설 단백질 등이 당류와 반응하는 것은 비효소적 갈변 현상으로 멜라노이딘 색소를 생성하기 때문이다.

09 제조과정 중 단백질 변성에 의한 응고작용이 일어나지 않은 것은?

① 치즈 가공 ② 두부 제조
③ 달걀 삶기 ④ 딸기잼 제조

해설 딸기잼 제조는 펙틴, 유기산, 당의 겔화이다.

10 달걀의 기능을 이용한 음식의 연결이 잘못된 것은?

① 응고성 - 달걀찜 ② 팽창제 - 시폰 케이크
③ 간섭제 - 머랭 ④ 유화성 - 마요네즈

해설 간섭제는 결정체 형성을 방해하여 매끈하고 부드러운 질감을 만드는 역할을 하며, 셔벗이나 캔디 제조 시 이용한다.

11 다음 원가의 구성에 해당하는 것은?

직접원가 + 제조간접비

① 판매가격 ② 간접원가
③ 제조원가 ④ 총원가

해설 제조원가 = 직접원가 + 제조간접비

정답 01. ④ 02. ③ 03. ② 04. ② 05. ④ 06. ② 07. ① 08. ② 09. ④ 10. ③ 11. ③

12 식단을 작성할 때 구비해야 하는 자료로 가장 거리가 먼 것은?

① 계절식품표
② 설비, 기기 위생점검표
③ 대치식품표
④ 식품영양구성표

해설 식단을 작성할 때에는 계절식품표, 대치식품표, 식품영양구성표를 구비하여야 하고, 식단표에는 요리명, 식재료, 중량, 대치식품, 단가 등을 표기해야 한다.

13 고기를 연하게 하기 위해 사용하는 과일에 들어 있는 단백질 분해 효소가 아닌 것은?

① 피신 ② 브로멜린
③ 파파인 ④ 글루테닌

해설 글루테닌은 밀가루의 단백질 성분이다.

14 다음 중 일반적으로 폐기율이 가장 높은 식품은?

① 소등심 ② 달걀
③ 견과류 ④ 감자

해설 소고기 부위 - 0%, 달걀 - 12%, 감자 - 5%, 견과류 - 30~35%

15 인수 공통 감염병에 속하지 않는 것은?

① 광견병
② 탄저
③ 고병원성 조류 인플루엔자
④ 백일해

해설 백일해는 호흡기계 감염병이다.

16 폐기물 소각처리 시의 가장 큰 문제점은?

① 악취가 발생되며 수질이 오염된다.
② 다이옥신이 발생한다.
③ 처리방법이 불쾌하다.
④ 지반이 약화되어 균열이 생길 수 있다.

해설 폐기물 소각처리는 처리방법이 가장 위생적이지만 대기오염을 일으키는 다이옥신이 발생한다는 문제점이 있다.

17 공중보건사업과 거리가 먼 것은?

① 보건교육 ② 인구보건
③ 감염병 치료 ④ 보건행정

해설 공중보건사업은 지역사회에서 사회적 노력을 통하여 질병을 예방하고 주민 모두의 건강을 유지하고 증진시키기 위한 기술이다.

18 식품위생법령상 영업허가 대상인 업종은?

① 일반 음식점 영업 ② 식품 조사 처리업
③ 식품 소분 판매업 ④ 즉석 판매 제조가공업

해설 허가를 받아야 하는 영업은 식품 조사 처리업, 단란주점 영업, 유흥주점 영업이다.

19 식품 위생의 대상에 해당되지 않는 것은?

① 철분 영양제 ② 라면
③ 과자봉지 ④ 감미료

해설 식품이란 모든 음식물을 말하며, 의약으로 쓰이는 것은 예외로 한다.

20 오래된 과일이나 산성 채소 통조림에서 유래되는 화학성 식중독의 원인 물질은?

① 칼슘 ② 주석
③ 철분 ④ 아연

해설 주석도금한 통조림의 내용물 중 질산이온이 높은 경우에 캔으로부터 주석이 용출되어 중독을 일으키며 구토, 복통, 설사 증상을 보인다.

21 식품위생 대책에 대한 설명으로 틀린 것은?

① 한 번 가열 조리된 식품은 저장 시 미생물의 오염 염려가 없다.
② 젖은 행주에는 공기 중의 세균이나 곰팡이가 오염되어 온도가 높아지면 미생물이 증식하기 쉬우므로 사용 중에도 건조한 상태를 유지하도록 한다.
③ 식품 찌꺼기는 위생 해충의 서식에 이용될 수 있으므로 철저히 처리한다.
④ 식품 취급자의 손은 식중독과 경구 감염병균의 침입 경로가 되므로 손의 수세 및 소독에 유의한다.

해설 식품은 가열했다 하더라도 저장 시 미생물의 오염이 있을 수 있다.

22 다음 중 위해요소중점관리기중(HACCP)을 수행하는 단계에 있어서 가장 먼저 실시하는 것은?

① 중점 관리점 규명 ② 관리기준의 설정
③ 기록유지 방법의 설정 ④ 식품의 위해요소를 분석

해설 HACCP 7가지 원칙 중 1단계는 모든 잠재위해요소의 열거, 위해요소 분석, 관리 방법의 결정이다.

23 식품과 자연독의 연결이 틀린 것은?

① 독버섯 : 무스카린 ② 감자 : 솔라닌
③ 살구씨 : 파세오루나틴 ④ 목화씨 : 고시풀

해설 살구씨의 자연독은 아미그달린이다.

정답 12. ② 13. ④ 14. ③ 15. ④ 16. ② 17. ③ 18. ② 19. ① 20. ② 21. ① 22. ④ 23. ③

24 육류 조시 시의 향미 성분과 관계가 먼 것은?

① 핵산분해 물질
② 유기산
③ 유리아미노산
④ 전분

> 해설 육류 조리 시의 향미 성분 : 핵산분해 물질, 유기산, 유리아미노산

25 다음 중 근원 섬유를 구성하는 단백질은?

① 헤모글로빈 ② 콜라겐
③ 미오신 ④ 엘라스틴

> 해설 섬유상 단백질의 미오신 함량은 가용성 단백질의 60%를 차지하고 소금에 녹는 성질이 있어 어묵의 형성에 이용된다.

26 지방의 산패를 촉진시키는 요인이 아닌 것은?

① 효소 ② 자외선
③ 금속 ④ 토코페롤

> 해설 토코페롤은 항산화제로 산패를 늦춘다.

27 단체 급식 시설의 작업장별 관리에 대한 설명으로 잘못된 것은?

① 개수대는 생선용과 채소용을 구분하는 것이 식중독균의 교차오염을 방지하는 데 효과적이다.
② 가열, 조리하는 곳에는 환기 장치가 필요하다.
③ 식품보관 창고에 식품을 보관 시 바닥과 벽에 식품이 직접 닿지 않게 하여 오염을 방지한다.
④ 자외선은 모든 기구와 식품내부의 완전 살균에 매우 효과적이다.

> 해설 식품의 변질을 막기 위해 자외선을 피해 직사광선이 없는 곳에 보관하는 것이 좋다.

28 튀김옷에 대한 설명으로 잘못된 것은?

① 글루텐의 함량이 많은 강력분을 사용하면 튀김 내부에서 수분이 증발되지 못하므로 바삭하게 튀겨지지 않는다.
② 달걀을 넣으면 달걀 단백질이 열 응고됨으로써 수분을 방출하므로 튀김이 바삭하게 튀겨진다.
③ 식소다를 소량 넣으면 가열 중 이산화탄소를 발생함과 동시에 수분도 방출되어 튀김이 바삭해진다.
④ 튀김옷에 사용하는 물의 온도는 실온으로 해야 튀김옷의 점도를 높여 내용물을 잘 감싸고 바삭해진다.

> 해설 낮은 온도의 물이나 얼음물로 해야 글루텐 형성을 억제하여 바삭한 튀김이 된다.

29 신선한 생선의 특징이 아닌 것은?

① 눈알이 밖으로 돌출된 것
② 아가미의 빛깔이 선홍색인 것
③ 복부가 수축되어 있는 것
④ 손가락으로 눌렀을 때 탄력성이 있는 것

> 해설 생선은 복부가 팽창되어 있는 것이 신선하다.

30 기본적인 맛에 포함되는 것이 아닌 것은?

① 단맛 ② 신맛
③ 매운맛 ④ 쓴맛

> 해설 기본적인 맛에는 단맛, 신맛, 쓴맛, 짠맛이 포함된다.

31 한국인의 영양섭취기준에 의한 성인의 단백질 섭취량은 전체 열량의 몇 % 정도인가?

① 7~20% ② 20~35%
③ 75~90% ④ 90~100%

> 해설 한국인 영양섭취기준에서 단백질은 7~20%이다.

32 새우 소금구이 시 껍질은 붉은색으로 변하는데, 이 현상과 관련된 색소는?

① 루테인 ② 멜라닌
③ 아스타잔틴 ④ 구아닌

> 해설 새우나 게 같은 갑각류의 색소는 가열하면 회색인 아스타잔틴에서 적색의 아스타신이 된다.

33 주방 설비를 할 때 물을 많이 사용하여 급·배수 시설이 중요하고, 냉장 보관 시설이 잘되어야 하는 곳은 어느 곳인가?

① 가열 조리 구역
② 식기 세척 구역
③ 육류 처리 구역
④ 채소·과일 처리 구역

> 해설 채소·과일은 물을 많이 사용하고, 냉장 보관하여야 한다.

34 감염병 환자가 회복 후에 형성되는 면역은?

① 자연 능동 면역 ② 자연 수동 면역
③ 인공 능동 면역 ④ 선천성 면역

> 해설 자연 능동 면역은 질병 감염 후 얻은 면역(두창, 소아마비)이고, 인공 능동 면역은 예방접종 후 얻은 면역이다.

정답 24. ④ 25. ③ 26. ④ 27. ④ 28. ④ 29. ③ 30. ③ 31. ① 32. ③ 33. ④ 34. ①

35 육질 등급을 나누는 항목에 포함되지 않는 것은?

① 근내 지방도 ② 육색
③ 지방 두께 ④ 조직감

해설 육질 등급은 근내 지방도, 육색, 조직감, 성숙도, 지방색

36 다음 중 해조류에 대한 설명으로 맞는 것을 고르시오.

① 해조류는 서양에서 많은 조리법이 발달되어 왔다.
② 해조류의 성분은 복합 다당류로 소화율은 떨어진다.
③ 파래의 특유한 향은 트리메틸아민에 의한 것이다.
④ 미역이나 다시마의 끈끈한 점액성분은 제거하고 먹는 것이 좋다.

해설 해조류는 대부분이 식이섬유로 정장 작용과 콜레스테롤 등의 배설 작용을 한다.

37 닭고기에 대한 설명으로 틀린 것은?

① 다른 육류에 비해 철분함량이 부족하다.
② 지방은 근육보다 껍질에 많이 분포한다.
③ 살모넬라균에 취약하여 조리 후에도 주의가 필요하다.
④ 가슴살은 운동을 많이 한 부위로 근육이 많아 쫄깃하다.

해설 가슴살은 지방이 매우 적어 담백하고 근육섬유로 되어 있어 단백질 함량이 높다.

38 다음 중 맞게 설명된 것은?

① 바나나는 숙성될수록 전분이 많아져 달콤해 진다.
② 복숭아와 자두 등에는 펙틴이 많지 않아 잼이나 젤리를 만들기에 적합하지 않다.
③ 파인애플의 액티니딘은 고기 연육 작용에 좋아 많이 이용된다.
④ 아보카도의 지방산은 불포화 지방산을 80% 이상 차지하고 있어 나무의 버터라 불린다.

해설 지방 함량이 평균 15%인 고열량, 불포화 지방산으로 혈장의 콜레스테롤 수준의 유지 및 조절에 도움이 된다.

39 정육면체로 사방 2㎝의 크기를 말하며 스튜나 샐러드 조리에 사용하는 양식 썰기는 어떤 썰기를 말하는 것인가?

① 큐브(Cube) ② 다이스(Dice)
③ 쥘리엔(Julienne) ④ 슬라이스(Slice)

40 양식 조리에서 자르거나 가는 용도로 사용하지 않는 도구는?

① 에그 커터(Egg cutter) ② 래들(Ladle)
③ 제스터(Zester) ④ 커터(Assorted cutter)

해설 래들(Ladle)은 국자형태로 육수나 소스 등을 뜰 때 사용하는 도구이다.

41 다음 중 사용 용도가 다른 것은?

① 샐러맨더(Salamander)
② 샌드위치 메이커(Sandwich maker)
③ 스팀 케틀(Steam kettle)
④ 그릴(Grill)

해설 스팀 케틀(Steam kettle)은 대용량의 음식물을 끓이거나 삶는 데 사용한다.

42 다음 중 잘못된 계량 단위는?

① 1ts - 1테이블 스푼
② 1oz - 28.35g
③ 0.5L - 500㎖
④ 1c - 계량컵으로 1컵

해설 1ts - 1티스푼

43 육류, 어류와 함께 향신채소나 향신료를 넣고 풍미가 있는 육수를 내는 것으로 수프나 소스의 기초가 되는 것은?

① 루(Roux)
② 뵈르 마니에(Beurre Manie)
③ 스톡(stock)
④ 미르포아(Mirepoix)

44 일반적으로 부케가르니(Bouquet garni)에 들어가는 재료가 아닌 것은?

① 통후추 ② 파슬리 줄기
③ 월계수잎 ④ 생강

해설 일반적으로 부케가르니에는 파슬리, 월계수잎, 정향, 타임, 로즈메리 등의 향신료와 통후추, 셀러리 등의 향신 채소를 실로 묶거나 고정하여 사용한다.

45 스톡 조리법으로 맞지 않는 것은?

① 센 불에서 물이 끓으면 재료를 넣고 불을 줄인다.
② 스톡의 온도가 섭씨 약 90℃를 유지하도록 은근히 끓여준다.
③ 스톡에는 소금 등의 간을 하지 않는다.
④ 거품 및 불순물은 스키머(skimmer)로 제거해주어야 한다.

해설 뜨거운 물에 재료를 넣게 되면 불순물이 빨리 굳어지고 맛이 우러나지 못한다.

46 다음 중 농후제로 맞지 않는 것은?

① 전분 ② 스톡
③ 달걀 ④ 버터

해설 스톡은 맑은 육수로 농도 조절이 가능하지 않다.

정답 35. ③ 36. ② 37. ④ 38. ④ 39. ① 40. ② 41. ② 42. ① 43. ③ 44. ④ 45. ① 46. ②

47 전채 요리가 아닌 것은?

① 오르되브르 ② 칵테일
③ 수플레 ④ 렐리시

해설 수플레는 달걀의 흰자에 우유를 섞어 거품을 일게 하여 구워 만든 디저트 음식이다.

48 소고기 부위 중 스테이크로 사용할 수 없는 것은?

① 등심 ② 갈비
③ 목심 ④ 양지

해설 양지 부위는 질기기 때문에 콘비프나 스튜처럼 오래 끓여야 한다.

49 다음 치즈들 중 성격이 다른 것은?

① 그라나 파다노 ② 체다 슬라이스
③ 파르미지아노 레지아노 ④ 고르곤졸라

해설 체다 슬라이스 치즈는 가공된 치즈다.

50 달걀의 한 쪽 면만 익힌 것으로 달걀 노른자가 떠오르는 태양과 같다고 해서 붙여진 이름을 가진 요리명은?

① 서니 사이드 업 ② 오버 이지
③ 오믈렛 ④ 오버 미디엄

51 샌드위치를 형태에 따라 분류했다. 분류 형태가 다른 것은?

① 오픈 샌드위치 ② 콜드 샌드위치
③ 롤 샌드위치 ④ 클럽 샌드위치

해설 콜드 샌드위치는 샌드위치의 온도에 따라 구분한 것이다.

52 디저트의 3요소가 아닌 것은?

① 감미 ② 과일
③ 풍미 ④ 향신료

해설 디저트의 3요소는 감미, 풍미, 과일로 이루어진다.

53 다음 중 콜드 디저트가 아닌 것은?

① 무스(Mousse)
② 젤리(Jelly)
③ 그라탕(Gratin)
④ 과일 콤포트(Fruit comport)

해설 그라탕(Gratin)은 핫 디저트에 속한다.

54 다음 디저트에서 코크(Coque), 피에(Pied), 필링(Filling)으로 각각의 이름이 있는 것은?

① 몽블랑 ② 마카롱
③ 밀푀유 ④ 에끌레르

해설 마카롱으로 코크는 껍질을 의미하며 크림을 뺀 쿠키 부분이다. 피에는 발을 의미하며 코크에서 아랫부분의 레이스 부분이다. 필링은 코크 사이에 들어가는 크림을 말하며, 마카롱의 맛을 좌우하는 중요한 부분이다.

55 다음 중 핑거푸드에 들어가지 않는 메뉴는?

① 쿠키 ② 핫도그
③ 춘권 ④ 피자

해설 쿠키는 손으로 먹지만, 핑거푸드류에서는 제외된다.

56 푸드 플레이팅에서 조리사가 음식을 창의적으로 담는 부분은?

① 프레임(Frame)
② 림(Rim)
③ 센터 포인트(Center point)
④ 이너 서클(Inner circle)

해설 이너 서클(Inner circle)은 림에서 1~2㎝ 안쪽으로 상상해서 그린 원형으로 그 안쪽에 식재료와 음식을 담는다.

57 다음 중 접시 사이즈가 가장 큰 것은?

① 위치 접시 ② 빵 접시
③ 디너 접시 ④ 디저트 접시

해설 위치 접시 : 착석 전에 자리에 세팅되어 있는 접시로 지름은 30~32㎝ 크기로 화려하다.

58 외식 산업에서 메뉴를 기획할 때 고려의 대상이 아닌 것은?

① 주변 환경을 분석한다.
② 원가와 수익성 관계를 확인한다.
③ 독창성 보다는 사회적으로 성공한 메뉴를 구성한다.
④ 식재료의 지속적이고 원활한 공급이 가능한지 파악한다.

해설 독창성이 보여지는 메뉴를 구성한다.

59 외식 창업의 구성 요소로 맞지 않는 것은?

① 창업 아이디어
② 창업 자본
③ 창업자
④ 동업자

해설 동업자는 외식 창업의 구성 요소에 포함되지 않는다.

정답 47. ③ 48. ④ 49. ② 50. ① 51. ② 52. ④ 53. ③ 54. ② 55. ① 56. ④ 57. ① 58. ③ 59. ④

60 다음 중 향신료의 기능에 대한 설명으로 맞지 않는 것은?

① 고대부터 향신료는 각종 질병 치료, 약재로 사용되었다.
② 향신료의 알칼로이드성분은 타액, 소화액 분비를 촉진시킨다.
③ 좋은 향기와 색으로 식욕을 자극한다.
④ 육류와 생선의 냄새 제거에 효과는 있으나 살균, 방부 효과는 거의 없다.

정답 60. ④

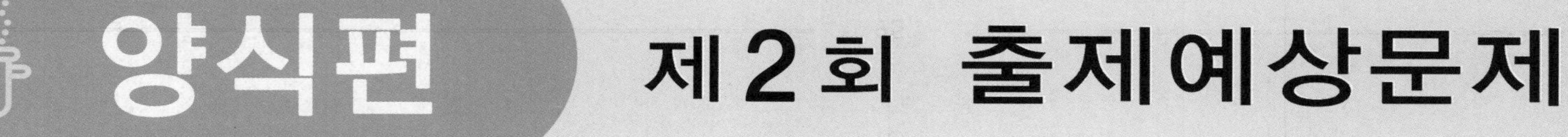

양식편 제 2 회 출제예상문제

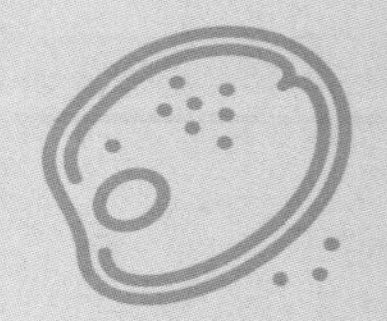

01 생선 및 육류의 초기부패 판정 시 지표가 되는 물질에 해당되지 않는 것은?

① 휘발성 염기질소　② 암모니아
③ 트리메틸아민　④ 아크롤레인

해설 아크롤레인은 담배 연기 속에 들어있는 성분으로, 발연점 이상의 유지를 고온 가열하여 발생시킨다.

02 식품의 부패 정도를 측정하는 지표로 가장 거리가 먼 것은?

① 휘발성 염기질소　② 트리메틸아민
③ 수소이온 농도　④ 총질소

해설 총질소는 우리나라의 수질 오염 측정방법이다.

03 일반 가열 조리법으로 예방하기 가장 어려운 식중독은?

① 살모넬라에 의한 식중독
② 웰치균에 의한 식중독
③ 황색포도상구균에 의한 식중독
④ 병원성 대장균에 의한 식중독

해설 황색포도상구균 식중독의 원인 독소인 엔테로톡신은 열에 강해 120℃에서 20분간 가열해도 파괴되지 않아 일반 가열 조리법으로 예방하기 어렵다.

04 집단 식중독 발생 시 처치사항으로 잘못된 것은?

① 원인식을 조사한다.
② 구토물 등의 원인균 검출에 필요하므로 버리지 않는다.
③ 해당 기관에 즉시 신고한다.
④ 위장약을 복용시킨다.

해설 위장약 복용은 적절한 조치가 아니다.

05 예방접종이 감염병 관리상 갖는 의미는?

① 병원소의 제거　② 감염원의 제거
③ 환경의 관리　④ 감수성 숙주의 관리

해설 감염병의 대책에는 감수성 숙주의 대책(예방접종 실시), 감염 경로의 대책(감염 경로 차단), 감염원의 대책(환자의 조기발견, 격리)이 있다.

06 폐흡충증의 제2중간 숙주는?

① 잉어　② 연어
③ 가재　④ 송어

해설 폐흡충증(폐디스토마)의 제1중간 숙주는 다슬기, 제2중간 숙주는 가재, 게, 종말숙주는 사람이다.

07 집단 감염이 잘되며 항문 부위의 소양증을 유발하는 기생충은?

① 회충　② 구충
③ 요충　④ 간흡충

해설 요충은 채소류에서 감염되는 기생충이다. 직장 속이나 항문 근처에서 산란하며, 항문 부위의 소양증을 발생시키고 전염 속도가 빠르다.

08 전염병의 예방대책과 거리가 먼 것은?

① 병원소의 제거　② 환자의 격리
③ 식품의 저온 보존　④ 예방접종

해설 식품의 저온 보존은 식중독 예방대책이다.

09 식품첨가물이 갖추어야 할 조건으로 옳지 않은 것은?

① 식품에 나쁜 영향을 주지 않을 것
② 다량 사용하였을 때 효과가 나타날 것
③ 상품의 가치를 향상시킬 것
④ 식품 성분 등에 의해서 그 첨가물을 확인할 수 있을 것

해설 식품첨가물은 소량으로 그 사용 목적을 달성할 수 있어야 한다.

10 식품위생법상 영업의 신고대상 업종이 아닌 것은?

① 일반 음식점 영업　② 단란주점 영업
③ 휴게 음식점 영업　④ 식품 제조·가공업

해설 단란주점 영업 및 유흥주점 영업은 영업허가를 받아야 할 업종이다.

11 공중보건사업을 하기 위한 최소 단위가 되는 것은?

① 가정　② 개인
③ 시·군·구　④ 국가

해설 개인이 아니라 집단으로, 우리나라는 1956년 보건소법 제정 이후 보건소 조직망을 통해 예방 사업을 진행하면서 시·군·구, 각 도마다 식품위생 행정기구를 두고 있다.

12 다수인이 밀집한 장소에서 발생하며 화학적 조성이나 물리적 조성의 큰 변화를 일으켜 불쾌감, 두통, 권태, 현기증, 구토 등의 생리적 이상을 일으키는 현상은?

① 빈혈　② 일산화탄소 중독
③ 분압 현상　④ 군집독

해설 산소 부족, 이산화탄소 증가, 고온 · 고습상태에서의 유해가스 및 구취 등에 의해 복합적으로 발생한다.

정답 01. ④ 02. ④ 03. ③ 04. ④ 05. ④ 06. ③ 07. ③ 08. ③ 09. ② 10. ② 11. ③ 12. ④

13 생활쓰레기의 분류 중 부엌에서 나오는 동·식물성 유기물은?

① 주개 ② 가연성 진개
③ 불연성 진개 ④ 재활용 진개

해설 생활쓰레기의 분류 중 부엌에서 나오는 동·식물성 유기물은 가정에서 나오는 주개이다.

14 다음 중 음료수 소독에 가장 적합한 것은?

① 생석회 ② 알코올
③ 염소 ④ 승홍수

해설 염소 소독법은 소독력이 강하고, 잔류성이 크고, 가격이 저렴해서 물 소독(음료수 소독)에 가장 적합하다.

15 국소 진동으로 인한 질병 및 직업병의 예방대책이 아닌 것은?

① 보건교육 ② 완충장치
③ 방열복 착용 ④ 작업시간 단축

해설 국소 진동이란 진동 공구를 통하여 손, 발 등 특정 신체 부위에 작용하는 고주파 진동을 의미한다. 이는 보건교육, 완충장치, 작업시간 단축으로 예방이 가능하다.

16 강화 식품에 대한 설명으로 틀린 것은?

① 식품에 원래 적게 들어 있는 영양소를 보충한다.
② 식품의 가공 중 손실되기 쉬운 영양소를 보충한다.
③ 강화영양소로 비타민 A, 비타민 B, 칼슘(Ca) 등을 이용한다.
④ α화 쌀은 대표적인 강화식품이다.

해설 알파미는 인스턴트 밥, 휴대식 등의 즉석 식품을 말한다.

17 다음 채소류 중 일반적으로 꽃 부분을 식용으로 하는 것과 거리가 먼 것은?

① 브로콜리 ② 콜리플라워
③ 래디시 ④ 아티초크

해설 래디시의 붉은 뿌리 부분은 무와 같이 취급한다.

18 게, 가재, 새우 등의 껍질에 다량 함유된 키틴의 구성 성분은?

① 다당류 ② 단백질
③ 지방질 ④ 무기질

해설 키틴은 절지동물의 딱딱한 표피나 껍질의 골격을 만들며, 균류 세포벽의 중요한 구성요소이다. 키틴은 아미노당으로 이루어진 다당류이다.

19 탄수화물이 아닌 것은?

① 젤라틴 ② 펙틴
③ 섬유소 ④ 글리코겐

해설 젤라틴은 동물의 가죽, 힘줄, 연골 등에서 추출하는 유도 단백질의 일종이다.

20 매운맛 성분과 소재 식품의 연결이 올바르게 된 것은?

① 알릴이소티오시아네이트 – 겨자
② 캡사이신 – 마늘
③ 진저롤 – 고추
④ 채비신 – 생강

해설 캡사이신은 고추, 진저롤은 생강, 채비신은 후추의 매운 맛 성분이다.

21 감칠맛 성분과 소재 식품의 연결이 잘못된 것은?

① 베타인 – 오징어, 새우
② 크레아티닌 – 어류, 육류
③ 카노신 – 육류, 어류
④ 타우린 – 버섯, 죽순

해설 타우린은 감칠맛을 내는 아미노산의 일종으로, 오징어, 문어, 조개류 등에 들어 있는 성분이다. 버섯에는 구아닐산, 죽순에는 글루타민산이 들어있다.

22 신맛 성분과 주요 소재 식품의 연결이 틀린 것은?

① 초산 – 식초 ② 젖산 – 김치류
③ 구연산 – 시금치 ④ 주석산 – 포도

해설 구연산의 소재 식품은 감귤류, 딸기, 살구 등이다.

23 다음 중 열량을 내지 않는 영양소로만 짝지어진 것은?

① 단백질, 당질 ② 당질, 지질
③ 비타민, 무기질 ④ 지질, 비타민

해설 열량을 내는 3대 영양소는 탄수화물, 단백질, 지방이다.

24 다음의 치즈 중 숙성시켜 먹는 치즈로 맞는 것은?

① 코티지 치즈 ② 카망베르 치즈
③ 리코타 치즈 ④ 크림 치즈

해설 카망베르 치즈는 특유의 하얀 곰팡이가 외관을 덮고 있는 프랑스의 대표적인 치즈 중 하나다.

정답 13. ① 14. ③ 15. ③ 16. ④ 17. ③ 18. ① 19. ① 20. ① 21. ④ 22. ③ 23. ③ 24. ②

25 알코올 1g 당 열량 산출 기준은?

① 0kcal ② 4kcal
③ 7kcal ④ 9kcal

해설 알코올 1g 당 열량은 7kcal, 탄수화물 1g 당 열량 4kcal, 단백질 1g 당 열량 4kcal, 지방 1g 당 열량 9kcal이다.

26 서양 요리 조리 방법 중 습열 조리와 거리가 먼 것은?

① 브로일링 ② 스티밍
③ 보일링 ④ 시머링

해설 브로일링은 굽기, 스티밍은 찌기, 보일링은 끓이기, 시머링은 은근히 끓이기를 의미한다.

27 다음 중 영양소의 손실이 가장 큰 조리법은?

① 바삭바삭한 튀김을 위해 튀김옷에 중조를 첨가한다.
② 푸른 채소를 데칠 시 약간의 소금을 첨가한다.
③ 감자를 껍질째 삶은 후 절단한다.
④ 쌀을 담가 놓았던 물을 밥물로 사용한다.

해설 튀김 조리 시, 소량의 중조를 첨가하면 튀김 표면을 빨리 건조시켜 바삭한 맛은 낼 수 있지만, 비타민의 손실은 크다.

28 강력분을 사용하지 않는 것은?

① 케이크 ② 식빵
③ 마카로니 ④ 피자

해설 케이크는 강력분이 아닌 박력분을 사용한다.

29 밀가루로 빵을 만들 때 첨가하는 다음 물질 중 글루텐 형성을 도와주는 것은?

① 설탕 ② 지방
③ 중조 ④ 달걀

해설 달걀은 가열에 의해 달걀 단백질이 응고되면서 글루텐의 형성을 도와 빵의 모양을 유지하고, 빵맛과 색을 좋게 한다.

30 토마토 크림수프를 만들 때 일어나는 우유의 응고현상을 바르게 설명한 것은?

① 산에 의한 응고
② 당에 의한 응고
③ 효소에 의한 응고
④ 염에 의한 응고

해설 과일과 채소를 우유와 함께 조리할 때 과일과 채소의 유기산이 우유의 응고를 촉진시키는데, 토마토 크림수프를 조리할 때 토마토의 산도로 카세인이 응고되는 것이 이에 해당한다.

31 다음 중 단체 급식의 목적이 아닌 것은?

① 급식영업을 통한 운영자의 이익 창출
② 급식 대상자의 영양 개선
③ 급식 대상자의 식비 절감
④ 연대감을 통한 사회성 함양

해설 이익 창출은 일반식당이 목적이다.

32 주방에서 후드(Hood)의 가장 중요한 기능은?

① 실내의 습도를 유지시킨다.
② 실내의 온도를 유지시킨다.
③ 증기, 냄새 등을 배출시킨다.
④ 바람을 들어오게 한다.

해설 증기, 냄새는 배출시키고 바람은 들어오게 하는 환기 장치

33 조리대 배치 형태 중 환풍기와 후드의 수를 최소화할 수 있는 것은?

① 일렬형 ② 병렬형
③ ㄷ자형 ④ 아일랜드형

해설 아일랜드형은 개수대나 가열대 또는 조리대가 독립되어 있는 형태로, 조리기기를 한곳으로 모아 놓았기 때문에 환풍기나 후드의 수를 최소한으로 줄일 수 있다.

34 달걀의 가공 특성이 아닌 것은?

① 열 응고성 ② 기포성
③ 쇼트닝성 ④ 유화성

해설 달걀의 가공 특성에는 응고성, 녹변현상, 기포성, 유화성이 있다.

35 양파를 가열 조리 시 단맛이 나는 이유는?

① 황화아릴류가 증가하기 때문
② 가열하면 양파의 매운맛이 제거되기 때문
③ 알리신이 티아민과 결합하여 알리티아민으로 변하기 때문
④ 황화합물이 프로필메르캅탄으로 변하기 때문

해설 양파를 가열 조리 시 양파의 맛 성분이 기화되면서 일부 분해되어 단맛을 내는 프로필메르캅탄을 형성하기 때문에 단맛이 난다.

36 구매한 식품의 재고관리 시 적용되는 방법 중 최근에 구입한 식품으로부터 사용하는 것으로 가장 오래된 물품이 재고로 남게 되는 것은?

① 선입 선출법 ② 후입 선출법
③ 총평균법 ④ 최소 - 최대관리법

해설 후입 선출법은 최근에 구입한 재료부터 먼저 사용하는 방법으로, 선입 선출법과 정반대이다.

정답 25. ③ 26. ① 27. ① 28. ① 29. ④ 30. ① 31. ① 32. ③ 33. ④ 34. ③ 35. ④ 36. ②

37 색소체에 대한 설명으로 잘못된 것을 찾으시오.

① 클로로필과 카로티노이드는 지용성으로 색소체에 존재한다.
② 클로로필은 덜 익은 과일 등에서 발견된다.
③ 플라보노이드는 액포에 존재하는 노란색 계통의 색소체이다.
④ 안토시아닌, 카테킨은 넓은 의미의 카로티노이드색소에 속한다.

해설 안토시아닌, 카테킨은 넓은 의미의 플라보노이드 색소에 속한다. 카로티노이드 색소류는 베타카로틴, 라이코펜, 루테인 등이 있다.

38 고기를 연화시키는 단백질 분해 효소로 맞는 것은?

① 파인애플 - 브로멜린
② 파파야 - 피신
③ 무화과 - 액티니딘
④ 키위 - 파파인

해설 파인애플 - 브로멜린, 파파야 - 파파인, 무화과 - 피신, 키위 - 액티니딘

39 견과류 중 지질 함량이 가장 많아 산패가 빠르며 일반적으로 초콜릿, 아이스크림, 과자 등에 이용되는 것은?

① 땅콩 ② 호두
③ 마카다미아 ④ 해바라기씨

해설 마카다미아는 75%의 지질함량과 100g에 700kcal를 내는 고열량 식품이다.

40 다음 중 향신료의 기능에 대한 설명으로 맞지 않는 것은?

① 고대부터 향신료는 각종 질병 치료, 약재로 사용되었다.
② 향신료의 알칼로이드성분은 타액, 소화액 분비를 촉진시킨다.
③ 좋은 향기와 색으로 식욕을 자극한다.
④ 육류와 생선의 냄새 제거에 효과는 있으나 살균, 방부 효과는 거의 없다.

해설 육류와 생선의 냄새 제거는 물론 살균, 방부 효과로 식품의 보존성을 높인다.

41 조리에 의한 육류의 변화가 잘못된 것은?

① 단백질의 변성과 응고가 시작되고 결합조직이 젤라틴으로 가수분해 되어 부드럽게 된다.
② 50~60℃에서 근섬유가 짧아지고 단백질이 응고되는데 육류의 내부 온도가 높을수록 수축이 더 크게 일어난다.
③ 고기가 가열되면 지방은 녹고 근육 단백질의 보수력은 낮아지므로 무게와 부피도 감소하게 된다.
④ 고기의 내부 온도가 증가하면 붉은색은 선홍색으로 바뀌기 시작한다.

해설 육류의 색 변화는 산화와 가열에 의해 갈색의 메트미오글로빈으로 변한다.

42 당류의 상대적 감미도 중 기준이 되는 당의 종류는?

① 자당 ② 과당
③ 포도당 ④ 전화당

해설 과당(170) 〉 전화당(85~130) 〉 설탕(100) 〉 포도당(74) 〉 맥아당(60) 〉 갈락토오스(33) 〉 젖당(16)

43 어패류에 대한 설명으로 틀린 것은?

① 어패류는 산란기가 가장 맛있다.
② 어류의 등과 배 쪽의 경계부위를 혈합육이라 하는데 대구, 민어, 광어, 명태 등 흰살 생선에 많다.
③ 어류가 육류보다 결합조직의 양이 적어 부드럽다.
④ 어류의 비린내 성분인 표면 점액 물질은 트릴메틸아민으로 수용성이다.

해설 고등어, 정어리와 같이 대표적인 붉은 살 어류는 전 근육 중 혈합육이 10 ~15%를 차지한다.

44 파스타 종류가 아닌 것은?

① 스파게티 ② 펜네
③ 라쟈냐 ④ 피데

해설 피데는 밀가루 반죽을 둥글고 납작하게 만들어 화덕에 구운 터키의 전통 빵이다.

45 프랑스 세계적인 미식재료 3가지가 아닌 것은?

① 고르곤졸라 ② 프와그라
③ 캐비어 ④ 트뤼플

해설 고르곤졸라는 이탈리아의 대표적인 블루치즈로 녹색의 가느다란 줄무늬가 있다.

46 써는 방식이 다른 하나는?

① 다이스(Dice) ② 스몰 다이스(Small dice)
③ 올리베트(Olivette) ④ 브뤼누아즈(Brunoise)

해설 올리베트(Olivette) - 올리브 형태로 깎는 것을 말한다.

47 채소나 치즈 등을 원하는 형태로 가는 도구는?

① 롤 커터(Roll cutter) ② 그레이터(Grater)
③ 시노와(Chinois) ④ 믹싱 볼(Mixing bowl)

해설
- 롤 커터(Roll cutter) : 피자 등을 자를 때 사용
- 시노와(Chinois) : 스톡이나 소스를 고운 형태로 거를 때 사용하는 도구
- 믹싱 볼(Mixing bowl) : 재료를 담거나 섞을 때 사용

정답 37. ④ 38. ① 39. ③ 40. ④ 41. ④ 42. ① 43. ② 44. ④ 45. ① 46. ③ 47. ②

48 건식열 조리법이 아닌 것은?

① Broiling
② Sauteing
③ Griling
④ Blanching

해설 Blanching - 물이나 기름에 데치는 방법

49 스톡의 향을 강화하기 위한 양파, 당근, 셀러리의 혼합물을 무엇이라 부르는가?

① 부케가르니 ② 미르포아
③ 화이트 스톡 ④ 스톡 포트

해설 미르포아 - 기본적으로는 양파 : 당근 : 셀러리 = 50% : 25% : 25%의 비율로 사용한다.

50 다음 중 수프의 종류가 다른 것은?

① 콩소메 ② 포타주
③ 차우더 ④ 크림수프

해설 콩소메 : 소, 닭, 생선, 채소 등을 오래 끓여 맑게 우려낸 수프

51 전채 요리의 요건이 아닌 것은?

① 신맛과 짠맛이 침샘을 자극해서 식욕을 돋우어야 한다.
② 크기를 작게 하고 모양과 색에서 아이디어와 예술적 감각이 돋보여야 한다.
③ 세계적으로 유명한 식재료를 사용해야 한다.
④ 조리법이 겹치지 않게 다양한 조리법으로 만들어야 한다.

해설 지역의 특성과 계절에 맞는 다양한 식재료를 사용해야 한다.

52 육류의 마리네이드 방법 중 액체 마리네이드가 아닌 것은?

① 올리브유 ② 식초
③ 와인 ④ 향신료

해설 고체 마리네이드 : 향신료, 소금, 후추, 생강, 마늘

53 닭고기의 부위별 조리법에서 핑거푸드로 사용할 수 있는 부위는?

① 다리 ② 날개
③ 가슴살 ④ 근위

해설
- 가슴살 : 샐러드, 커틀릿
- 다리 : 커틀릿, 프라이드

54 파스타 삶는 방법으로 잘못된 것은?

① 냄비는 깊이가 있어야 하며 물은 파스타 양의 10배 정도가 적당하다.
② 약간의 소금 첨가는 파스타의 풍미를 살리고 면에 탄력을 준다.
③ 알덴테는 입안에서 씹히는 정도가 느껴질 정도로 삶는 것을 말한다.
④ 삶은 파스타면은 찬물에 잘 헹구고 올리브유를 발라 놓는다.

해설 파스타면은 찬물로 헹구게 되면 표면이 매끄러워져 소스가 면에 흡수되지 않기 때문에 삶아서 건져 놓는다.

55 달걀 삶는 방법이 다른 하나는?

① 포치드 에그 ② 코들드 에그
③ 소프트 보일드 에그 ④ 하드 보일드 에그

해설 포치드 에그 : 껍질을 제거한 달걀을 90℃ 정도의 뜨거운 물에 식초를 넣어 익히는 방법이다.

56 조찬용 조리빵이 아닌 것은?

① 팬케이크 ② 잉글리시 머핀
③ 와플 ④ 프렌치 토스트

57 다음 중 얼려 먹는 디저트가 아닌 것은?

① 파르페(Parfait)
② 그라니타(Granita)
③ 크렘 브륄레(Crème brûlée)
④ 카사타(Cassata)

해설 크렘 브륄레(Crème brûlée) : 크림 커스터드 반죽을 익힌 후 냉장 보관하여 제공하기 전 위에 설탕을 얇게 골고루 뿌린 다음, 토치로 열을 가해 캐러멜 토핑을 만든 후 제공하거나 리큐르를 뿌려 플람베 하기도 한다.

58 정식 메뉴(Table d'hote menu : 타블 도트)에 대한 설명으로 맞지 않는 것은?

① 메뉴 관리가 용이하다.
② 신속한 서비스로 좌석 회전율을 높일 수 있다.
③ 조리 과정이 일정하여 업무 흐름이 원활하다.
④ 숙련된 조리사가 필요하다.

해설 숙련된 조리사가 필요하며, 서비스 요원의 전문화가 필요하며 인건비가 높은 것은 일품요리(A la carte) 메뉴이다.

59 주방 장비의 조건에 해당되지 않는 것은?

① 위생성 ② 안전성
③ 생산성 ④ 구조 변경성

정답 48. ④ 49. ② 50. ① 51. ③ 52. ④ 53. ② 54. ④ 55. ① 56. ② 57. ③ 58. ④ 59. ④

60 판매 관리비가 아닌 것은?

① 판매원 급여 및 수당
② 판매 수수료
③ 세금과 공과
④ 차량 유지비

해설 세금과 공과는 일반 관리비에 속한다.

정답 60. ③

양식편 제 3 회 출제예상문제

01 어패류의 관능적 감별법이 맞지 않는 것은?

① 아가미 – 색이 선명한 적색으로 단단한 것
② 복부 – 손으로 눌러 탄력이 있고 빳빳하며 외형이 보존된 것
③ 안구 – 광채가 있고 돌출되며 투명한 것
④ 패류 – 조갯살을 만져 봐서 연하고 말캉한 것

해설 패류는 탄력이 있고 단단하며 살아 있는 것을 고른다.

02 다음 중 육류에 대한 설명으로 맞는 것을 고르시오.

① 육류의 결합조직은 콜라겐만으로 이루어져 있다.
② 쇠고기의 등심 부위에 있는 마블링은 식육을 쫄깃하게 하는 근육섬유이다.
③ 육류에 포함되어 있는 헴철은 채소에 있는 비헴철에 비해 약 10배정도 체내 흡수가 잘된다.
④ 쇠고기는 사후경직 때 먹어야 신선도를 유지해 맛이 좋다.

03 다음 중 육류의 연화에 대한 설명으로 맞지 않는 것을 고르시오.

① 다지거나 망치로 두드리는 기계적 방법
② 과일과 채소의 효소 첨가
③ 1% 내외의 염 첨가
④ 충분한 양의 산 첨가

해설 약간의 산 첨가는 수화력 증가로 연화되지만 많이 첨가하게 되면 단단해진다.

04 독성 성분이 맞게 짝지워진 것은?

① 테트로도톡신 – 복어의 난소, 간, 피부, 내장
② 삭시톡신 – 굴, 바지락
③ 무스카린 – 감자의 싹
④ 베네루핀 – 독버섯

해설
· 삭시톡신 – 홍합, 대합
· 무스카린 – 독버섯
· 베네루핀 – 모시조개, 굴, 바지락

05 가열 조리가 식품에 미치는 영향이 아닌 것은?

① 영양성분의 보존
② 향미 성분 증진
③ 선명한 색상 유지
④ 소화력을 돕는다.

해설 가열 조리 시 대부분의 경우는 영양소 보존이 어렵다.

06 인도, 스페인 등지에서 대표적으로 쓰이는 향신료 중 꽃에서 채취하는 가장 값비싼 향신료로 음식의 노란색을 나타내는 것은?

① 로즈마리 ② 바질
③ 아티초크 ④ 샤프란

해설 샤프란은 세계에서 가장 비싼 향신료 중의 하나다. 1kg의 샤프란을 얻으려면 수작업으로 16만 송이의 꽃이 필요하다.

07 멕시코 요리의 3대 재료가 아닌 것은?

① 옥수수 ② 콩
③ 귀리 ④ 고추

해설 멕시코 요리의 3대 재료는 옥수수, 콩, 고추이다.

08 다음 중 향신료에 대한 설명으로 맞지 않는 것은?

① 라틴어의 '약품'이라는 의미에서 유래되었다.
② 100% 식물의 꽃, 열매, 씨앗, 뿌리, 껍질로 이루어진다.
③ 고추, 마늘, 참깨, 생강은 향신료로 보기 어렵다.
④ 향신료는 열대, 아열대 기후에서 잘 자란다.

해설 고추, 마늘, 참깨, 생강은 향신료에 속한다.

09 양식 상차림(테이블 세팅)의 구성요소로 맞지 않은 것은?

① 글라스 웨어
② 식전주(아페리티브)
③ 린넨
④ 센터피스

해설 테이블 세팅의 구성요소는 린넨, 글라스웨어, 디너웨어, 커트러리, 센터피스, 피규어 등이다.

10 커피의 본질을 아는 사람을 위한 커피로 작은 양을 "데미타스잔"에 담아 마시는 커피를 무엇이라 하는가?

① 아메리카노
② 에스프레소
③ 프라푸치노
④ 카페라떼

해설 에스프레소 : 높은 압력으로 짧은 순간에 커피를 추출하는 진한 이탈리아식 커피이다. 데미타스라는 조그만 잔에 담아서 마셔야 제 맛을 느낄 수 있다.

정답 01. ④ 02. ③ 03. ④ 04. ① 05. ① 06. ④ 07. ③ 08. ③ 09. ② 10. ②

11 재료를 얇게 써는 방법으로 바토네, 쥘리엔 등을 써는 초기 작업에 쓰이기도 하는 것은?

① 브뤼누아즈(Brunoise) ② 참(Chop)
③ 슬라이스(Slice) ④ 콩카세(Concasse)

해설 슬라이스(Slice) : 기본적으로 재료를 얇게 썬 것을 뜻한다.

12 다음의 도구 중 설명이 잘 못된 것은?

① 베지터블 필러 : 오이 당근 등의 채소류 껍질을 벗기는 도구이다.
② 위스크 : 크림을 휘핑하거나 계란 등을 섞을 때 사용한다.
③ 블렌더 : 소스나 드레싱용으로 음식물을 가는 데 사용한다.
④ 민서 : 샌드위치용 빵을 구워 준다.

해설 민서(Mincer) : 고기나 채소를 갈 때 사용하기도 하고 원하는 형태로 틀을 갈아 끼울 수 있다.

13 다음의 토마토 소스 중 성격이 다른 것은?

① 토마토 쿨리 ② 토마토 페이스트
③ 토마토 홀 ④ 토마토 퓌레

해설 토마토 쿨리는 토마토 퓌레에 향신료를 가미한 것
토마토 홀, 토마토 퓌레, 토마토 페이스트는 조미료 첨가 없이 농축하거나 파쇄한 것이다.

14 소스의 올바른 역할이 아닌 것은?

① 소스는 주재료의 맛을 더 좋게 만들 수 있어야 한다.
② 색감을 내기 위해 곁들여 주는 소스는 색이 변질되면 안 된다.
③ 튀김 종류의 소스는 버무려서 시간을 두고 제공하면 깊은 맛이 튀김에 잘 어우러진다.
④ 질 좋은 고기를 사용할 경우 맛에 방해될 수 있으므로 많은 양의 소스를 제공하지 않는다.

해설 튀김 종류의 소스는 눅눅해지지 않도록 제공 직전 뿌려주어야 한다.

15 수프를 구성하는 요소를 잘못 설명한 것은?

① 루(Roux) : 농도를 조절하는 농후제 역할을 한다.
② 스톡 : 수프의 가장 기본이 되는 요소다.
③ 향신료 : 병증에 좋은 치료제의 역할로 식욕을 촉진시킨다.
④ 가니쉬 : 수프의 맛을 증가시켜주는 역할을 한다.

해설 향신료 : 음식에 풍미를 더해 식욕을 촉진시키고 방부작용과 보존성을 줄 수 있다. 서양 요리에선 빠질 수 없는 식재료이다.

16 전채 요리의 재료에서 생선류로 만든 것이 아닌 것은?

① 튜나 타르타르 ② 살몬 세비체
③ 쉬림프 칵테일 ④ 프로슈토 디 파르마

해설 프로슈토 디 파르마는 돼지 뒷다리를 소금에 말린 생햄으로 이탈리아의 파르마지방 프로슈토를 최고의 것으로 꼽는다.

17 다음 서양의 아침 식사에 대한 설명으로 맞지 않는 것은?

① 서양의 아침식사에서는 달걀 요리를 많이 사용하는 편이다.
② 미국식 아침 식사는 조식용 빵, 커피, 주스, 달걀요리 외에 감자, 햄, 베이컨, 소시지가 취향에 따라 제공된다.
③ 영국식 아침 식사는 유럽식과 미국식의 중간 정도의 차림으로 아침을 먹는다.
④ 유럽식 아침 식사는 주스류와 조식용 빵, 커피, 홍차로 간단하게 구성된다.

해설 영국식 아침 식사는 빵과 주스, 달걀, 감자, 육류 요리, 생선 요리가 제공되며, 조식 요리 중 가장 많은 종류와 양으로 무겁게 느껴진다.

18 다음은 프랑스의 어떤 디저트에 대한 설명인가?

> "프랑스어로 1,000겹 또는 1,000개의 잎이라는 뜻으로 퍼프 패스트리를 구워 낸 후 퍼프 패스트리 사이에 크림이나 잼 등의 필링을 번갈아 가며 포개 넣어 만든다."

① 밀푀유 ② 크렘 브륄레
③ 에끌레르 ④ 몽블랑

19 다음 중 맞게 연결된 것은?

① 박력분 – 단백질(8~9%) – 바삭한 식감으로 과자 등에 적당하다.
② 강력분 – 단백질(11% 이상) – 부드러운 식감으로 케이크에 적당하다.
③ 세몰리나 – 단백질(13% 이상) – 글루텐 함량이 높아 제빵에 사용된다.
④ 경질밀은 조직이 부드럽고 단면이 치밀하여 케이크, 쿠키에 많이 사용된다.

해설 박력분은 글루텐 형성 능력이 낮아서 과자, 케이크 등으로 적당하다.

20 라드의 대용품으로 수소를 첨가, 제조하여 만들며 크리밍 파워가 크고 파이나 페이스트리 등을 만드는데 효과적인 유지류는?

① 쇼트닝 ② 마가린
③ 버터 ④ 사워크림

21 다음의 치즈 중 초경질 치즈인 것은?

① 모짜렐라 치즈
② 고르곤졸라 치즈
③ 에멘탈 치즈
④ 파르미지아노 레지아노(파마산 치즈)

해설 파마산 치즈는 조직이 단단하고 작은 알갱이가 포함되어 있다.

정답 11. ③ 12. ④ 13. ① 14. ③ 15. ③ 16. ④ 17. ③ 18. ① 19. ① 20. ① 21. ④

22 신맛 성분과 주요 소재 식품의 연결이 틀린 것은?

① 초산 - 식초 ② 젖산 - 김치류
③ 구연산 - 시금치 ④ 주석산 - 포도

해설 구연산의 소재 식품은 감귤류, 딸기, 살구 등이다.

23 다음 중 열량을 내지 않는 영양소로만 짝지어진 것은?

① 단백질, 당질 ② 당질, 지질
③ 비타민, 무기질 ④ 지질, 비타민

해설 열량을 내는 3대 영양소는 탄수화물, 단백질, 지방이다.

24 버터의 수분 함량이 20%라면, 버터 20g은 몇 칼로리(kcal) 정도의 열량을 내는가?

① 61.6kcal ② 144kcal
③ 153.6kcal ④ 180.0kcal

해설 버터 20g 중 수분이 20%이므로 20×9×0.80 = 144kcal가 된다.

25 미생물이 자라는데 필요한 조건이 아닌 것은?

① 온도 ② 수분
③ 햇빛 ④ 영양분

해설 미생물 중에는 햇빛이 필요 없는 혐기성 미생물도 있다.

26 황변미 중독을 일으키는 오염원은?

① 곰팡이 ② 기생충
③ 효모 ④ 세균

해설 쌀에 Penicillium 속의 곰팡이가 번식하면 황색 또는 적홍색 물질을 생산하여 곡립이 황색 또는 황갈색으로 착색하여 황변미라고 불리는 병변미를 만든다.

27 감자, 고구마 등의 식품에 싹이 트는 것을 억제하는 효과가 있는 것은?

① 방사선 살균법 ② 일광 소독법
③ 적외선 살균법 ④ 자외선 살균법

해설 방사선 조사는 살균, 살충, 발아를 목적으로 방사선을 식재료에 조사하여 살균하는 방법이다.

28 육류의 직화구이 및 훈연 중에 발생하는 발암물질은?

① 벤조피렌(Benzopyrene) ② 니트로사민(N-nitrosamine)
③ 아크롤레인(acrolein) ④ 아크릴아마이드(Acrylamide)

해설 벤조피렌(Benzopyrene)은 가열처리나 훈제공정에 의한 것으로 석탄의 타르 중에 존재하는 발암성물질이다.

29 식품위생수준 및 자질향상을 위하여 조리사 및 영양사에게 교육을 받을 것을 명할 수 있는 자는?

① 시장·군수·구청장 ② 식품의약품안전청장
③ 보건소장 ④ 보건복지부장관

30 일반 음식점을 개업하기 위하여 수행하여야 할 사항과 관할 관청은?

① 영업신고 - 특별자치도·시·군·구청
② 영업허가 - 지방식품의약품안전청
③ 영업신고 - 지방식품의약품안전청
④ 영업허가 - 특별자치도·시·군·구청

31 한천의 용도가 아닌 것은?

① 소시지의 산화 방지제 ② 양갱의 겔화
③ 아이스크림의 안정제 ④ 세균의 배지

해설 한천은 응고력이 강하고, 잘 부패하지 않으며, 물과의 친화성이 좋아 형태 유지 능력이 크기 때문에 젤리·잼 등의 과자와 아이스크림의 식품가공에 많이 이용되며, 세균의 작용으로 잘 분해되지 않기 때문에 세균 배양용으로도 쓰인다.

32 간장이나 된장의 착색은 주로 어떤 반응이 관계하는가?

① 캐러멜(Caramel)화 반응
② 아스코르빈산(Ascorbic acid) 산화반응
③ 아미노 카르보닐(Aminocarbonyl) 반응
④ 페놀(Phenol) 반응

해설 아미노기를 갖는 화합물과 카르보닐화합물이 가열에 의해 복잡한 반응을 일으킨 결과 멜라노이딘이라고 하는 갈색 물질을 만드는 것이다.

33 전분의 호화에 대한 설명 중 틀린 것은?

① 전분의 입자가 클수록 빨리 호화된다.
② 산 첨가는 가수분해를 일으켜 호화를 촉진시킨다.
③ 찹쌀밥은 한 번 호화되면 오랫동안 점성을 유지한다.
④ 쌀은 감자보다 호화온도가 높다.

해설 쌀의 전분 입자는 감자의 전분 입자보다 작기 때문에 호화시간과 온도가 더 필요하다.

34 유지를 유화시켰다. 수중 유적형이 아닌 것은?

① 우유 ② 아이스크림
③ 버터 ④ 마요네즈

해설 버터와 마가린은 유중 수적형이다.

정답 22. ③ 23. ③ 24. ② 25. ③ 26. ① 27. ① 28. ① 29. ② 30. ① 31. ① 32. ③ 33. ④ 34. ③

35 단체 급식에서 갈치구이를 할 때 정미중량 50g을 조리하려면 1인당 발주량은 얼마인가?(단, 갈치의 폐기율은 32%이다.)

① 43 ② 67
③ 87 ④ 74

해설 (정미중량×100/100−폐기율)×인원 수
(50×100/100−32)×1 = 5000/68×1 = 73.53

36 직접 가열하는 급속해동법이 많이 이용되는 것은?

① 생선류 ② 반조리 식품
③ 육류 ④ 닭다리

해설 육류나 생선을 해동시키면 육즙이 근육조직에서 분리되어 나오는데 급속 해동 시엔 조직 파괴가 더 심할 수 있다.

37 음식을 냉장 보관하는 방법으로 바람직하지 않은 것은?

① 뜨거운 음식을 식히기 위해 냉장 보관한다.
② 해동이 필요한 식품은 조리하기 하루 전에 냉장실로 옮겨둔다.
③ 채소와 과일은 깨끗이 씻어 물기를 없앤 후 밀폐 용기에 담아 냉장 보관한다.
④ 육류, 어패류 등은 온도가 냉장실에서 가장 낮은 맨 윗칸에 냉장 보관한다.

해설 뜨거운 음식을 바로 냉장 보관하면 다른 음식의 온도를 높여 상하게 하므로 충분히 식힌 후에 넣어야 한다.

38 모시조개 된장국을 끓일 때 쌀뜨물을 이용하면 좋은 이유는?

① 된장이 더 잘 풀리기 때문이다.
② 맵고 톡 쏘는 맛을 내기 때문이다.
③ 끓이는 시간을 줄일 수 있기 때문이다.
④ 섬유질과 비타민이 들어 있기 때문이다.

해설 쌀의 씨눈과 겉껍질에 함유된 티아민과 섬유질이 쌀뜨물에 남아 있으므로 영양적인 가치가 있고 전분질이 된장국을 더 구수하게 만든다.

39 필수 지방산에 속하는 것은?

① 올레산 ② 팔미트산
③ 리놀렌산 ④ 스테아르산

해설 필수 지방산은 건강 유지 등을 위하여 체외에서 반드시 섭취하여야 하는 지방산으로 리놀레산, 리놀렌산, 아라키돈산이 있다.

40 해조류에서 추출한 성분으로 식품에 점성을 주고 안정제, 유화제로서 이용되는 것은?

① 펙틴(Pectin) ② 젤라틴(Gelatin)
③ 이눌린(Inulin) ④ 알긴산(alginic acid)

해설 해조류에 함유되는 다당류의 일종으로 증점안정제로 사용됨

41 그리스 트랩은 하수구로 들어가는 어떤 성분을 방지하기 위한 것인가?

① 음식물 찌꺼기
② 머리카락 등 미세한 쓰레기
③ 표백제나 중성세제
④ 기름성분

해설 요리나 설거지 등을 하고 난 후 허드렛물이 흘러내려가는 유출구 뒤에 접속한 것으로, 배수 안에 녹은 지방류가 배수관 내벽에 부착되어 막히는 것을 막기 위해 설치한 것이다.

42 음식물 쓰레기의 문제점이 아닌 것은?

① 썩은 후 더러운 침출수가 발생하여 지하수를 오염시킨다.
② 쓰레기 처리 비용이 적게 든다.
③ 80% 이상의 수분을 함유하고 있어 쉽게 부패하므로 악취가 발생한다.
④ 쥐나 파리, 모기, 바퀴벌레 등 해충이 번식하는 환경을 초래한다.

해설 음식물 쓰레기 처리 비용이 8,000억 원이 소요된다.

43 고등어 무 조림에 무를 이용하는 이유와 거리가 먼 것은?

① 고등어가 냄비 바닥에 눌어붙지 않게 해 준다.
② 영양을 보완해 준다.
③ 고등어가 더 잘 익게 해 준다.
④ 고등어의 비린내를 제거해 준다.

해설 생선에 부족한 수용성 비타민 보완, 생선살이 바닥에 눌어붙지 않게, 무의 단맛과 시원한 맛을 더하고, 매운 맛 성분이 생선의 비린내를 억제시켜 주기 때문이다.

44 조리 준비의 과정 중 시간이 오래 걸리므로 미리 해두면 좋은 전처리 작업은?

① 씻기, 썰기
② 다듬기, 씻기
③ 무치기, 담기
④ 불리기, 해동하기

45 기계 환기에 대한 설명으로 옳지 않은 것은?

① 공기 청정기 등을 활용하기도 한다.
② 환기팬이나 배기 후드 등을 활용한다.
③ 부엌의 가열대 위에는 배기 후드를 설치한다.
④ 기계 환기가 원활하면 자연 환기는 외부 먼지로 인해 하지 않는 것이 바람직하다.

해설 기계 환기가 원활하더라도 환기구를 두어 자연 환기도 함께 하면 더욱 효과적이다.

정답 35. ④ 36. ② 37. ① 38. ④ 39. ③ 40. ④ 41. ④ 42. ② 43. ③ 44. ④ 45. ④

46 주방창의 재료 중 태양 광선의 투과율이 가장 좋은 것은 무엇인가?

① 창호지 ② 유리블록
③ 투명 유리 ④ 반투명 유리

해설 태양 광선의 투과율이 가장 좋은 것은 투명 유리이다.

47 가공식품을 선택하는 태도로 바람직하지 않은 것은?

① 영양 표시 내용을 확인한다.
② 반드시 유통 기한을 확인한 후 구입한다.
③ 포장 상태가 좋고 보관이 잘된 것을 선택한다.
④ 냉동 식품은 포장 안에 얼음 조각이 많이 들어있는 것을 선택한다.

해설 수분이 있는 재료일 경우 잠깐이라도 해동 시 녹은 물이 다시 얼기를 반복한 까닭이다.

48 회복기 보균자에 대한 설명으로 옳은 것은?

① 몸에 세균 등 병원체를 오랫동안 보유하고 있으면서 자신은 병의 증상을 나타내지 아니하고 다른 사람에게 옮기는 사람
② 병원체에 감염되어 있지만 임상증상이 아직 나타나지 않은 상태의 사람
③ 병원체를 몸에 지니고 있으나 겉으로는 증상이 나타나지 않는 건강한 사람
④ 질병의 임상 증상이 회복되는 시기에도 여전히 병원체를 지닌 사람

49 물의 자정 작용에 해당되지 않는 것은?

① 희석 작용 ② 소독 작용
③ 분쇄, 침전 작용 ④ 산화 작용

50 식품첨가물 중 보존제의 목적과 가장 거리가 먼 것은?

① 수분 감소의 방지
② 신선도 유지
③ 식품의 영양가 보존
④ 변질 및 부패 방지

51 칼 사용 시 주의할 점이 아닌 것은?

① 작업 시 안정된 자세로 집중할 것
② 칼을 떨어뜨렸을 시 한 걸음 물러나 피할 것
③ 칼은 위험요소인자이므로 사용하지 않을 때에는 잘 보이지 않는 안전한 곳에 둘 것
④ 칼을 다른 용도로 사용하지 말 것

해설 칼은 늘 잘 보이는 곳에 둘 것, 특히 물이 채워진 싱크대에 담그거나 음식물 사이에 두지 말 것

52 산업 재해 원인 중 저온 환경에서 일어날 수 있는 직업병이 아닌 것은?

① 동상 ② 동창
③ 참호족염 ④ 인두염

해설 인두염은 크롬 중독증에서 나타난다.

53 생애 첫 예방접종은?

① D.T.P ② BCG(결핵)
③ 일본뇌염 ④ 홍역

해설 BCG(결핵) : 4주 이내

54 영업신고를 해야 하는 업종이 아닌 것은?

① 즉석판매제조·가공업
② 식품소분·판매업
③ 휴게 음식점, 일반 음식점, 위탁급식업, 제과점
④ 단란주점

해설 단란주점, 유흥주점은 특별자치도지사, 시장·군수·구청장의 허가를 받아야 한다.

55 식품위생관련 법규에서 건강진단에 관한 것으로 맞지 않는 것은?

① 건강진단은 2년 단위로 받아야 한다.
② 건강진단 항목은 장티푸스, 폐결핵, 전염성피부질환이다.
③ 건강진단서는 발급일 기준이 아닌 검진일 기준이다.
④ 영업자 및 종업원은 영업 시작 전 또는 영업에 종사하기 전에 건강진단을 받아야 한다.

해설 건강진단은 1년 1회 받아야 한다.

56 식품위생 검사기관이 아닌 것은?

① 식품의약품안전평가원
② 안전성평가연구원
③ 지방식품의약품안전청
④ 시·도 보건환경연구원

57 다음 중 알러지성 식중독의 원인식품이 아닌 것은?

① 고등어 ② 과메기
③ 황태 ④ 정어리 통조림

해설 고등어, 꽁치 등의 붉은살 생선에 들어있는 히스티딘이 프로테우스 모르가니에 의해 히스타민으로 되면 알러지성 식중독을 일으키게 된다.

정답 46. ③ 47. ④ 48. ④ 49. ② 50. ① 51. ③ 52. ④ 53. ② 54. ④ 55. ① 56. ② 57. ③

58 정식 메뉴(Table d'hote menu : 타블 도트)에 대한 설명으로 맞지 않는 것은?

① 메뉴 관리가 용이하다.
② 신속한 서비스로 좌석 회전율을 높일 수 있다.
③ 조리 과정이 일정하여 업무 흐름이 원활하다.
④ 숙련된 조리사가 필요하다.

해설 숙련된 조리사가 필요하며, 서비스 요원의 전문화가 필요하며 인건비가 높은 것은 일품요리(A la carte) 메뉴이다.

59 식재료 반품 기준 조건에 해당되지 않는 것은?

① 유통기한을 넘긴 제품
② 진공포장 고기의 색이 암적색인 경우
③ 훈제제품 등의 진공포장이 풀린 경우
④ 제품의 변색, 곰팡이 생긴 경우

해설 진공포장하여 산소 공급이 없는 산화상태의 육색소는 메트미오글로빈(Metmyoglobi)이라 하여 갈색으로 변한다.

60 화학적 소독을 함에 있어 금속 부식성이 있어 주방에 부적합한 소독약은?

① 역성 비누 ② 표백분
③ 승홍수 ④ 중성세제

정답 58. ④ 59. ② 60. ③

제 1 회 출제예상문제

01 어육의 초기 부패 시에 나타나는 휘발성 염기질소의 양은?

① 5~10mg%
② 15~25mg%
③ 30~40mg%
④ 50mg% 이상

해설 어육의 초기부패를 판정하는 휘발성 염기질소의 양은 30~40mg%이다.

02 식품의 산패에 관한 설명으로 잘못된 것은?

① 식품에 들어 있는 지방질이 산화되는 현상이다.
② 맛, 냄새가 변한다.
③ 유지가 가수분해되어 일어나기도 한다.
④ 부패와 반응 기질이 같다.

해설 부패는 단백질 식품이 혐기성 미생물에 의해 변질되는 것이고, 산패는 지방질 식품(유지)이 산화되어 변질되는 것이다.

03 미숙한 매실이나 살구씨에 존재하는 독성분은?

① 라이코린
② 하이오사이어마인
③ 리신
④ 아미그달린

해설 미숙한 매실, 살구씨에 존재하는 독성분은 아미그달린이다.

04 아플라톡신에 대한 설명으로 틀린 것은?

① 기질수분 16% 이상, 상대습도 80~85% 이상에서 생성한다.
② 탄수화물이 풍부한 곡물에서 많이 발생한다.
③ 열에 비교적 약하며 100℃에서 쉽게 불활성화된다.
④ 강산이나 강알칼리에서 쉽게 분해되어 불활성화된다.

해설 아플라톡신은 열에 강하며 280~300℃로 가열해야 분해된다.

05 식중독에 관한 설명으로 틀린 것은?

① 자연독이나 유해물질이 함유된 음식물을 섭취함으로써 생긴다.
② 발열, 구역질, 구토, 설사, 복통 등의 증세가 나타난다.
③ 세균, 곰팡이, 화학물질 등이 원인물질이다.
④ 대표적인 식중독은 콜레라, 세균성 이질, 장티푸스 등이 있다.

해설 콜레라, 세균성 이질, 장티푸스는 미생물에 의한 감염병이다.

06 통조림, 병조림과 같은 밀봉식품의 부패가 원인이 되는 식중독과 가장 관계가 깊은 것은?

① 살모넬라 식중독
② 클로스트리디움 보툴리늄 식중독
③ 포도상구균 식중독
④ 리스테리아균 식중독

해설 클로스트리디움 보툴리늄 식중독은 살균이 불충분한 통조림, 병조림의 부패가 원인이 된다.

07 엔테로톡신에 대한 설명으로 옳은 것은?

① 해조류 식품에 많이 들어 있다.
② 100℃에서 10분간 가열하면 파괴된다.
③ 황색포도상구균이 생성한다.
④ 잠복기는 2~5일이다.

해설
① 원인 식품으로는 김밥, 떡 등이 있다.
② 120℃에서 20분간 가열해도 파괴되지 않는다.
④ 잠복기는 평균 3시간이다.

08 경구 감염병과 세균성 식중독의 주요 차이점에 대한 설명으로 옳은 것은?

① 경구 감염병은 다량의 균으로, 세균성 식중독은 소량의 균으로 발병한다.
② 세균성 식중독은 2차 감염이 많고, 경구 감염병은 거의 없다.
③ 경구 감염병은 면역성이 없고, 세균성 식중독은 있는 경우가 많다.
④ 세균성 식중독은 잠복기가 짧고, 경구 감염병은 일반적으로 길다.

해설
① 경구 감염병은 소량의 균으로, 세균성 식중독은 다량의 균으로 발병한다.
② 세균성 식중독은 2차 감염이 거의 없고, 경구 감염병은 2차 감염이 있다.
③ 경구 감염병은 면역성이 있고, 세균성 식중독은 면역성이 없다.

09 돼지고기를 완전히 익히지 않고 먹을 경우 감염될 수 있는 기생충은?

① 아니사키스
② 무구낭미충
③ 유구 촌충
④ 광절열두조충

해설 선충류에 속하는 선모충, 유구촌충은 돼지고기를 덜 익히고 섭취했을 때 감염되는 기생충이다.

정답 01. ③ 02. ④ 03. ④ 04. ③ 05. ④ 06. ② 07. ③ 08. ④ 09. ③

10 접촉 감염 지수가 가장 높은 질병은?

① 유행성 이하선염 ② 홍역
③ 성홍열 ④ 디프테리아

해설 접촉감염 지수는 홍역·천연두(95%), 백일해(60~80%), 성홍열(40%), 디프테리아(10%), 소아마비(0.1) 순으로 낮아진다.

11 세계보건기구(WHO)의 주요 기능이 아닌 것은?

① 국제적인 보건사업의 지휘 및 조정
② 회원국에 대한 기술 지원 및 자료 공급
③ 세계식량계획 설립
④ 유행성 질병 및 전염병 대책 후원

해설 세계식량계획의 설립은 유엔세계식량계획(WFP)의 기능이다.

12 이산화탄소(CO_2)를 실내 공기의 오탁 지표로 사용하는 가장 주된 이유는?

① 유독성이 강하므로
② 실내 공기 조성의 전반적인 상태를 알 수 있으므로
③ 일산화탄소로 변화되므로
④ 항상 산소량과 반비례하므로

해설 이산화탄소는 무색, 무취의 비독성 가스로 이를 통해 전반적인 공기의 조성 상태를 알 수 있어 실내 공기 오염 정도의 지표로 사용된다.

13 구충·구서의 일반 원칙과 가장 거리가 먼 것은?

① 구제 대상동물의 발생원을 제거한다.
② 대상동물의 생태, 습성에 따라 실시한다.
③ 광범위하게 동시에 실시한다.
④ 성충이 된 후에 구제한다.

해설 구충·구서는 발생 초기에 실시하는 것이 성충시기보다 효과적이다.

14 공기 중에 일산화탄소가 많으면 중독을 일으키게 되는데 중독 증상의 주된 원인은?

① 근육의 경직 ② 조직세포의 산소 부족
③ 혈압의 상승 ④ 간세포의 지방간화

해설 일산화탄소는 주로 불완전 연소 시 발생하는 무색, 무취, 무미의 맹독성 기체로 체내 헤모글로빈과 친화력이 강하여 일산화탄소가 많을 경우 혈액 내 산소 결핍증을 초래한다.

15 유리규산의 분진 흡입으로 폐에 만성 섬유증식을 유발하는 질병은?

① 규폐증 ② 철폐증
③ 면폐증 ④ 유기분진 독성증후군

해설 규폐증은 유리규산의 분진을 흡입하여 폐에 만성의 섬유 증식을 일으키는 질환이다.

16 초기 청력 장애 시 직업성 난청을 조기 발견할 수 있는 주파수는?

① 1,000Hz ② 2,000Hz
③ 3,000Hz ④ 4,000Hz

해설 청력의 저하는 처음 주파수의 높은 소리 4,000Hz에 가까운 소리)에 대하여 나타나지만, 대화에 지장을 받지 않는다. 하지만 청력 장애가 진행될수록 일상생활에 큰 지장을 주게 되고, 대화음역(500~2,000Hz)에 미쳤을 때 난청을 자각한다.

17 영양소와 급원식품의 연결이 옳은 것은?

① 동물성 단백질 – 두부, 소고기
② 비타민 A – 당근, 미역
③ 필수 지방산 – 대두유, 버터
④ 칼슘 – 우유, 멸치

해설 칼슘의 급원식품으로는 우유, 멸치 외에도 치즈, 요구르트, 아이스크림 등이 있다.

18 식품을 저온 처리할 때 단백질에서 나타나는 변화가 아닌 것은?

① 가수분해
② 탈수현상
③ 생물학적 활성 파괴
④ 용해도 증가

해설 식품을 저온 처리 시 단백질에서 나타나는 변화에는 가수분해, 탈수현상, 생물학적 활성 파괴, 용해도 감소가 있다.

19 식품의 성분을 일반 성분과 특수 성분으로 나눌 때 특수 성분에 해당하는 것은?

① 탄수화물
② 향미 성분
③ 단백질
④ 무기질

해설 특수 성분에는 색 성분, 향기 성분, 맛 성분, 효소, 독성 성분이 있다. 그 외 수분, 유기질, 무기질은 일반 성분에 해당한다.

20 식품의 산성 및 알칼리성을 결정하는 기준 성분은?

① 필수 지방산 존재 여부
② 필수 아미노산 존재 여부
③ 구성 탄수화물
④ 구성 무기질

해설 조회분 측정은 식품을 연소한 후 남은 물질이고, 조화분을 물에 녹여 측정된 pH가 7 이하이면 산성, 7 이상이면 알칼리성 식품이라 한다.

정답 10. ② 11. ③ 12. ② 13. ④ 14. ② 15. ① 16. ④ 17. ④ 18. ④ 19. ② 20. ④

21 조리 시 나타나는 현상과 그 원인이 되는 색소의 연결이 옳은 것은?

① 산성 성분이 많은 물로 지은 밥의 색이 누런 것은 클로로필 색소 때문이다.
② 양배추 피클이 갈색을 띄는 이유는 플라보노이드 색소 때문이다.
③ 탄닌의 작용으로 커피를 경수로 끓이면 그 표면이 갈색이다.
④ 데친 시금치가 누렇게 되는 것은 안토시안 색소 때문이다.

해설 커피를 경수로 끓이게 되면 물의 칼슘과 마그네슘 성분 때문에 커피의 맛을 내는 카페인과 탄닌의 침출이 나빠져 맛이 좋지 않다.

22 카로티노이드에 대한 설명으로 옳은 것은?

① 클로로필과 공존하는 경우가 많다.
② 산화 효소에 의해 쉽게 산화되지 않는다.
③ 햇빛에 대해서 안정하다.
④ 수용성이다.

해설 카로티노이드는 유색체에 존재하거나 채소나 과일의 엽록체에서 클로로필과 함께 존재한다.

23 강한 환원력으로 식품 가공에서 갈변이나 향이 변하는 산화 반응을 억제하는 효과가 있어 안전하고 실용성이 높은 산화 방지제로 사용되는 것은?

① 티아민　　② 나이아신
③ 리보플라빈　　④ 아스코르빈산

해설 아스코르빈산은 비타민 C로, 산화 방지제로서의 기능이 있다.

24 식품과 대표적인 맛 성분유기산의 연결이 잘못된 것은?

① 포도 - 주석산
② 감귤 - 구연산
③ 사과 - 사과산
④ 치즈 - 호박산

해설 호박산은 양조식품, 어패류, 사과, 딸기 등에 함유되어 있으며 감칠맛도 난다.

25 다음 중 사과, 배 등 신선한 과일의 갈변 현상을 방지하기 위한 가장 좋은 방법은?

① 철제 칼로 껍질을 벗긴다.
② 뜨거운 물에 넣었다 꺼낸다.
③ 레몬즙에 담가 둔다.
④ 신선한 공기와 접촉시킨다.

해설 pH 3.0 이하에서는 불활성화되므로, 사과, 배 등을 레몬즙이나 라임즙 등의 과즙에 담가 두면 갈변을 지연시킬 수 있다.

26 설탕 용액이 캐러멜로 되는 일반적인 온도는?

① 50~60℃　　② 70~80℃
③ 100~110℃　　④ 160~180℃

해설 설탕 용액이 캐러멜로 되는 온도는 160~180℃

27 과일이 성숙함에 따라 일어나는 성분 변화가 아닌 것은?

① 과육은 점차로 연해진다.
② 엽록소가 분해되면서 푸른색은 옅어진다.
③ 비타민 C와 카로틴 함량이 증가한다.
④ 탄닌은 증가한다.

해설 탄닌은 떫은 맛으로 미숙과에 많이 함유되어 있지만, 성숙할수록 감소된다.

28 어패류 조리 방법 중 틀린 것은?

① 조개류는 낮은 온도에서 서서히 조리하여야 단백질의 급격한 응고로 인한 수축을 막을 수 있다.
② 생선은 결체 조직의 함량이 높으므로 주로 습열 조리법을 사용해야 한다.
③ 생선조리 시 약간의 식초나 레몬즙을 넣으면 생선이 단단해진다.
④ 생선조리 시 파, 마늘, 양파를 사용하면 비린내 제거에 효과적이다.

해설 생선은 결체조직의 함량이 낮다.

29 우유에 함유된 단백질이 아닌 것은?

① 락토오스　　② 카세인
③ 락트알부민　　④ 락토글로불린

해설 락토오스는 유당으로 탄수화물에 해당한다.

30 조절 영양소가 비교적 많이 함유된 식품을 구성된 것은?

① 시금치, 파래, 딸기　　② 소고기, 달걀, 두부
③ 두부, 감자, 쇠고기　　④ 쌀, 감자, 달걀

해설 조절 영양소란 비타민, 무기질, 물 등으로 채소, 과일, 해조류가 있다.

31 원가의 구성으로 옳은 것은?

① 판매가격 = 이익 + 제조원가
② 직접원가 = 직접재료비 + 직접노무비 + 직접경비
③ 총원가 = 제조간접비 + 직접원가
④ 제조원가 = 판매경비 + 일반관리비 + 제조간접비

해설 ① 판매가격 = 이익 + 총원가
③ 총원가 = 제조간접비 + 판매관리비 + 직접원가
④ 제조원가 = 직접경비 + 직접노무비 직접재료비 + 제조간접비

정답 21. ③ 22. ① 23. ④ 24. ④ 25. ③ 26. ④ 27. ④ 28. ② 29. ① 30. ① 31. ②

32 다음의 식단 구성 중 편중되어 있는 영양가의 식품군은?

보리밥, 조개, 닭찜, 명란알찜, 두부조림, 생선튀김

① 탄수화물군
② 단백질군
③ 비타민/무기질군
④ 지방군

해설 단백질 급원식품에는 육류, 두류, 어류가 있다.

33 조리 작업장의 위치 선정 조건으로 적합하지 않은 것은?

① 보온성이 좋은 지하
② 통풍이 잘 되고 밝은 곳
③ 음식의 운반과 배선이 편리한 곳
④ 재료의 반입과 오물의 반출이 쉬운 곳

해설 지하에 조리 작업장이 위치하면 통풍과 채광이 좋지 않기 때문에 적합하지 않다.

34 조리 방법에 대한 설명으로 틀린 것은?

① 무초 절임을 할 때 얇게 썬 무를 식소다 물에 담가두면 무의 색소 성분이 알칼리에 의해 더욱 희게 유지된다.
② 사과를 깎은 후 레몬즙을 뿌려 효소 작용을 억제시켰다.
③ 우족의 핏물을 우려내기 위해 찬물에 담가 수용성 헤모글로빈을 용출시켰다.
④ 양송이 다짐에 레몬즙을 뿌려 색이 변하는 것을 억제시켰다.

해설 무에 들어있는 색소는 플라보노이드계 색소인 안토잔틴으로, 산에는 안정하여 흰색을 유지하지만 알칼리에는 진한 황색으로 변한다.

35 소금에 대한 설명 중 틀린 것은?

① 무기질의 공급원이다.
② 단맛과 맛의 대비를 일으킨다.
③ 제면 공정에 첨가하면 제품의 물성을 향상시킨다.
④ 온도에 따른 용해도의 차가 크다.

해설 소금은 온도에 따른 용해도의 차가 거의 없다.

36 냉동 보관에 대한 설명으로 틀린 것은?

① 냉동된 닭을 조리할 때 뼈가 검게 변하기 쉽다.
② 떡의 노화방지를 위해서는 냉동 보관하는 것이 좋다.
③ 급속 냉동 시 얼음 결정이 크게 형성되어 식품의 조직 파괴가 크다.
④ 서서히 동결하면 해동 시 드립 현상을 초래하여 식품의 질이 저하된다.

해설 급속 냉동 시 얼음 결정이 작게 형성되어 식품의 조직 파괴가 적다.

37 전자레인지의 주된 조리 원리는?

① 복사 ② 전도
③ 대류 ④ 초단파

전자레인지는 전기에너지를 마그네트론 장치에서 극초단파로 발생시켜 식품 내부에서 열을 발생시키는 원리를 통해 식품을 가열하는 장치이다.

38 식품을 구입 시 식품 감별이 잘못된 것은?

① 과일이나 채소는 색깔과 모양이 좋아야 한다.
② 육류는 고유의 선명한 색과 탄력성이 있는 것이 좋다.
③ 햄, 소시지 제품은 표면에 점액질의 액즙이 없는 것이 좋다.
④ 토란은 겉이 마르지 않고 잘랐을 때 점액질이 없는 것이 좋다.

해설 토란은 수분이 많고 잘랐을 때 점액질-갈락틴-이 많은 것이 좋다.

39 총비용과 총수익(판매액)이 일치하여 이익도 손실도 발생되지 않는 기점은?

① 매상선점 ② 가격결정점
③ 손익분기점 ④ 한계이익점

해설 손익분기점은 수익과 총비용이 일치하는 지점으로, 이익이나 손실이 발생하지 않는 지점이다.

40 작업장에서 발생하는 작업의 흐름에 따라 시설과 기기를 배치할 때 작업의 흐름이 순서대로 연결된 것은?

㉠ 전처리	㉡ 배식
㉢ 식기 세척 · 수납	㉣ 조리
㉤ 식재료의 구매 ·검수	

① ㉤ - ㉠ - ㉣ - ㉡ - ㉢
② ㉠ - ㉡ - ㉢ - ㉣ - ㉤
③ ㉤ - ㉣ - ㉡ - ㉠ - ㉢
④ ㉢ - ㉠ - ㉣ - ㉤ - ㉡

해설 작업의 흐름은 식재료의 구매 · 검수 → 전처리(씻기, 썰기, 다듬기) → 조리 → 장식 및 배식 → 식기 세척, 수납 순이다.

41 (   )에 알맞은 용어가 순서대로 나열된 것은?

감자, 고구마 전분에 첨가물을 혼합, 성형하여 (   )한 후 건조, 냉각하여 (   )시킨 것으로 반드시 열을 가해 (   )하여 먹는다.

① α화 - β화 - α화 - 당면
② α화 - α화 - β화 - 쌀국수
③ β화 - β화 - α화 - 소면
④ β화 - α화 - β화 - 당면

해설 당면은 전분을 만드는 과정에서 α화(호화)되었다가 제품화(당면)되었을 때는 다시 β화(노화)된 것이므로 반드시 열을 가하여 α화(호화)하여 먹어야 한다.

정답 32. ② 33. ① 34. ① 35. ④ 36. ③ 37. ④ 38. ④ 39. ③ 40. ① 41. ①

42 무쇠로 만들어져 음식을 볶을 때 사용하는 속이 깊은 프라이팬은?

① 편수 팬 ② 그릴 팬
③ 사각 팬 ④ 중화 팬

43 중식 육수에 대한 설명으로 맞지 않는 것?

① 소고기 육수를 많이 사용한다.
② 중국 요리에서 육수는 뼈와 채소, 향신료를 넣고 끓인다.
③ 맛, 향기, 색깔 및 영양 가치를 고려한다.
④ 수프나 탕을 만들 때 사용되는 기초 국물이다.

해설 중국 요리에서는 재료의 맛을 잘 살릴 수 있는 담백한 닭 육수를 사용한다.

44 중국 음식의 절임·무침에 사용되는 조미료로 검은콩, 밀, 누에콩, 고추를 발효시켜 만든 것은?

① 미추 ② 두반장
③ 고추기름 ④ 굴소스

45 중식 냉채 요리 선정 시 유의 사항이 아닌 것은?

① 주 요리와의 조화를 생각하고 냉채 메뉴를 결정한다.
② 주 요리의 가격대에 맞춰 재료를 선정한다.
③ 냉채 요리는 한결같아야 요리의 시작이라는 느낌을 강하게 준다.
④ 주 요리와 조리 방법이 겹치지 않아야 한다.

해설 주 요리는 계절, 연회 성격에 따라서 바뀌게 되므로 냉채 요리도 변화를 주어야 한다.

46 찜·조림 담기가 잘못된 것은?

① 크기가 작은 요리는 빨리 식을 수 있기 때문에 뚜껑이 있는 그릇을 준비한다.
② 크기가 큰 재료는 아래쪽에 크기가 작은 것은 위쪽으로 정리하여 담는다.
③ 소스가 있는 찜이나 조림은 오목한 그릇에 담고 주재료보다 소스의 양이 많이 담기지 않도록 한다.
④ 찜요리의 적정 온도는 95℃ 이상이다.

해설 찜요리의 적정 온도는 60℃ 이상이다.

47 다음 중 딤섬의 조리법이 잘못 연결된 것은?

① 삶는 딤섬 - 소룡포
② 쪄 내는 딤섬 - 샤오마이
③ 튀겨 내는 딤섬 - 춘권
④ 지지는 딤섬 - 고기교자

해설 소룡포는 찌는 딤섬의 대표격이다.

48 중식 볶음 요리 중 전분을 사용하지 않는 것은?

① 마파두부 ② 토마토달걀볶음
③ 류산슬 ④ 부용게살

해설 전분을 사용하지 않는 볶음은 부추잡채, 고추잡채, 토마토달걀볶음 등

49 중국 음식에서의 기름의 역할이 아닌 것은?

① 열 전달체의 역할
② 음식을 부드럽게 한다.
③ 유지를 트랜스 지방화 시켜 바삭함을 준다.
④ 음식에 향을 증가 시킨다

해설 트랜스 지방은 LDL을 상승시켜 관상동맥질환을 일으킬 우려가 있으므로 섭취를 줄이는 것이 좋다.

50 생선이나 오리의 머리, 꼬리를 살려서 담으려 할 때 어울리는 접시는?

① 위엔판(둥근 접시)
② 챵야오판(타원형 접시)
③ 완(사발)
④ 옴파리(오목한 그릇)

해설 챵야오판(타원형 접시) : 장축이 66cm 정도로 음식 형태가 길면서 둥근 모양이거나 장방형 음식을 담는 데 적합하다.

51 북경 고압로에 조리하는 음식은?

① 양 꼬치구이 ② 북경 오리구이
③ 차샤오(돼지목살구이) ④ 홍소도미

52 중국의 수타면 뽑는 방법이 아닌 것은?

① 물에 소금과 탄산수소나트륨을 섞어 반죽용 물을 만든다.
② 완성된 반죽은 젖은 면포로 덮어 숙성 시킨다.
③ 반죽을 면판에 내리쳐 고르게 섞는다.
④ 면을 끓는 물에 삶아 낸 후 쫄깃함을 위해 잠시 휴지기를 갖는다.

해설 면을 끓는 물에 삶아 낸 후 찬물에 깨끗이 씻어 낸다.

53 중국 요리의 후식이 아닌 것?

① 바나나 빠스
② 망고시미로
③ 찹쌀떡
④ 당고

해설 당고(団子)는 쌀가루나 밀가루에 따뜻한 물을 부어 만든 반죽을 삶거나 찐 후 작고 둥글게 빚어 만든 일본 화과자이다.

정답 42. ④ 43. ① 44. ② 45. ③ 46. ④ 47. ① 48. ② 49. ③ 50. ② 51. ② 52. ④ 53. ④

54 식품 조각의 종류 중 냉채나 여러 가지의 장식을 한 접시에 표현하는 것을 무엇이라 하는가?

① 입체 조각　② 각화
③ 누각　④ 병파

55 식품 조각 소재들의 의미를 제대로 연결한 것은?

① 용 - 용맹을 뜻한다.
② 닭 - 화려한 깃털은 부귀를 뜻한다.
③ 봉황 - 장수를 의미한다.
④ 잉어 - 등용문(登龍門)

해설 잉어 : 잉어가 중국 황허강 상류의 용문 계곡을 오르면 용이 된다는 전설에서 등용문(登龍門) 이라는 고사성어가 유래하였다. 이 때문에 잉어는 출세, 성공, 발전을 의미한다.

56 둥근 형태를 그려낼 때 사용하는 도구로서 물고기의 비늘이나 새의 날개깃 등을 조각할 때 쓰이는 조각도는?

① 둥근칼(U도)　② 주도(카빙 나이프)
③ 스쿱　④ 식도

57 튀김 온도를 바르게 연결한 것은?

① 약과 : 140~150℃
② 두부 : 180℃
③ 감자 튀김·양파 튀김 : 160~170℃
④ 닭·생선·도넛 : 150~160℃

58 중국 음식에 들어가는 특수 재료가 아닌 것은?

① 상어지느러미　② 황화채
③ 제비집　④ 건해삼

해설 황화채(원추리꽃)는 우리나라 잡채에 들어가던 재료 중의 하나이다.

59 못처럼 생겨 정향이라 하며 양고기, 피클, 마리네이드에 이용되는 향신료는?

① 클로브　② 스타아니스
③ 고수　④ 와일드마조람

60 돼지고기의 특수 부위로 다른 식육에는 존재하지 않는 부위는?

① 갈비살　② 곱창
③ 안심살　④ 갈매기살

해설 갈매기살은 갈비뼈 안쪽의 가슴뼈 끝에서 허리뼈까지 갈비뼈 윗면을 가로지르는 얇고 평평한 횡격막근을 분리하여 정형한 것이다.

정답 54. ④　55. ④　56. ①　57. ②　58. ②　59. ①　60. ④

제 2 회 출제예상문제

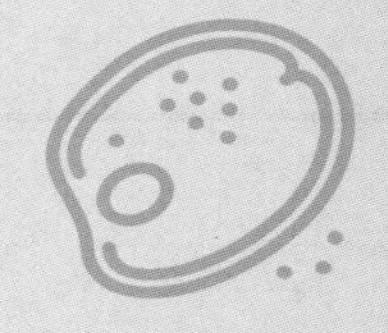

01 어패류의 생식 시 주로 나타나며, 수양성 설사 증상을 일으키는 식중독의 원인균은?

① 살모넬라균　② 장염 비브리오균
③ 포도상구균　④ 클로스트리디움 보툴리늄균

해설 장염 비브리오균은 어패류의 생식 시 주로 나타나며, 수양성 설사 증상을 일으키는 식중독의 원인균이다.

02 만성 중독의 경우 반상치, 골경화증, 체중 감소, 빈혈 등을 나타내는 물질은?

① 붕산　② 불소
③ 승홍　④ 포르말린

해설 불소에 의한 만성 중독은 반상치, 골경화증, 체중 감소, 빈혈 등을 나타낸다. 붕산, 승홍은 유해보존료이고, 포르말린은 소독제이다.

03 우유의 살균 방법으로 130~150℃에서 2초간 가열하는 것은?

① 저온 살균법　② 고압 증기 멸균법
③ 고온 단시간 살균법　④ 초고온 순간 살균법

해설 초고온 순간 살균법은 130~140℃에서 2초간 살균한다.

04 생선 및 육류의 초기 부패 판정 시 지표가 되는 물질에 해당되지 않는 것은?

① 휘발성염기질소　② 암모니아
③ 트리메틸아민　④ 아크롤레인

해설 아크롤레인은 유지가 발연점 이상 가열되어서 그을음이 발생할 때 그 연기를 말한다.

05 클로스트리디움 보툴리늄 식중독을 일으키는 주된 원인 식품은?

① 통조림 식품　② 채소류
③ 과일류　④ 곡류

해설 클로스트리디움 보툴리늄 식중독은 통조림 식품이 원인 식품으로 특이한 신경 증상, 눈의 시력저하, 동공 확대, 청각 마비, 언어 장애 등의 증상을 보이며 치사율이 높다.

06 사용이 허가된 발색제는?

① 폴리아크릴산나트륨　② 알긴산프로필렌글리콜
③ 카르복시메틸스타치나트륨　④ 아질산나트륨

해설 사용 허가된 발색제에는 육류 및 발색제의 질산칼륨, 질산나트륨, 아질산나트륨이 있다.

07 식품위생법령상 영업허가를 받아야 하는 업종은?

① 식품 제조 가공업　② 즉석 판매 제조 가공업
③ 일반 음식점 영업　④ 식품조사 처리업

해설 허가를 받아야 하는 영업은 식품조사 처리업, 단란주점 영업, 유흥주점 영업이다.

08 식품 등의 표시 기준상 영양성분별 세부표시 방법에 의거하여 콜레스테롤의 함량을 "0"으로 표시할 수 있는 기준은?

① 성분이 검출되지 않은 경우
② 2mg 미만일 때
③ 5mg 미만일 때
④ 10mg 미만일 때

해설 콜레스테롤의 단위는 mg으로 표시하되, 그대로 표시하거나 그 값에 가장 가까운 5mg 단위로 표시하여야 한다. 2mg 미만은 "0"으로 표시할 수 있다.

09 식품위생법령상 소고기, 돼지고기, 닭고기의 원산지 및 종류를 표시해야 하는 대통령령으로 정하는 조리 방법이 아닌 것은?

① 볶음　② 구이
③ 찜　④ 육회

해설 식품위생법 제12조 내용이 삭제되기 전 원산지 및 종류를 표시해야 하는 육류 조리 방법은 구이, 찜, 육회, 튀김 등을 말한다.

10 단백질의 변성 요인 중 그 효과가 가장 적은 것은?

① 가열　② 산
③ 건조　④ 산소

해설 단백질 변성 요인은 가열, 탈수, 동결, 거품 내기, 산, 알칼리, 중금속, 유기용제 등

11 50g의 달걀을 접시에 깨뜨려 놓았더니 난황 높이는 1.7cm, 난황 직경은 4cm이었다. 이 달걀의 난황계수는?

① 0.188　② 0.232
③ 0.336　④ 0.425

해설 난황계수는 난황의 높이/난황의 직경 = 1.7/4 = 0.425

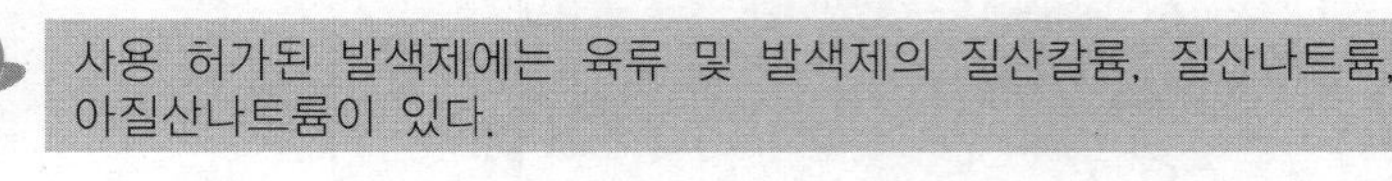

정답 01. ② 02. ② 03. ④ 04. ④ 05. ① 06. ④ 07. ④ 08. ② 09. ① 10. ④ 11. ④

12 쇠고기를 가열하였을 때 생성되는 근육 색소는?

① 헤모글로빈 ② 미오글로빈
③ 옥시헤모글로빈 ④ 메트미오글로빈

해설

미오글로빈 (적자색)	→ 산소화	옥시미오글로빈 (선홍색)	→ 가열 및 산화	메트미오글로빈 (갈색)

13 오징어 훈제 공정에 포함되지 않는 방법은?

① 수세 ② 염지
③ 여과 ④ 훈연

해설 오징어 훈제 공정은 수세, 염지, 훈연이다.

14 다음 중 난황에 들어 있으며 커스터드 크림 제조 시 유화제 역할을 하는 성분은?

① 글로불린 ② 갈락토오스
③ 레시틴 ④ 오브알부민

해설 레시틴은 난황에 들어있는 유화제 성분이다.

15 양질의 칼슘이 가장 많이 들어있는 식품끼리 짝지어진 것은?

① 곡류, 서류 ② 돼지고기, 쇠고기
③ 우유, 건멸치 ④ 달걀, 오리알

해설 칼슘의 대표적인 식품은 우유 · 유제품, 뼈째 먹는 생선이다.

16 발생 형태를 기준으로 했을 때의 원가 분류는?

① 개별비, 공통비
② 재료비, 노무비, 경비
③ 직접비, 간접비
④ 고정비, 변동비

해설 원가 발생 형태에 따른 분류에는 재료비, 노무비, 경비가 있다. 원가 추적 가능성에 따른 분류에는 직접비와 간접비가 있다.

17 경영 형태별로 단체 급식을 분류할 때 직영 방식의 장점은?

① 인건비가 감소된다.
② 시설설비 투자액이 적다.
③ 영양관리와 위생관리가 철저하다.
④ 이윤의 추구가 극대화된다.

해설 직영방식의 장점은 분량관리, 위생관리, 식단 작성 등 체계적인 관리이다.

18 외식 산업의 특성에 대한 설명으로 틀린 것은?

① 소자본의 시장참여가 용이하다.
② 유통과 제조업인 동시에 서비스 산업이다.
③ 방문 고객의 수요예측이 용이하다.
④ 사회, 문화 환경의 변화가 소비자 기호를 변화시킨다.

해설 외식 산업은 방문 고객의 수요 예측이 쉽지 않다.

19 깨끗하지 못한 손과 음식물 섭취와 관계가 없는 기생충은?

① 회충
② 사상충
③ 광절열두조충
④ 요충

해설 사상충은 음식물 섭취와 관계가 없고 모기가 중간 숙주인 기생충이다.

20 역성 비누에 대한 설명으로 틀린 것은?

① 양이온 계면활성제이다.
② 살균제, 소독제 등으로 사용된다.
③ 자극성 및 독성이 없다.
④ 무미, 무해하나 침투력이 약하다.

해설 역성 비누는 양이온 부분이 계면 활성 작용을 갖는 비누로, 세척력은 없으나 살균 작용 · 단백질 침전 작용이 커서 약용 비누로 쓰이며 무색, 무취하고 침투력이 강하다.

21 자연계에 버려지면 쉽게 분해되지 않으므로 식품 등에 오염되어 인체에 축적독성을 나타내는 원인과 거리가 먼 것은?

① 수은 오염
② 잔류성이 큰 유기염소제 농약 오염
③ 방사선 물질에 의한 오염
④ 콜레라와 같은 병원 미생물 오염

해설 콜레라는 오염수나 생존 가능한 음식물을 통해서 전염되는 질병이다.

22 병원성 미생물의 발육과 그 작용을 저지 또는 정지시켜 부패나 발효를 방지하는 조작은?

① 산화 ② 멸균
③ 방부 ④ 응고

해설 방부는 미생물의 증식을 억제하여 균의 발육을 저지시켜 부패나 발효를 방지한다.
- 멸균 : 병원 미생물뿐만 아니라 균, 아포, 독소 등을 사멸시키는 것
- 소독 : 병원성 미생물을 죽이거나 병원성을 약화시키지만 아포는 죽이지 못함

정답 12. ④ 13. ③ 14. ③ 15. ③ 16. ② 17. ③ 18. ③ 19. ② 20. ④ 21. ④ 22. ③

23 생균을 이용하여 인공 능동 면역이 되며, 면역 획득에 있어서 영구 면역성인 질병은?

① 세균성 이질　② 폐렴
③ 홍역　④ 임질

해설 인공 능동 면역은 예방접종 후 얻은 면역을 말하며 홍역, 수두, 장티푸스 등이 이에 해당한다.

24 세계보건기구(WHO)의 주요 기능이 아닌 것은?

① 국제적인 보건사업의 지휘 및 조정
② 회원국에 대한 기술지원 및 자료 공급
③ 세계식량계획 설립
④ 유행성 질병 및 감염병 대책 후원

해설 세계보건기구의 주요 기능은 지휘 및 조정, 기술 지원, 자료 공급, 공중보건 관련 행정 강화와 지원 등 간접적인 활동을 한다.

25 인수 공통 감염병으로 그 병원체가 바이러스(Virus)인 것은?

① 발진열　② 탄저
③ 광견병　④ 결핵

해설 광견병은 경피 침입의 경로로 병원체가 바이러스인 감염병이다.
- 발진열 → 리케차
- 탄저, 결핵 → 세균으로 감염된다.

26 자외선에 의한 인체 건강 장해가 아닌 것은?

① 설안염　② 피부암
③ 진폐증　④ 백내장

해설 자외선의 건강 장해는 피부색소 침착 등을 일으키며 심하면 피부암 유발, 두통과 현기증, 열사병, 백내장, 설안염 등이 발생한다. 진폐증은 분진, 먼지로 인한 건강 장해이다.

27 다음 식품첨가물 중 영양 강화제는?

① 비타민류, 아미노산류　② 검류, 락톤류
③ 에테르류, 에스테르류　④ 지방산류, 페놀류

해설 영양 강화제는 식품에 영양소를 강화할 목적으로 사용되는 첨가물로 비타민, 아미노산류 등의 무기염류가 강화제로 사용된다.

28 식품의 보존료가 아닌 것은?

① 데히드로초신　② 소르빈산
③ 안식향산　④ 스테비오사이드

해설 ※ Stevia의 잎에 함유되어 있는 감미물질
- 데히드로초산 : 치즈, 버터, 마가린에 사용
- 소르빈산 : 육제품, 절인 식품에 사용
- 안식향산 : 간장, 청량음료수 등에 사용

29 아플라톡신에 대한 설명으로 틀린 것은?

① 기질수분 16% 이상, 상대습도 80~85% 이상에서 생성한다.
② 탄수화물이 풍부한 곡물에서 많이 발생한다.
③ 열에 비교적 약하여 100℃에서 쉽게 불활성화 된다.
④ 강산이나 강알카리에서 쉽게 분해되어 불활성화 된다.

해설 아플라톡신은 강한 발암 물질로 열에도 죽지 않아 주의하여야 한다.

30 식품첨가물의 사용 목적이 아닌 것은?

① 식품의 기호성 증대
② 식품의 유해성 입증
③ 식품의 부패와 변질을 방지
④ 식품의 제조 및 품질 개량

해설 식품첨가물의 사용 목적은 식품의 부패와 변질을 방지, 기호 및 관능을 만족, 영양 강화, 품질 개량 및 일정기간 유지, 식품 제조에 필요이다.

31 화학 물질에 의한 식중독으로 일반 중독 증상과 시신경의 염증으로 실명의 원인이 되는 물질은?

① 납　② 수은
③ 메틸알코올　④ 청산

해설 메틸알코올을 7~8ml 음용했을 때 실명하고, 100~250ml로 사망한다.

32 식품위생법령상 조리사를 두어야 하는 영업자 및 운영자가 아닌 것은?

① 국가 및 지방자치단체의 집단급식소 운영자
② 면적 $100m^2$ 이상의 일반 음식점 영업자
③ 학교, 병원 및 사회복지시설의 집단급식소 운영자
④ 복어를 조리·판매하는 영업자

해설 일반 음식점은 조리사를 두지 않아도 된다.

33 게, 가재, 새우 등의 껍질에 다량 함유된 키틴(Chitin)의 구성 성분은?

① 다당류　② 단백질
③ 지방질　④ 무기질

해설 키틴은 아미노당으로 이루어진 다당류이다.

34 다음 중 단당류인 것은?

① 포도당　② 유당
③ 맥아당　④ 전분

해설 단당류에는 포도당, 갈락토오스, 과당이 있다.

정답 23. ③ 24. ③ 25. ③ 26. ③ 27. ① 28. ④ 29. ③ 30. ② 31. ④ 32. ② 33. ① 34. ①

35 동물성 식품(육류)의 대표적인 색소 성분은?

① 미오글로빈 ② 페오피틴
③ 크산토필 ④ 안토시아닌

해설 육류의 육색소는 미오글로빈이고, 혈색소는 헤모글로빈이다.

36 가자미 식해의 가공 원리는?

① 건조법 ② 당장법
③ 냉동법 ④ 염장법

해설 가자미 식해는 가자미를 엿기름, 고춧가루, 마늘, 생강, 소금에 삭혀서 먹는 음식이다.

37 자유수와 결합수의 설명으로 맞는 것은?

① 결합수는 용매로서 작용한다.
② 자유수는 4℃에서 비중이 제일 크다.
③ 자유수는 표면장력과 점성이 작다.
④ 결합수는 자유수보다 밀도가 작다.

해설 자유수는 비중이 4℃에서 제일 크고 전해질에 잘 녹으며 건조로 쉽게 제거된다. 표면장력, 점성, 비열도 크며 미생물의 번식과 발아에 이용되는 물이다.

38 미숫가루를 만들 때 건열로 가열하면 전분이 열분해되어 덱스트린이 만들어진다. 이 열분해 과정을 무엇이라고 하는가?

① 호화 ② 노화
③ 호정화 ④ 전화

해설 호정화는 전분을 160℃ 이상의 건열로 가열하면 여러 단계의 가용성 전분을 거쳐 덱스트린으로 분해되는 과정이다.

39 내륙 지방의 요리로 강한 향신료인 고추, 후추, 생강을 많이 사용하여 맛이 자극적이고 맵다. 중국적인 전통을 가장 잘 보존하고 있는 요리가 많고 대표적인 요리는 마파두부 등이다. 어느 지역 요리인가?

① 북경 ② 사천
③ 상해 ④ 광동

40 중국 음식의 식문화에 대한 설명으로 맞는 것은?

① 중국 음식은 재료가 다양하고 광범위해서 조리기구도 다양하고 복잡하다.
② 강희제의 만한전석은 중국 음식 최고의 부흥기로 호사스러운 연회식의 극치다.
③ 불발효차는 녹차, 후발효차는 홍차가 대표적이다.
④ 중국의 젓가락 역사는 3,000년 전으로 숟가락 사용은 하지 않는다.

41 중식 썰기 중 편 썰기의 발음과 한자는?

① 絲(쓰 sī) ② 泥(니 ní)
③ 片(피엔 piàn) ④ 丁(띵 dīng)

해설
- 片(피엔 piàn) : 편 썰기
- 絲(쓰 sī) : 가늘게 채 썰기
- 泥(니 ní) : 잘게 다지기
- 丁(띵 dīng) : 깍둑 썰기

42 재료에 따른 육수 조리 시간이 잘못된 것은?

① 소뼈 : 8~12시간
② 닭뼈 : 2~4시간
③ 생선 : 30분~1시간
④ 돼지뼈 : 30분~1시간

해설 돼지뼈도 소뼈처럼 오랜 시간 고아 만든다.

43 중국의 지역과 요리가 맞게 연결된 것은?

① 북경 요리- 게요리, 동파육
② 상해 요리- 딤섬, 탕수육
③ 사천 요리- 마파더후, 궁보계정
④ 광동 요리- 북경오리, 훠궈

44 전분을 넣지 않는 조리법은?

① 청회 ② 홍회
③ 백회 ④ 배

해설
- 홍회 : 황설탕과 간장, 전분을 사용하여 만드는 요리로 농도가 진하다.
- 백회 : 전분을 소량으로 넣어 조리하는 방법이다.
- 배 : 물 전분이 들어가 맛이 부드럽다.

45 '볶다'라는 뜻으로 재료를 먹기 좋게 썰어 팬에 기름을 두르고, 센 불에 재빠르게 볶아서 만드는 조리법은?

① 초(chao, 챠오) ② 팽(peng, 펑)
③ 폭(bao, 빠오) ④ 류(liu, 리우)

해설
- 팽(peng, 펑) : 전분 옷을 입혀 기름에 바삭하게 튀긴 후 센 불에 양념을 넣어 빠르게 볶는 조리법이며, 깐풍기, 칠리새우
- 폭(bao, 빠오) : 재료에 칼집을 넣어 뜨거운 물 또는 기름에 데친 후 팬을 달구어 센 불에서 빠르게 볶아 내는 방식
- 류(liu, 리우) : 전분이나 밀가루 옷을 만들어 입힌 후 튀겨 내어 준비한 소스에 빠르게 버무리는 방식이 있다.

46 신선한 생굴을 으깬 다음 끓여서 조려서 농축시켜 만든 양념은?

① 두반장 ② 해선장
③ 흑초 ④ 굴소스

정답 35. ① 36. ④ 37. ② 38. ③ 39. ② 40. ② 41. ③ 42. ④ 43. ③ 44. ① 45. ① 46. ④

47 중국 음식의 녹말 사용법이 아닌 것은?

① 융화 ② 매끄러운 식감
③ 온도 유지 ④ 거품형성

48 냉채 조리법으로 잘 사용하지 않는 것은?

① 기름에 튀기기
② 삶아서 무치기
③ 장국 물에 끓이기
④ 소금·간장·설탕·식초 등의 양념에 담그기

해설 냉채요리는 전채에 해당하는 만큼 상큼하거나 위에 부담을 주지 않는 조리법을 사용한다.

49 냉채 요리에 대한 설명으로 맞지 않는 것은?

① 맨 처음 나가는 요리
② 소화가 잘되게 구성
③ 다음에 나오는 요리에 대한 기대감
④ 요리 온도는 실온이 적당함

해설 냉채요리의 온도는 4℃ 정도일 때가 가장 적당하다.

50 냉채 담기로 어울리지 않는 방법은?

① 해파리 냉채 – 봉긋하게 쌓기
② 닭고기 냉채 – 평평하게 담기
③ 아롱사태 냉채 – 넉넉하게 담기
④ 술 취한 새우 – 모양내서 담기

해설 아롱사태 냉채 - 평평하게 담기

51 딤섬 수정 새우 교자에 대한 설명으로 맞는 것은?

① 딤섬 소가 보일 정도로 피가 투명하다.
② 윗부분을 살짝 열어놓은 상태로 꽃 봉우리처럼 속이 보이는 모양이다.
③ 초승달 모양으로 주름을 잡아 만든 후 기름에 지진 것
④ 여러 가지 재료를 볶아서 넣은 후 말아서 튀긴 딤섬이다.

52 쪄서 먹는 딤섬 소스로 어울리지 않는 것은?

① 간장 ② 생강 채
③ 진강초 ④ 칠리소스

해설 칠리소스 - 춘권에 곁들임

53 중국 고유의 향신료가 아닌 것은?

① 화산조 ② 육두구
③ 회향 ④ 오향분

해설 육두구는 인도네시아 몰루카제도가 원산지인 향신료이다.

54 다음 중 육류가 재료인 요리명은?

① 궁보계정 ② 어향가지
③ 비파두부 ④ 탕수어

해설 궁보계정은 튀긴 닭고기와 땅콩·고추 등을 넣고 매콤하게 만든 쓰촨성 지방의 요리

55 구이 조리법으로 잘못 설명한 것은?

① 암로고(暗爐烤) : 봉쇄형의 오븐
② 명로고(明爐烤) : 재료를 화로에 올려놓고 굽는 것
③ 훈(燻) : 열이나 연기에 재료를 그을려 향미를 증진시키는 조리법
④ 염국(鹽焗) : 꼬치에 꿰어 숯불화로에 올려놓고 굽는 것

해설 염국(鹽焗) : 소금을 열전달 매개체로 사용하여 조리하는 방법, 소금구이이다

56 식품 조각 도구가 아닌 것은?

① 식도 ② 주도
③ 각도 ④ 채도

해설 채도는 채소를 썰 때 사용하는 칼이다.

57 식품 조각과 요리와의 조화가 맞지 않는 것은?

① 차가운 요리 : 전분이 들어간 장식
② 요리 접시의 크기와 모양에 따라 조각 작품을 장식한다.
③ 음식과 식품 조각에 맞는 색채와 크기로 장식한다.
④ 행사 및 연회의 성격과 목적에 맞는 식품 조각을 장식한다.

해설 뜨거운 요리 : 전분이 들어간 장식

58 딤섬 빚는 방법으로 맞는 것은?

① 딤섬의 주름 부위에는 밀가루를 넉넉하게 묻혀주어야 피끼리 달라붙지 않는다.
② 딤섬의 피를 밀 때 중앙은 약간 얇게 하고 갈수록 도톰하게 밀어준다.
③ 딤섬 소 배합 시 육류와 새우는 끈기가 생기도록 치댄 후 채소를 넣고 버무린다.
④ 소를 미리 볶아 놓으면 맛과 향이 떨어진다.

59 북경 요리에 대한 설명으로 맞는 것은?

① 내륙지방의 요리로 강한 향신료를 많이 사용
② 해외각국을 연결하는 중요한 통로로 해외와 혼합된 요리가 많다.
③ 강한 화력으로 단시간에 조리하는 튀김, 볶음요리가 특징, 맛이 중후하며 기름진 음식이 많다.
④ 특산품 장유와 설탕을 이용한 요리가 많다.

정답 47. ④ 48. ① 49. ④ 50. ③ 51. ① 52. ④ 53. ② 54. ① 55. ④ 56. ④ 57. ① 58. ③ 59. ③

60 중식 조리에 사용되는 기물의 명칭이 아닌 것은?

① 편수 팬 ② 국자
③ 대나무 찜기 ④ 샐러맨더

샐러맨더는 음식물을 익히거나 색을 낼 때 사용하는 것으로 양식 조리에서 많이 사용된다.

정답 60. ④

일식편 제 1 회 출제예상문제

01 가열 조리가 식품에 미치는 영향이 아닌 것은?

① 조직의 연화를 위해 끓이는 방법은 좋지 않다.
② 향미 성분 증진
③ 유해한 물질의 파괴
④ 소화력을 돕는다.

해설 질긴 고기 부위는 오래 끓일 경우 젤라틴화되어 부드러워진다.

02 다음 중 식품의 팽창률로 맞는 것은?

① 말린미역 - 7배　　② 고사리 - 2.5배
③ 목이버섯 - 3배　　④ 당면 - 10배

해설
· 고사리 - 6배
· 목이버섯 - 10배
· 당면 - 3배

03 콩에 들어있는 성분 중 위장 장애를 일으키는 것은?

① 사포닌　　② 이소플라본
③ 트립신　　④ 레시틴

해설 트립신은 장내 효소로 단백질을 가수분해한다.

04 다음 중 맞는 것은?

① 멜론과 아보카도는 오래 숙성시키면 선명한 빛을 띈다.
② 키위의 효소인 브로멜린은 고기를 연화시킨다.
③ 사과를 껍질 벗긴 채로 보관할 때는 레몬즙을 살짝 뿌려 놓는다.
④ 과숙된 포도에는 펙트산이 많이 들어있어 잼으로 만들기 적당하다.

해설 효소에 의한 갈변을 막는 방법으로는 열처리, 산소 제거, 환원성 물질 첨가, pH 조건 변동 등이 있다.

05 다음 중 틀린 것은?

① 에르고스테롤은 동물성 지방에서 발견되는 것으로 비타민 B가 많이 함유되어 있다.
② 버터나 쇼트닝등의 고체지방이 제과반죽에 적합한 이유는 가소성 때문이다.
③ 유지의 산패에는 가수분해에 의한 산패와 산화에 의한 산패로 나뉜다.
④ 식물성유지를 경화처리한 것에는 마가린과 쇼트닝이 대표적이다.

해설 에르고스테롤은 효모, 곰팡이, 버섯과 같은 진균의 세포막을 구성하고 있는 대표적인 스테롤(Sterol) 성분이다.

06 우유에 대한 설명 중 맞는 것은?

① 우유를 우리나라에서 최초로 먹기 시작한 시기는 6.25전쟁 이후이다.
② 우유의 주된 단백질은 카세인과 유청단백질이다.
③ 우유에 레닌을 첨가하면 갈색으로 변색되는데 이를 마이야르 반응이라 한다.
④ 연질 치즈로는 파마산, 그뤼에르 치즈 등이 있다.

07 달걀에 대한 설명으로 잘못된 것은?

① 난각은 탄산칼슘으로 이루어져 있으며 김치의 신맛을 감소시킨다.
② 기실이 큰 것은 달걀이 신선하다는 기준이다.
③ 유정란의 경우 난황의 표면에 배반이 있다.
④ 달걀을 삶았을 때 난황의 주위가 암녹색으로 변색되는 것은 난백에서 생성된 황화수소가 난황의 철분과 반응한 이유이다.

해설 기실이 큰 것은 달걀이 오래되어 수분의 증발 때문이다.

08 어패류에 대한 설명으로 틀린 것을 고르시오.

① 어패류는 산란기가 가장 맛있다.
② 어류의 등과 배 쪽의 경계부위를 혈합육이라 하는데 꽁치, 고등어, 정어리 등 붉은살 생선에 많다.
③ 어류가 육류보다 결합조직의 양이 적어 부드럽다.
④ 어류의 단맛과 신선한 냄새의 원인은 트리메틸아민(TMA) 성분이다.

해설 트리메틸아민(TMA)성분은 비린내로 부패하기 시작할 때 발생한다.

09 "보면서 즐기는 요리"라 하여 맛과 색, 모양을 중요시하며, 식품 고유의 맛을 잘 살린 음식으로 사계가 분명한 계절의 특성을 상차림에 화려하게 표현한다. 또한 젓가락만을 사용해서 상차림에 신경 써야 한다. 어느 나라 상차림에 대한 설명인가?

① 한국　　② 중국
③ 일본　　④ 태국

10 각국의 차에 대한 설명이다. 잘못 말한 것은?

① 불발효차의 대표적인 차는 녹차다.
② 홍차는 후발효차의 대표로 영국에서만 먹을 수 있다.
③ 보이차는 효소를 파괴한 불발효차에 미생물을 이용하여 다시 발효한 차다.
④ 중국과 일본에서는 차를 마실 때 다관을 이용하여 마신다.

해설 유럽식 홍차의 기원은 16세기 중엽 중국에서 시작되었으며, 어원은 19세기 중엽부터 홍차를 생산해 수출하려 했던 일본인이 자국 내의 녹차를 일본차로 부르고 유럽인이 마시는 차를 차의 빛깔이 붉다고 하여 홍차라고 부르던 것을 그대로 받아들여 사용하기 시작했다.

정답 01. ① 02. ① 03. ③ 04. ③ 05. ① 06. ② 07. ② 08. ④ 09. ③ 10. ②

11 일본 음식 문화의 특징이 아닌 것은?

① 카이세키 요리(會席料理)는 현재 일본 요리의 주류가 되고 있는 코스 요리로 아름답고 향기로우며 맛있는 요리. 3품, 5품, 7품, 9품으로 이루어진다.
② 일본의 차 문화는 격식을 갖추어 대접하며 화과자 등을 곁들인다.
③ 관서의 대표지역인 오사카요리의 맛은 달고 진해 생선의 농후한 맛에 잘 어울린다.
④ 오세치 요리는 설에 먹기 위해 만들어 두는 저장 음식으로 각 식재료에 다양한 의미를 두고 있다.

해설 달고 진한 맛은 도쿄 중심인 관동 지역의 음식 특징이다.

12 식품 재료의 저장법 중 통조림과 병조림으로 미생물이 살균되고 외부와의 차단성으로 보존이 좋은 저장 방식은?

① 기체 호흡조절 저 ② 밀봉살균 저장
③ 냉동 저장 ④ 방사선 조사법

13 다음 중 곡류에 대한 설명으로 맞는 것은?

① 찹쌀은 아밀로펙틴 80%와 아밀로오즈 20%로 점성이 강하다.
② 우리나라 사람들이 선호하는 쌀은 호화가 잘 되는 Indica type이다.
③ 겉보리는 가공하여 판매하거나 보리차, 엿기름 등으로 활용한다.
④ 보리의 단백질은 제인으로 필수 아미노산이다.

해설 겉보리 껍질을 벗기지 않은 보리를 말하며 껍질이 얇고 매우 밀착되어 있어서 잘 벗겨지지 않는 품종으로 보리차, 엿기름 등으로 가공 사용한다.

14 (　　)에 맞게 적은 것은?

단백질 8~9% – 바삭한 식감으로 과자 등에 적당하다. – (　　)
단백질 11% 이상 – 글루텐 함량이 높아 제빵에 사용된다. – (　　)
단백질 13% 이상 – 듀럼밀로 파스타에 사용된다. – (　　)

① 강력분 – 중력분 – 박력분
② 박력분 – 강력분 – 세몰리나
③ 박력분 – 중력분 – 듀럼밀
④ 박력분 – 중력분 – 세몰리나

15 다음 설명 중 잘못 말한 것은?

① 감자는 수확 후 품질의 향상과 저장을 위해서 큐어링 처리를 한다.
② 껍질 벗긴 감자가 갈변하는 이유는 티로시나아제에 의한 산화작용이다.
③ 분질 고구마는 전분이 많아 삶았을 때 파삭한 식감의 밤고구마로 불린다.
④ 토란(taro)의 주성분은 전분으로 타피오카 펄로 제조된다.

해설 타피오카는 카사바의 뿌리에서 채취한 식용 녹말로 생것의 경우 20~30%의 녹말을 함유하고 있는데, 이것을 짓이겨 녹말을 물로 씻어내 침전시킨 후 건조시켜서 타피오카를 만든다.

16 색소체에 대한 설명으로 잘못된 것은?

① 클로로필과 카로티노이드는 지용성으로 색소체에 존재한다.
② 클로로필은 덜 익은 과일 등에서 발견된다.
③ 플라보노이드는 액포에 존재하는 노란색 계통의 색소체이다.
④ 안토시아닌, 카테킨은 넓은 의미의 카로티노이드색소에 속한다.

해설 안토시아닌, 카테킨은 플라보노이드(flavonoids) 계열의 물질로서 꽃이나 과실 등에 주로 포함되어 있는 색소를 말한다.

17 다음 중 채소의 특성으로 맞는 것은?

① 파의 인 성분과 미역의 칼슘은 궁합이 잘 맞는다.
② 부추의 알릴디설파이드 성분은 비타민 B1의 흡수를 돕는다.
③ 아욱은 심하게 주무르면 풋내와 흙내가 나므로 살짝 데쳐 먹는다.
④ 오이의 쓴 맛 성분은 이눌린이다.

해설 알릴디설파이드는 양파, 파, 마늘 등에 들어 있는 자극적인 냄새 성분으로 비타민B1과 결합해 흡수를 돕고 몸 안에 오래 머물게 하는 작용을 하며 소화력을 증진시키고 살균작용 등을 한다.

18 견과류 중 브라질산으로 숲의 천장이라 불리며 셀레늄이 풍부하고 야생으로 생산되는 것은?

① 마카다미아 ② 땅콩
③ 피칸 ④ 브라질넛(브라질잠두)

19 버섯 중 활엽수의 고목에 붙어서 자라며, 줄기가 없이 자실체가 발달되어 있고 표면이 한천질로 되어 있는 버섯은?

① 석이버섯 ② 목이버섯
③ 표고버섯 ④ 상황버섯

20 상추 또는 양상추의 줄기 부분을 자르면 흰 색의 액체가 나오는데, 진정·진통 효과가 있는 이 성분은 무엇인가?

① 락토플라빈 ② 락토페록시다제
③ 톡시카리움 ④ 락투카리움

해설 락투카리움, 락투신, 락투코피크린

21 다음 중 향신료의 기능에 대한 설명으로 맞지 않는 것은?

① 고대부터 향신료는 각종 질병 치료, 약재로 사용되었다.
② 향신료의 알칼로이드성분은 타액, 소화액 분비를 촉진시킨다.
③ 좋은 향기와 색으로 식욕을 자극한다.
④ 육류와 생선의 냄새 제거에 효과는 있으나 살균, 방부 효과는 거의 없다.

해설 육류와 생선의 냄새 제거에 효과가 있고 살균, 방부 효과 역시 뛰어나다.

정답 11. ③ 12. ② 13. ③ 14. ② 15. ④ 16. ④ 17. ② 18. ④ 19. ② 20. ④ 21. ④

22 다음 중 육류에 대한 설명으로 맞지 않는 것?

① 미오신과 액틴은 결합조직에 둘러싸여 있는 근육이다.
② 육류의 수분은 텍스처에 영향을 미친다.
③ 육류의 근육 색소는 운동량이 많을수록 붉게 나타난다.
④ 송아지는 사후 강직이 길게 나타나기 때문에 숙성을 오래하는 편이 좋다.

해설 송아지는 8주~16주 미만의 것으로 근섬유가 가늘고 육질 자체가 수분이 많아 사후 강직이 길지 않다.

23 다음 중 육류에 대한 설명으로 맞는 것은?

① 소 도체의 육량 등급은 근내 지방도, 육색, 지방색, 조직감에 따라 구분된다.
② 돼지고기의 지방은 카로티노이드가 축적된 노란색이 좋다.
③ 양고기 특유의 냄새는 부티르산이다.
④ 닭의 가슴살은 운동을 많이 한 부위로 근육이 많아 쫄깃하다.

24 원유를 살균 또는 멸균 처리하여 상품화한 것을 무엇이라 하는가?

① 강화우유 ② 전지분유
③ 발효유 ④ 시유

해설 시유(city milk, market milk), 목장우유

25 산에 응고되는 우유의 성질을 이용해 치즈를 만들고 난 후 열에 응고되는 성질을 활용해 리코타 치즈를 만들었다. 이 성질을 가진 단백질은?

① 카제인(casein) ② 케라틴(keratin)
③ 훼이(whey) ④ 폴리펩타이드(polypeptide)

해설 유청 단백질은 산에 의해서는 침전되지 않지만 열에 의해 응고 침전되기 때문에 우유의 열응고성 단백질이라고도 불리어진다.

26 다음 중 해조류에 대한 설명으로 틀린 것은?

① 김 - 구수한 맛 - 글리신
② 미역 - 장곽 미역 - 산모용
③ 다시마 - 글루탐산 - 초봄 채취
④ 우뭇가사리 - 한천 - 젤 형성 능력 뛰어남

해설 다시마의 채취 시기는 7~10월경이다.

27 참기름이 들기름에 비해 산패가 쉽게 일어나지 않는 이유는?

① 토코페롤 ② 고시폴
③ 리놀레산 ④ 비타민 E, 세사몰

해설 토코페롤은 대두유, 고시폴은 면실류에 함유되어 있는 성분이다.

28 일본 조리도에서 생선을 손질하거나 포를 뜰 때, 굵은 뼈를 자를 때 사용하는 칼의 명칭은?

① 데바보쵸
② 사시미보쵸
③ 우스바보쵸
④ 우나기보쵸

해설
- 사시미보쵸 : 회칼
- 우스바보쵸 : 채소칼
- 우나기보쵸 : 장어칼

29 일식 기초 기능 썰기를 잘못 연결한 것은?

① 센기리 - 둥글게 썰기
② 이쵸기리 - 은행잎 썰기
③ 미진기리 - 곱게 다지기
④ 하리기리 - 바늘 두께 썰기

해설 센기리는 채썰기, 와기리는 둥글게 썰기

30 일식 다시 국물 만들기로 옳지 않은 것은?

① 가다랑어포는 기본재료와 함께 오래 끓여준다.
② 일번 다시는 다시마와 가쓰오부시로 최고의 맛과 향을 지닌 국물이다.
③ 다시마는 찬물에 넣고 물이 끓기 직전에 건진다.
④ 이번 다시는 일번 다시에서 남은 재료에 가쓰오부시를 조금 더 첨가하여 뽑아낸 국물이다.

해설 가다랑어포를 넣고 오래 두면 국물이 탁해지고 쓴맛이 나기 때문에 물이 끓기 전 90℃정도일 때 불을 끄고 투입 후 10분 정도 우려낸다.

31 일식 찜 요리가 아닌 것은?

① 전복 술찜 ② 홍소 도미
③ 무즙 찜 ④ 벚꽃잎 찜

해설 홍소는 중국 요리의 고기나 생선 등의 재료를 뜨거운 기름이나 끓는 물에 데친 후 부재료와 볶아 소스에 조림한 것

32 무를 강판에 갈아 즙을 만들고 물기를 제거 후 무 간 것과 고춧가루를 섞어 고춧물을 들인 것을 무엇이라 하는가?

① 야마고보 ② 야쿠미
③ 우메보시 ④ 초생강

해설
② 야쿠미는 요리에 곁들이는 양념
① 야마고보 - 우엉
③ 우메보시 - 매실 절임

정답 22. ④ 23. ③ 24. ④ 25. ③ 26. ③ 27. ④ 28. ① 29. ① 30. ① 31. ② 32. ②

33 찜 요리의 특징으로 적합하지 않은 것은?

① 찜통의 증기열을 이용하여 영양 손실이 상대적으로 많은 조리 방법이다.
② 담백한 감칠맛이 있다.
③ 재료의 식감이 부드럽게 완성된다.
④ 찜요리는 재료자체의 맛이 살아있는 요리로 특히 신선한 재료를 사용해야 한다.

해설 영양 손실이 적은 조리 방법이다.

34 튀김옷으로 적당한 전분은?

① 감자 전분
② 고구마 전분
③ 옥수수 전분
④ 타피오카 전분

해설 감자 전분은 잘 부풀고 바삭한 식감으로 튀김옷으로 적당하다.

35 튀김을 담는 방법이 틀린 것은?

① 서로 닿는 면이 적게 하여 튀김을 세우듯이 담아낸다.
② 채소 튀김은 색상이 잘 보이게 담는다.
③ 육류 튀김은 쌓아 올려 담는다.
④ 새우 튀김은 새우의 모양이 잘 보이게 눕혀 담는다.

해설 새우 튀김은 꼬리 부분이 위로 올라가게 세워 담는다.

36 튀김 소스에 대한 설명으로 틀린 것은?

① 튀김 간장(덴다시)는 일번 다시와 진간장, 맛술을 적당한 비율로 섞어 낸다.
② 소금은 살짝 볶아 화학조미료를 혼합 한 후 절구에서 부드럽게 갈아서 사용한다.
③ 일본 음식에선 국 그릇 외엔 들고 먹으면 예의에 어긋난다.
④ 생강즙과 무즙을 첨가해서 양념장과 같이 낸다.

해설 양념장 그릇은 손으로 들고 먹어도 좋다.

37 구이 요리를 담는 방법이 잘못된 것은?

① 토막 생선은 껍질이 위로 향하게 하고 넓은 쪽이 왼쪽으로 향하게 하여 담아낸다.
② 육류 구이는 위쪽 방향으로 쌓아 올려 담아낸다.
③ 먹는 사람을 기준으로 생선머리는 왼쪽, 배는 앞쪽으로 담아 낸다.
④ 곁들임 음식은 생선위치의 왼쪽에 두어야 주 요리를 먹을 때 방해가 되지 않는다.

해설 곁들임 음식은 생선위치의 오른쪽 앞쪽에 놓고 양념장은 구이접시 오른쪽 앞에 둔다.

38 시치미 배합 양념에 들어가지 않는 재료는?

① 고춧가루, 산초
② 파래김, 진피
③ 검은깨, 삼씨
④ 큐민, 생강가루

해설 큐민은 양꼬치를 찍어 먹는 쯔란에 들어간다.

39 다음 설명으로 맞지 않는 것은?

① 밥물 조절 시 체에 밭쳐 불린 쌀을 넣고 쌀 중량의 1.2배의 물을 넣는다.
② 부드럽게 먹는 죽인 오카유는 쌀 중량의 10배 정도의 물을 넣는다.
③ 밥을 씻어 물을 부어 끓여주는 조우스이는 밥 중량의 5배 정도의 물을 넣는다.
④ 녹차와 가쓰오부시 오차즈케의 비율은 녹차물 1에 가쓰오부시 국물 1이다.

해설 조우스이는 밥 중량의 2배 정도의 물을 넣는다.

40 굳히는 요리에 대한 설명으로 옳지 않은 것은?

① 젤라틴은 사람의 체온인 36~37℃ 정도에서 응고된다.
② 재료를 틀에 부어 굳히는 요리로 양갱, 참깨두부 등이 있다.
③ 한천은 25℃에서 응고된다.
④ 칡 전분은 호화 과정에서 많이 치댈수록 점성이 높아진다.

해설 젤라틴은 5℃에서 응고되므로 냉장고에서 보관한다.

41 생선회를 돋보이게 하고 잘 어울리는 채소를 의미하기도 하며, 살균 작용으로 식중독을 예방하는 효과를 가진 고추냉이, 생강 등을 일컫는 말은?

① 가라미
② 쯔마
③ 갱
④ 야쿠미

42 초절임(스지메)에 대한 설명이 다른 것은?

① 소금에 살짝 절인다.
② 일번 다시와 다시마, 레몬, 식초, 간장, 미림, 청주를 혼합한 식초에 절인다.
③ 지방이 많고 비린내가 나는 생선에 잘 어울린다.
④ 다시마의 짠맛과 감칠맛의 특성을 이용한다.

해설 다시마의 짠맛과 감칠맛의 특성을 이용하는 것은 다시마절임(곤부지메)로 흰살 생선에 어울린다.

정답 33. ① 34. ① 35. ④ 36. ③ 37. ④ 38. ④ 39. ③ 40. ① 41. ① 42. ④

43 모둠 초밥 재료 손질에 대한 설명으로 맞지 않는 것?

① 냉동 참치(마구로)는 여름철 3~4%의 식염수로 실온에서 해동한다.
② 초밥용 보리새우는 익혀서 껍질을 벗긴 후 사용한다.
③ 등 푸른 생선 고등어는 초밥용으로 손질한 후 소금에 절였다가 담금초에 담그는 초절임을 하여 이용한다.
④ 마쓰가와는 뜨거운 물을 빠르게 끼얹은 후 얼음물에 바로 식혀 껍질만 익고 살은 익지 않도록 한다.

해설 - 여름철 : 3~5%의 식염수, 18~25℃
- 겨울철 : 3~4%의 식염수, 30~33℃

44 다음 중 말이 초밥이 아닌 것은?

① 후도마끼 ② 하꼬즈시
③ 호소마끼 ④ 데마끼

해설 상자 초밥(하꼬즈시)은 오사카에서 발전한 초밥으로 사각의 나무 상자를 만들어 초밥과 재료를 넣고 눌러 만드는 것이다.

45 전장의 김을 초밥 크기에 맞게 균등하게 자르고 초밥에 휘감아 붙여 그 위에 알을 올리거나 오이를 얇고 길게 깎아 김과 함께 사용하기도 하는 초밥은?

① 지라시스시 ② 이나리즈시
③ 군함초밥 ④ 캘리포니아 롤

46 일본식 덮밥에 대한 설명으로 잘못된 것은?

① 돈부리는 돈부리 나베의 줄임말로 본래 사발 형태의 깊이가 깊은 식기를 말한다.
② 덮밥용 국물은 2번 다시를 사용하여 만든다.
③ 부타 동(豚丼)은 돼지고기 구이가 올라간 덮밥이다.
④ 오야코동(親子丼)은 닭과 달걀이 재료인 덮밥이다.

해설 돈부리는 돈부리모노의 줄임말로 본래 사발 형태의 깊이가 깊은 식기를 말한다.

47 세균 번식이 잘되는 환경과 거리가 먼 것은?

① 온도가 적당할 것 ② 습기가 있을 것
③ 영양성분이 있을 것 ④ 산성 식품일 것

해설 세균은 pH6.5~8.0인 중성 또는 알칼리에서 잘 자란다.

48 집단급식소의 지정 기준이 아닌 것은?

① 위해요소중점관리기준(HACCP) 적용 지정 여부
② 최근 1년 이내 식중독 발생 여부
③ 조리사와 영양사의 근무 여부
④ 1회 급식인원 100인 가능 여부

해설 1회 50인 이상의 급식 가능 여부

49 어육을 가공하여 gel화 시킨 연육 제품을 만들 때 반드시 첨가해야 하는 것은?

① 설탕 ② 조미료
③ 소금 ④ 보존료

해설 단백질 미오신은 소금에 녹는 성질을 가지고 있다.

50 중성 지방의 구성 성분은?

① 아미노산과 글리세롤 ② 지방산과 글리세롤
③ 탄소와 지방산 ④ 포도당과 지방산

해설 글리세롤 1분자와 지방산 3분자로 구성되어 있다.

51 우뭇가사리가 주원료이며 점액질을 추출하여 만든 가공 식품은?

① 젤라틴 ② 한천
③ 곤약 ④ 타피오카

해설 홍조류를 삶아 냉각, 동결, 건조한 것

52 토마토, 당근의 붉은 색은 어떤 색소인가?

① 클로로필 ② 안토시아닌
③ 잔토필 ④ 카로티노이드

53 콩을 가열할 때 거품이 생기면서 용혈 작용을 하는 것은?

① 청산배당체 ② 시트르산
③ 이눌린 ④ 사포닌

해설 사포닌은 가열하면 파괴된다.

54 다음 고기를 냉동, 해동시킬 때 조직의 손상을 최소화하는 방법은?

① 급속 동결, 급속 해동 ② 급속 동결, 완만 해동
③ 완만 동결, 급속 해동 ④ 완만 동결, 완만 해동

해설 급속 동결, 완만 해동이 식품의 드립현상을 최소화 시킨다.

55 공기의 성분 중 잠함병과 관련이 있는 것은?

① 산소 ② 매탄가스
③ 이산화탄소 ④ 질소

해설 바닷속에서 잠수할 시 질소가 인체에 머물면서 혈액내로 녹아들어 기포 상태로 통증을 만들어 내는 병

정답 43. ① 44. ② 45. ③ 46. ① 47. ④ 48. ④ 49. ③ 50. ② 51. ② 52. ④ 53. ④ 54. ② 55. ④

56 일정 기간 기업의 경영활동으로 발생한 경제적 소비를 뜻하는 것은?

① 손익 ② 감가상각비
③ 비용 ④ 이윤

57 된장을 만들 때 누룩에 의해 가수분해되는 것은?

① 지방질 ② 단백질
③ 탄수화물 ④ 무기질

해설 누룩은 콩단백질을 분해한다.

58 병원체가 세균인 질병은?

① 폴리오 ② 백일해
③ 발진티푸스 ④ 홍역

해설
- 폴리오, 홍역 : 바이러스
- 발진티푸스 : 리케차

59 산업 재해 지표와 관련이 적은 것은?

① 건수율 ② 이환율
③ 도수율 ④ 강도율

해설 이환율은 일정기간 발생한 환자수를 인구당 비율로 나타낸 것

60 1일 8시간 소음 허용 기준은 얼마 이하인가?

① 80dB ② 90dB
③ 100dB ④ 70dB

해설 90dB은 8시간 기준이다.

정답 56. ③ 57. ② 58. ② 59. ② 60. ②

일식편 제 2 회 출제예상문제

01 노로바이러스 식중독의 예방 및 확산 방지 방법으로 틀린 것은?

① 오염지역에서 채취한 어패류는 90℃에서 2분 이상 가열하여 섭취한다.
② 항바이러스 백신을 접종한다.
③ 오염이 의심되는 지하수의 사용을 자제한다.
④ 가열 조리한 음식물은 맨 손으로 만지지 않도록 한다.

해설 항바이러스 백신 접종으로 예방할 수 없다.

02 다음 중 식품첨가물과 주요 용도의 연결이 바르게 된 것은?

① 안식향산 : 착색제
② 토코페롤 : 표백제
③ 질소나트륨 : 산화 방지제
④ 피로인산칼륨 : 품질 개량제

해설 피로인산칼륨은 무백색의 결정 또는 백색의 결정성 분말로 무수물은 백색의 분말, 입상 또는 덩어리인 피로인산염류 품질개량제이다.

03 영양 요구성으로 유기물이 없으면 생육하지 않는 종류의 균은?

① 염기 영양균
② 자생 영야균
③ 종속 영양균
④ 독립 영양균

해설 종속 영양균은 생육에 있어 다른 생물이 만든 유기화합물을 필수로 하는 미생물이다.

04 카드뮴이나 수은 등의 중금속 오염 가능성이 가장 큰 식품은?

① 육류　② 어패류
③ 채소류　④ 통조림

해설 카드뮴이나 수은은 어패류에 축적되어 섭취하는 경우에 기인한다.

05 섭조개 속에 들어있으며 특히 신경계통의 마비 증상을 일으키는 독성분은?

① 무스카린　② 시큐톡신
③ 베네루핀　④ 삭시톡신

해설 삭시톡신은 섭조개, 대합 속에 들어 있는 독성분으로 마비 증상을 일으키거나 사망할 수도 있으며, 끓여도 파괴되지 않는다.

06 식품위생법규상 우수업소의 지정 기준으로 틀린 것은?

① 건물은 작업에 필요한 공간을 확보하여야 하며, 환기가 잘 되어야 한다.
② 원료처리실·제조가공실·포장실 등 작업장은 분리·구획되어야 한다.
③ 냉장 시설·냉동 시설·소화전 등은 안전을 위해 쉽게 눈에 띄지 않는 곳에 설치한다.
④ 작업장의 바닥·내벽 및 천장은 내수처리를 하여야 하며, 항상 청결하게 관리되어야 한다.

해설 소화기는 잘 보이는 곳에 설치한다.

07 식품 등의 표시 기준상 열람표시에서 몇 kcal 미만을 "0"으로 표시할 수 있는가?

① 2kcal　② 5kcal
③ 7kcal　④ 10kcal

해설 열량의 단위는 킬로칼로리(kcal)로 표시하되, 그 값을 그대로 표시하거나 그 값에 가장 가까운 5kcal 단위로 표시하여야 한다. 이 경우 5kcal 미만은 "0"으로 표시할 수 있다.

08 온도가 미각에 영향을 미치는 현상에 대한 설명으로 틀린 것은?

① 온도가 상승함에 따라 단맛에 대한 반응이 증가한다.
② 쓴맛은 온도가 높을수록 강하게 느껴진다.
③ 신맛은 온도 변화에 거의 영향을 받지 않는다.
④ 짠맛은 온도가 높을수록 잘 느낄 수 있다.

해설 쓴맛은 30~40℃일 때 잘 느낀다.

09 일반적인 잼의 설탕 함량은?

① 15~25%　② 35~45%
③ 50~70%　④ 90~100%

해설 펙틴 0.7% 이상, 당 50~75%, pH2.8~3.2에서 gel형성이 잘 된다.

10 18:2 지방산에 대한 설명으로 옳은 것은?

① 토코페롤과 같은 항산화성이 있다.
② 이중결합이 2개 있는 불포화 지방산이다.
③ 탄소수가 20개이며, 리놀렌산이다.
④ 체내에서 생성되므로 음식으로 섭취하지 않아도 된다.

해설 18:2는 불포화 지방산인 리놀레산이다. C18:2

정답 01. ② 02. ④ 03. ③ 04. ② 05. ④ 06. ③ 07. ② 08. ② 09. ③ 10. ②

11 단백질의 특성에 대한 설명으로 틀린 것은?

① C, H, O, N, S, P 등의 원소로 이루어져 있다.
② 단백질은 뷰렛에 의한 청색 반응을 나타내지 않는다.
③ 조단백질은 일반적으로 질소의 양에 6.25를 곱한 값이다.
④ 아미노산은 분자 중에 아미노기와 카르복실기를 갖는다.

해설 뷰렛 반응은 단백질을 검출하는 반응으로, 뷰렛용액을 사용하는데 단백질이 있으면 청자색(보라색)으로 변한다.

12 떡국을 끓이고 남은 떡을 냉장 보관 시 딱딱해지는 이유는?

① 단백질 : 젤화
② 지방 : 산화
③ 전분 : 노화
④ 전분 : 호화

해설 수분이 30~60%일 때, 온도가 0~5℃일 때, 전분 분자 중 아밀로오스의 함량이 많을수록 전분이 노화되기 쉽다.

13 영양 결핍 증상과 원인이 되는 영양소의 연결이 틀린 것은?

① 빈혈 : 엽산
② 구순구각염 : 비타민 B_{12}
③ 야맹증 : 비타민 A
④ 괴혈병 : 비타민 C

해설 비타민 B_{12}는 악성빈혈을, 비타민 B_2는 구순구각염의 원인이다.

14 식초를 넣은 물에 생강을 넣으면 선명한 적색으로 변하는데, 주된 원인 물질은?

① 탄닌
② 클로로필
③ 멜라닌
④ 안토시아닌

15 인산을 함유하는 복합 지방질로서 유화제로 사용되는 것은?

① 레시틴
② 글리세롤
③ 스테롤
④ 글리콜

해설 레시틴은 인산을 함유하는 복합 지방질로서 유화제로 사용된다.

16 건성유에 대한 설명으로 옳은 것은?

① 고도의 불포화 지방산 함량이 많은 기름이다.
② 포화 지방산 함량이 많은 기름이다.
③ 공기 중에 방치해도 피막이 형성되지 않는 기름이다.
④ 대표적인 건성유는 올리브유와 낙화생유가 있다.

해설 건성유는 불포화도가 높은 지방산이 다량 함유된 것이다. 공기 중에 방치하면 굳으며, 올리브유와 낙화생유는 불건성유이다. 아마인유, 호두유, 들깨유, 잣유가 건성유에 속한다.

17 달걀 저장 중에 일어나는 변화로 옳은 것은?

① pH 저하
② 중량 감소
③ 난황계수 증가
④ 수양난백 감소

해설 달걀의 신선도가 떨어지면 중량은 감소된다.

18 다음 자료의 의하여 제조원가를 산출하면?

- 직접재료비 50,000원
- 소모품비 7,000
- 판매원급료 50,000원
- 직접임금 100,000원
- 통신비 15,000원

① 172,000원
② 210,000원
③ 215,000원
④ 225,000원

해설 제조원가 = 직접경비+직접노무비+직접재료비+제조간접비 = 소모품비(7,000원)+직접임금(100,000원)+직접재료비(50,000원)+통신비(15,000원) = 172,000원

19 식품의 관능적 요소를 겉모양, 향미, 텍스처로 구분할 때 겉모양(시각)에 해당하지 않는 것은?

① 색체
② 점성
③ 외피 결합
④ 점조성

해설 점성은 시각에 해당되지 않고 질감을 통해 알 수 있다.

20 겨자를 갤 때 매운맛을 최대한 올라오게 조리하는 온도는?

① 20~25℃
② 30~35℃
③ 40~45℃
④ 50~55℃

해설 겨자의 매운맛 성분인 시니그린을 분해시키는 효소인 미로시나제는 활동 최적온도가 40℃ 정도이므로 따뜻한 물에서 개어야 매운맛이 강하게 난다.

21 단시간에 조리되므로 영양소의 손실이 가장 적은 조리 방법은?

① 튀김
② 볶음
③ 구이
④ 조림

해설 튀김은 고온으로 단시간 내에 조리하므로 영양가 손실이 적은 조리법이다.

22 오징어에 대한 설명으로 틀린 것은?

① 가열하면 근육 섬유와 콜라겐 섬유 때문에 수축하거나 둥글게 말린다.
② 살이 붉은색을 띠는 것은 색소포에 의한 것으로 신선도와는 상관이 없다.
③ 신선한 오징어는 무색투명하며, 껍질에는 짙은 적갈색의 색소포가 있다.
④ 오징어가 잡힌 뒤 하루가 지나면 유백색으로 변한다.

해설 오징어는 적갈색이나 유백색을 띠는 것이 신선하다.

정답 11. ② 12. ③ 13. ② 14. ④ 15. ① 16. ① 17. ② 18. ① 19. ② 20. ③ 21. ① 22. ②

23 식품 감별 시 품질이 좋지 않은 것은?

① 팽이버섯은 크림색으로 갓이 적고 가지런한 것
② 무는 가벼우며 어두운 빛깔을 띠는 것
③ 토란은 껍질을 벗겼을 때 흰색으로 단단하고 끈적끈적한 감이 강한 것
④ 파는 굵기가 고르고 뿌리에 가까운 부분의 흰색이 긴 것

해설 무는 무겁고 크고 균일하며 모양이 바르고 흠집이 없는 것이 좋다.

24 다음 유화 상태 식품 중 유중수적형 식품은?

① 우유 ② 생크림
③ 버터 ④ 마요네즈

해설 유중수적형 식품에는 마가린, 버터 등이 있다.

25 전체 식수가 3,000명이고 식수 변동률은 1.1, 식기 파손율을 1.12로 하였을 때 식기의 필요량은?

① 3,541개 ② 3,531개
③ 3,521개 ④ 3,696개

해설 식기필요량 = 전체 이용고객의 수×식수 변동률×식기 파손율 = 3,000×1.1×1.12 = 3,696개

26 원가 분석과 관련된 식으로 틀린 것은?

① 메뉴품목별 비율(%) = (품목별 식재료비/품목별 메뉴가격)×100
② 감가상각비 = (구입가격-잔존가격)/내용연수
③ 인건비 비율(%) = (인건비 / 총매출액)×100
④ 식재료비 비율(%) = (식재료비/총 재료비)×100

해설 식재료비 비율(%) = (식재료비/전체매출액)×100

27 영양 권장량에 대한 설명으로 틀린 것은?

① 권장량의 값은 다양한 가정을 전제로 하여 제정된다.
② 권장량은 필요량보다 높다.
③ 권장량은 식생활 자료를 기초로 하여 구해진 값이다.
④ 보충제를 통하여 섭취 시 흡수율이나 대사상의 문제점도 고려한 값이다.

해설 보충제의 섭취는 영양 권장량에 고려하지 않는다.

28 소고기의 부위별 용도의 연결이 적합하지 않은 것은?

① 앞다리 : 불고기, 육회, 구이
② 설도 : 스테이크, 샤브샤브
③ 목심 : 불고기, 국거리
④ 우둔 : 산적, 장조림, 육포

해설 설도는 기름이 적은 부위로써 우둔살과 같은 용도로 사용하면 적합하다.

29 다음 중 만성 감염병은?

① 장티푸스 ② 폴리오
③ 결핵 ④ 백일해

해설 결핵은 결핵균의 감염에 의하여 발병하는 만성 감염병이다.

30 우유의 초고온 순간 살균법에 가장 적합한 가열 온도와 시간은?

① 200℃에서 2초간
② 162℃에서 5초간
③ 150℃에서 5초간
④ 132℃에서 2초간

해설 초고온 순간 살균법은 130~140℃에서 2초간 살균한다.

31 다수인이 밀집한 장소에서 발생하며 화학적 조성이나 물리적 조성의 큰 변화를 일으켜 불쾌감, 두통, 권태, 현기증, 구토 등의 생리적 이상을 일으키는 현상은?

① 빈혈 ② 일산화탄소 중독
③ 분압 현상 ④ 군집독

32 감각 온도(체감 온도)의 측정에 작용하지 않는 인지는?

① 기온 ② 기압
③ 기습 ④ 기류

해설 감각 온도의 3요소에는 기온, 기습, 기류가 있다.

33 납 중독에 대한 설명으로 틀린 것은?

① 대부분 만성 중독이다.
② 뼈에 축적되거나 골수에 대해 독성을 나타내므로 혈액장애를 일으킬 수 있다.
③ 손과 발의 각화증 등을 일으킨다.
④ 잇몸의 가장자리가 흑자색으로 착색된다.

해설 납 중독은 중추신경장애, 신장 소화기능장애를 일으킨다.

34 여성이 임신 중에 감염될 경우 유산과 불임을 포함하여 태아에 이상을 유발할 수 있는 인수 공통 감염병과 관계되는 기생충은?

① 회충 ② 십이지장충
③ 간디스토마 ④ 톡소플라스마

해설 톡소플라스마증은 고양이의 배설물에서 생기는 기생충으로 임신 초기에 감염될 경우 저체중아, 황달을 유발하게 되고 태아의 뇌석회화가 진행된다.

정답 23. ② 24. ③ 25. ④ 26. ④ 27. ④ 28. ② 29. ③ 30. ④ 31. ④ 32. ② 33. ③ 34. ④

35 영업허가를 받거나 신고를 하지 않아도 되는 경우는?

① 주로 주류를 조리 · 판매하는 영업으로서 손님이 노래를 부르는 행위가 허용되는 영업을 하려는 경우
② 보건복지부령이 정하는 식품 또는 식품첨가물의 완제품을 나누어 유통을 목적으로 재포장 · 판매하려는 경우
③ 방사선을 쬐어 식품의 보존성을 물리적으로 높이려는 경우
④ 식품첨가물이나 다른 원료를 사용하지 아니하고 단감 껍질을 벗겨 곶감을 만들려는 경우

해설 허가를 받아야하는 영업에는 식품조사 처리업, 단란주점 영업, 유흥주점 영업이 있다. 식품첨가물이나 다른 원료를 사용하지 아니하고 농산물을 단순히 껍질을 벗겨 가공하려는 경우는 영업신고를 하지 않아도 된다.

36 일반 음식점 영업 중 모범업소를 지정할 수 있는 권한을 가진 자는?

① 시장 ② 경찰서장
③ 보건소장 ④ 세무서장

해설 모범업소의 지정은 특별자치도지사·시장·군수·구청장이 가능하다.

37 식품위생법으로 정의한 "기구"에 해당하는 것은

① 식품의 보존을 위해 첨가하는 물질
② 식품의 조리 등에 사용하는 물건
③ 농업의 농기구
④ 수산업의 어구

해설 기구는 식품 또는 식품첨가물에 직접 닿는 기계·기구나 그 밖의 물건을 말한다.

38 두부 제조의 주체가 되는 성분은?

① 레시틴 ② 글리시닌
③ 자당 ④ 키틴

해설 대두 단백질 글리시닌은 황산칼슘, 염화마그네슘, 염화칼슘 등의 두부 응고제와 열에 응고되는 성질을 이용하여 두부를 만든다.

39 난황에 함유되어 있는 색소는?

① 클로로필 ② 안토시아닌
③ 카로티노이드 ④ 플라보노이드

40 아이스크림 제조 시 사용되는 안정제는?

① 전화당 ② 바닐
③ 레시틴 ④ 젤라틴

해설 젤라틴은 젤리, 아이스크림, 푸딩의 제조에 사용된다.

41 생선의 신선도가 저하될 때 나타나는 현상이 아닌 것은?

① 근육이 뼈에 밀착되어 잘 떨어지지 않는다.
② 아민류가 많이 생성된다.
③ 어육이 약알칼리성이다.
④ 복부가 말랑하고 부드럽다.

42 가공 치즈의 설명을 틀린 것은?

① 자연 치즈에 유화제를 가하여 가열한 것이다.
② 일반적으로 자연 치즈보다 저장성이 크다.
③ 약 85℃에서 살균하여 Pasteurized Cheese라고도 한다.
④ 원료에 자연 치즈를 사용하지 않는다.

해설 가공 치즈는 우유를 응고·발효시켜 만든 치즈나 자연 치즈 두 가지 이상을 혼합하고 유화제와 함께 가열 · 용해하여 균질하게 가공한 치즈를 말한다.

43 한천에 대한 설명으로 틀린 것은?

① 겔은 고온에서 잘 견디므로 안정제로 사용된다.
② 홍조류의 세포벽 성분인 점질성의 복합다당류를 추출하여 만든다.
③ 30℃ 부근에서 굳어져 겔화된다.
④ 일단 겔화되면 100℃ 이하에서는 녹지 않는다.

해설 한천의 용해 온도는 80~100℃이고 겔화되더라도 다시 녹일 수 있다.

44 일본 요리에서는 재료를 써는 방법이 매우 중요하다. 바늘 두께로 써는 방법은?

① 와기리
② 하리기리
③ 나나메기리
④ 다마네기 미징기리

45 초밥 만드는 방법이 아닌 것은?

① 햅쌀보다는 묵은쌀로 한다.
② 쌀과 물의 비율은 1:1 로 맞춘다.
③ 밥은 충분히 식힌 후 배합초를 넣는다.
④ 배합초의 양은 밥의 1/10 정도로 한다.

해설 밥은 뜨거울 때 배합초를 넣도록 한다.

46 일식 다시 국물 만들기 중 다시마와 가쓰오부시로 최고의 맛과 향을 지닌 국물로 초회, 국물 요리, 냄비 요리 등 일본 요리 전반에 사용하는 다시 이름은?

① 이번 다시 ② 삼번 다시
③ 스이모노 ④ 일번 다시

정답 35. ④ 36. ① 37. ② 38. ② 39. ③ 40. ④ 41. ① 42. ④ 43. ④ 44. ② 45. ③ 46. ④

47 다음 중 일본 요리 이름이 잘못 연결된 것은?

① 소금구이 - 데리야키　② 달걀찜 - 자완무시
③ 냄비 요리 - 나베모노　④ 덮밥 - 돈부리

해설 데리야키는 간장양념구이이다.

48 튀김용 소스로 다시물과 간장, 설탕, 청주를 넣어 만든 것은?

① 폰즈소스　② 덴다시
③ 이배초　④ 배합초

해설 다시물 : 간장 : 설탕 : 청주 = 4 : 1 : 1 : 1/2 : 1/2

49 갑오징어 명란 무침을 바르게 설명한 것은?

① 갑오징어는 청주가 끓을 때 데쳐야 알코올이 휘발되어 비린내가 나지 않는다.
② 초회는 화려하고 계절감 있는 접시에 담아낸다.
③ 수분이 많을 경우 질척하여 명란 알과 오징어채가 잘 버무려지지 않으므로 수분 제거를 잘 하도록 한다.
④ 갑오징어의 속껍질은 쫄깃함을 위해 남겨 두도록 한다.

50 다음은 어떤 냄비 요리에 대한 설명인가?

> "곤부다시로 국물을 내며 진한 양념 맛을 내는 요리이다."

① 샤브샤브　② 스키야키
③ 도미냄비　④ 우동냄비

해설 샤브샤브나 도미냄비는 양념 없이 재료만 넣고 끓이는 냄비 요리이다.

51 일본의 튀김 음식을 잘못 설명한 것은?

① 덴뿌라 - 튀김옷을 입혀 튀긴 것
② 가라아게 - 재료에 양념을 한 후 튀김옷이 폭신폭신하게 튀겨낸 것
③ 스아게 - 재료 자체를 튀겨 내는 것
④ 돈까스 - 튀김옷으로 빵가루를 사용한 것

해설 가라아게 : 재료에 양념을 한 후 밀가루, 전분을 가볍게 묻혀 튀긴 것

52 튀김 요리 담는 방법으로 잘못 된 것은?

① 튀김 종이를 밑에 깔고 담는다.
② 같은 종류의 튀김은 한곳에 모아 담는다.
③ 닿는 면이 적게 하여 담는다.
④ 맛이 진한 재료는 안쪽에, 크고 길이가 긴 것은 바깥쪽으로 담아준다.

해설 크고 길이가 긴 것은 안쪽에, 맛이 진한 재료는 중앙에 배치한다.

53 구이에 어울리는 음식이 아닌 것은?

① 햇생강대　② 밤 조림
③ 레몬　④ 망고시미로

해설 망고시미로는 중국 요리의 후식

54 면발의 두께를 맞게 연결한 것은?

① 세면 〈 소면 〈 칼국수면 〈 중화면
② 소면 〈 칼국수면 〈 중화면 〈 우동면
③ 중화면 〈 소면 〈 칼국수면 〈 우동면
④ 세면 〈 소면 〈 칼국수면 〈 우동면

해설 세면 〈 소면 〈 중화면 〈 칼국수면 〈 우동면

55 녹차 밥에 들어가는 고명을 틀리게 설명한 것은?

① 김은 가늘게 채 썬다.
② 실파는 잘게 썬다.
③ 참깨는 고소하게 볶아 준다.
④ 매실 장아찌와 연어는 보기 좋게 통으로 올려 낸다.

해설 매실 장아찌는 씨를 제거하여 잘게 다지고 연어는 구워준 후 식혀서 살만 발라 준다.

56 덮밥 이름을 잘못 연결한 것은?

① 오야코동 - 소고기 볶음　② 덴동 - 튀김
③ 카츠동 - 돈까스　④ 우나동 - 장어구이

해설 오야코동(親子丼) - 닭과 달걀

57 배합초에 밥 비비는 방법이 잘못된 것은?

① 한기리는 초밥을 비비고 식히는데 사용되는 조리기구이다.
② 밥과 배합초는 사람의 체온인 36~37℃ 정도가 될 때까지 기다렸다 섞어준다.
③ 밥과 배합초의 비율은 10~15 : 1
④ 나무 주걱으로 자르듯이 밥알이 깨지지 않도록 섞는다.

해설 배합초는 밥이 뜨거울 때 넣어야 수분이 겉돌지 않는다.

58 초밥을 손이나 틀로 눌러 만든 것으로 쥔 초밥으로 불리는 것은?

① 하꼬즈시　② 니기리즈시
③ 이나리즈시　④ 지라시스시

해설
- 하꼬즈시(상자 초밥) : 사각의 나무상자를 만들어 초밥과 재료를 넣고 눌러 만드는 것
- 이나리즈시(유부 초밥) : 양념한 유부를 조려 만드는 것
- 지라시스시 : 넓게 편 밥 위에 초밥용 생선, 달걀지단, 박고지, 오보로, 초밥 생강 등을 보기 좋게 담아내는 것

정답 47. ① 48. ② 49. ③ 50. ② 51. ② 52. ④ 53. ④ 54. ④ 55. ④ 56. ① 57. ② 58. ②

59 알 초밥에 사용하지 않는 생선 알은 어느 것인가?

① 연어알 ② 성게알
③ 청어알 ④ 복어알

해설 복어알은 맹독성으로 사망에 이르게 하는 재료이다.

60 아카미, 주도로, 오도로는 어떤 생선의 명칭인가?

① 숭어 ② 연어
③ 광어 ④ 참치

해설 참치의 부위별 명칭

정답 59. ④ 60. ④

복어편 제 1 회 출제예상문제

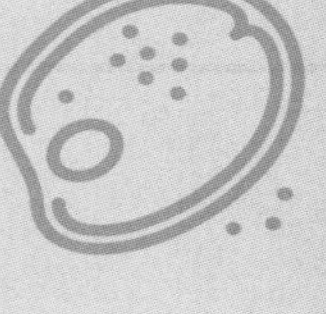

01 육류를 저온 숙성할 때 적합한 습도와 온도 범위는?

① 습도 85~90%, 온도 1~3℃
② 습도 70~85%, 온도 10~15℃
③ 습도 65~70%, 온도 10~15℃
④ 습도 55~60%, 온도 15~21℃

> 해설 저온숙성의 습도와 온도는 습도 85~100%, 온도 0~3℃에서 6~11일간 숙성한다.
> 고온숙성은 10~20℃ 온도에서 도살한 후 10시간까지 숙성한다.

02 식품 감별 중 아가미 색깔이 선홍색인 생선은?

① 부패한 생선 ② 초기 부패의 생선
③ 점액이 많은 생선 ④ 신선한 생선

03 고구마 가열 시 단맛이 증가하는 이유는?

① Protease가 활성화되어 ② Sucrase가 활성화되어
③ α-Amylase가 활성화되어 ④ β-Amylase가 활성화되어

> 해설 고구마의 전분이 β-amylase에 의하여 맥아당으로 전환되면서 단맛이 증가한다. 이 효소는 55℃가 최적 온도이다.

04 영양소에 대한 설명 중 틀린 것은?

① 영양소는 식품의 성분으로 생명현상과 건강을 유지하는 데 필요한 요소이다.
② 건강이라 함은 신체적, 정신적, 사회적으로 건전한 상태를 말한다.
③ 물은 체조직 구성요소로서 보통 성인 체중의 2/3를 차지하고 있다.
④ 조절소란 열량을 내는 무기질과 비타민을 말한다.

> 해설 열량소는 열량을 내는 단백질, 탄수화물, 지방을 말한다.

05 채소의 무기질, 비타민의 손실을 줄일 수 있는 조리 방법은?

① 데치기 ② 끓이기
③ 삶기 ④ 볶음

> 해설 수용성인 무기질, 비타민의 손실을 줄이기 위해서 기름으로 볶는 방법이 좋다.

06 제품의 제조 수량 증감에 관계없이 매월 일정액이 발생하는 원가는?

① 고정비 ② 비례비
③ 변동비 ④ 체감비

> 해설 고정비는 일정한 기간 동안 조업도의 변동에 관계없이 항상 일정액으로 발생하는 원가로 감가상각비, 노무비, 보험료, 제세공과금 등이 포함된다.

07 다음 중 발연점이 가장 높은 것은?

① 옥수수유 ② 라드
③ 버터 ④ 올리브유

> 해설 유지의 발연점은 포도씨유 250℃, 옥수수유 240, 버터 208℃, 라드 190℃, 올리브유 175℃이다.

08 음료수의 오염과 가장 관계 깊은 감염병은?

① 홍역 ② 백일해
③ 발진티푸스 ④ 장티푸스

> 해설 수인성 감염병에는 장티푸스, 파라티푸스, 콜레라, 세균성 이질, 아메바성 이질, 감염성 설사 등이 있다.

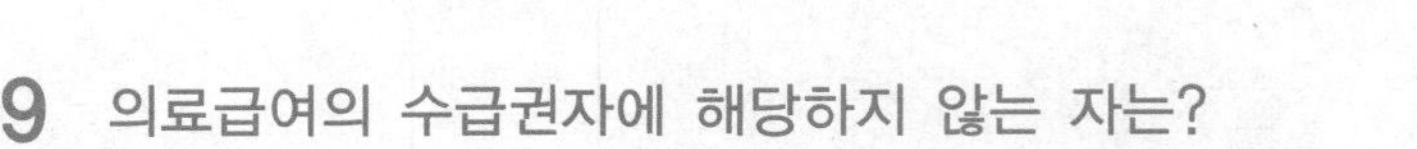

09 의료급여의 수급권자에 해당하지 않는 자는?

① 6개월 미만의 실업자
② 국민기초생활 보장법에 의한 수급자
③ 재해구호법에 의한 이재민
④ 생활 유지의 능력이 없거나 생활이 어려운 자로서 대통령령이 정하는 자

> 해설 실업자는 수급권자에 해당되지 않는다.

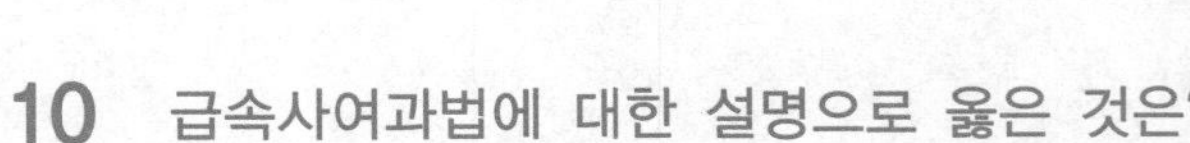

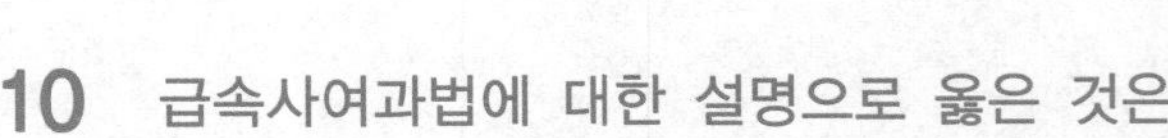

10 급속사여과법에 대한 설명으로 옳은 것은?

① 보통 침전법을 한다.
② 사면대치를 한다.
③ 역류세척을 한다.
④ 넓은 면적이 필요하다.

> 해설 급속사여과법 : 역류세척, 약품침전, 좁은 면적 필요

11 질산염이나 인 물질 등이 증가해서 오는 수질 오염 현상은?

① 수온 상승 현상
② 수인성 병원체 증가 현상
③ 부영양화 현상
④ 난분해물 축적 현상

> 해설 질산염이나 인 물질의 증가는 부영양화 현상으로 미생물수가 급격히 증가해 용존 산소량이 감소하므로 생물이 살기 힘들어진다.

정답 01. ① 02. ④ 03. ④ 04. ④ 05. ④ 06. ① 07. ① 08. ④ 09. ① 10. ③ 11. ③

12 다음 기생충 중 돌고래의 기생충인 것은?

① 유극악구충 ② 유구조충
③ 아니사키스충 ④ 선모충

해설 아니사키스충은 갑각류나 바다생선에 기생한다.

13 다음의 균에 의해 식사 후 식중독이 발생했을 경우 평균적으로 가장 빨리 식중독을 유발시킬 수 있는 원인균은?

① 살모넬라균 ② 리스테리아
③ 포도상구균 ④ 장구균

해설 포도상구균의 잠복기는 평균 3시간이다. 살모넬라는 평균 18시간, 리스테리아 1~70일, 장구균 5~10시간이다.

14 우리나라 식품위생법에서 정의하는 식품첨가물에 대한 설명으로 틀린 것은?

① 식품의 조리과정에서 첨가되는 양념
② 식품의 가공과정에서 첨가되는 천연물
③ 식품의 제조과정에서 첨가되는 화학적 합성품
④ 식품의 보존과정에서 저장성을 증가시키는 물질

해설 식품첨가물은 식품을 제조·가공 또는 보존하는 과정에서 식품에 넣거나 섞는 물질 또는 식품을 적시는 등에 사용되는 물질을 말한다.

15 식품 취급자가 손 씻는 방법으로 적합하지 않은 것은?

① 살균 효과를 증대시키기 위해 역성 비누액에 일반 비누액을 섞어 사용한다.
② 팔에서 손으로 씻어 내려온다.
③ 손을 씻은 후 비눗물을 흐르는 물에 충분히 씻는다.
④ 역성 비누 원액을 몇 방울 손에 받아 30초 이상 문지르고 흐르는 물로 씻는다.

해설 역성 비누는 보통 비누와 함께 사용하면 살균 효과가 떨어지므로 섞어서 쓰지 않도록 주의해야 한다.

16 소분업 판매를 할 수 있는 식품은?

① 전분 ② 식용유지
③ 식초 ④ 빵가루

해설 어육 제품, 식용유지, 특수용도 식품, 통 · 병조림 제품, 레토르트 식품, 전분, 장류 및 식초는 소분·판매하여서는 아니 된다.

17 다음 중 알칼리성 식품의 성분에 해당하는 것은?

① 유즙의 칼슘(Ca) ② 생선의 유황(S)
③ 곡류의 염소(Cl) ④ 육류의 산소(O)

해설 알칼리성 식품에는 우유, 대두, 채소, 해조, 고구마, 감자, 과일이 있다.

18 다음의 냉동 방법 중 얼음결정이 미세하여 조직의 파괴와 단백질 변성이 적어 원상 유지가 가능하며 물리적, 화학적, 품질 변화가 적은 것은?

① 침지동결법 ② 급속동결법
③ 접촉동결법 ④ 공기동결법

19 자가 품질 검사와 관련된 내용으로 틀린 것은?

① 영업자가 다른 영업자에게 식품 등을 제조하게 하는 경우에는 직접 그 식품 등을 제조하는 자가 검사를 실시할 수 있다.
② 직접 검사하기 부적합한 경우는 자가 품질 위탁 검사 기관에 위탁하여 검사할 수 있다.
③ 자가 품질 검사에 관한 기록서는 2년간 보관하여야 한다.
④ 자가 품질 검사 주기의 적용 시점은 제품의 유통기한 만료일을 기준으로 산정한다.

해설 자가 품질 검사 주기의 적용 시점은 제품의 제조일자를 기준으로 산정한다.

20 질병 예방 단계 중 의학적, 직업적 재활 및 사회 복귀 차원의 적극적인 예방 단계는?

① 1차적 예방 ② 2차적 예방
③ 3차적 예방 ④ 4차적 예방

해설 3차적 예방은 질병 발생 후 치료와 재활 단계를 말한다.

21 분뇨의 종말 처리 방법 중 병원체를 멸균할 수 있으며 진개 발생도 없는 처리 방법은?

① 소화 처리법 ② 습식 산화법
③ 화학적 처리법 ④ 위생적 매립법

해설 고온, 고압으로 충분한 산소를 공급하여 소각하는 처리법이다.

22 수질의 오염 정도를 파악하기 위한 BOD(생물학적 산소요구량)의 측정 시 일반적인 온도와 측정 기간은?

① 10℃에서 10일간
② 20℃에서 10일간
③ 10℃에서 5일간
④ 20℃에서 5일간

23 쥐가 매개하는 질병이 아닌 것은?

① 살모넬라증 ② 아니사키스충
③ 유행성 출혈열 ④ 페스트

해설 아니사키스충은 고래, 오징어의 기생충이다.

정답 12. ③ 13. ③ 14. ① 15. ① 16. ④ 17. ① 18. ② 19. ④ 20. ③ 21. ② 22. ④ 23. ②

24 횟감용 칼에 대한 관리법으로 잘못된 것은?

① 절단칼과 회칼은 용도에 따라 날 세우기를 달리 한다.
② 절단칼은 용도에 따라 무게와 크기를 선택하여 사용 한다.
③ 회칼의 연마 상태로 썰어 놓은 횟감의 식감을 구분하기는 쉽지 않다.
④ 절단칼과 회칼의 보관 상태에 따라 녹이 쓰는 것을 방지할 수 있다.

해설 회칼은 연마의 정도에 따라 썰어 놓은 생선살의 결이 달라진다.

25 숫돌의 사용 방법으로 옳지 않은 것은?

① 숫돌 사용 시 받침대나 젖은 행주를 깔아 숫돌이 밀리지 않도록 고정시켜 준다.
② 숫돌에 물이 닿으면 칼이 곱게 갈리지 않으므로 칼 갈기가 끝난 후에 물을 묻히도록 한다.
③ 숫돌을 사용 후에는 평평한 바닥이나 조금 거친 숫돌로 면 고르기를 해 준다.
④ 사용이 끝난 숫돌은 깨끗이 닦아 보관한다.

해설 숫돌은 사용 전 미리 물에 10~20분간 담가 충분히 물을 흡수시켜 주고 칼을 가는 중간에도 계속해서 물을 적셔 주어야만 지분이 생겨 부드럽게 갈린다.

26 복어 맑은 탕에 쓰이는 채소 선별법으로 맞는 것은?

① 파는 잎사귀가 싱싱하고 줄기는 굵고 뻣뻣한 것이 상품이다.
② 당근은 둥글고 마디가 없이 단단한 심이 없는 것이 좋다.
③ 미나리는 산뜻한 녹색을 띠고 뿌리가 없는 것이 사용하기 좋다.
④ 배추 잎에 검은 점이 있거나 벌레 먹은 자국이 있는 것은 유기농이라 좋은 상품이다.

27 도마의 종류에 따른 관리법으로 옳은 것은?

① 도마는 육류, 어류, 채소류, 과일류에 따라 구분하여 사용한다.
② 나무도마 - 천연 재료로 만들어 세척만 잘 하면 오래 사용 가능하다.
③ 유리도마 – 위생적이고 칼자국이 남지 않으나 음식의 색이나 냄새가 남아 있다.
④ 플라스틱 도마 - 가격이 저렴하나 흠이 생기지 않고 세균에 강하다.

해설 도마는 재료에 따라 구분, 사용하는 것이 위생적이다.

28 채소 썰기의 방법이 적당하지 않은 것은?

① 표고버섯 모양내기 – 홈을 파서 별 모양을 내는 것
② 눌러 썰기 - 두께가 있는 채소를 써는 방법의 하나로, 왼손으로 칼끝을 가볍게 누르고 오른손을 상하로 움직여 누르듯 하면서 써는 것
③ 저며 썰기 - 칼을 뉘어서 재료에 넣은 다음 안쪽으로 잡아 당기는 듯한 동작으로 얇게 써는 것
④ 어슷 썰기 - 무, 연근과 같이 길고 부피있는 채소를 적당한 두께로 써는 것

해설 어슷 썰기는 오이, 당근, 파 등 가늘고 길쭉한 재료를 칼을 옆으로 비껴 적당한 두께로 어슷하게 써는 방법이다.

29 폰즈 소스에 들어가지 않는 재료는?

① 간장 ② 식초
③ 고춧가루 ④ 레몬

해설 폰즈 소스는 가다랑어 포, 다시마, 식초, 간장, 레몬 등으로 만들 수 있다.

30 복어의 저장, 관리법으로 맞지 않는 것은?

① 복어는 어획 직후에 유독 부위를 제거하고 동결시킨다.
② 급속 동결법으로 냉동시킨 후 저온(-18℃ 이하)으로 온도를 일정하게 유지하여야 한다.
③ 동결 보관 중 수분이 증발하여 고기에 스펀지 현상이 나타날 경우 복어독이 근육부로 쉽게 이행되므로 주의하여야 한다.
④ 실온에서 해동하는 경우는 완전 해동 상태에서 내장 등 유독 부위를 제거하여야 한다.

해설 실온에서 해동하는 경우는 반해동 상태에서 내장 등 유독 부위를 제거하여야 하며, 내장 등 유독 부위를 포함한 채 완전 해동을 하는 것은 안 된다.

31 복어의 가식 부위로 맞는 것은?

① 내장, 뼈, 껍질 ② 알, 머리, 지느러미
③ 몸살, 정소, 눈알 ④ 입, 지느러미, 정소

해설 가식 부위 : 입, 머리, 몸살, 뼈, 겉껍질, 속껍질, 지느러미, 정소

32 복어 손질법으로 맞지 않는 것은?

① 겉껍질은 잘 드는 칼로 가시를 밀어 제거하여 끓는 물에 데친 후 사용한다.
② 손질한 복어는 찰진 식감을 위해 물에 살짝 씻어 부위별로 분류한다.
③ 안쪽 껍질은 강한 불에 3~5분간 삶아 익힌 다음 찬물에 식혀 사용한다.
④ 복어의 독성 부위는 음식물쓰레기가 아닌 폐기용 용기에 담는다.

해설 손질한 복어는 흐르는 수돗물에 5~6시간 동안 담가두어 피를 제거하고 철저한 해독 작업을 한다.

33 복어 중독 증상에서 "골격근의 완전 마비로 운동이 불가능하며 호흡 곤란과 혈압이 떨어지고 언어 장애 등으로 의사 전달이 안 된다. 반사 작용은 있지만 의식 불명의 초기 증상"이 나타나는 단계는 어떤 단계인가?

① 제1도 중독의 초기 증상 ② 제2도 불완전 운동 마비
③ 제3도 완전 운동 마비 ④ 제4도 의식 소실

정답 24. ③ 25. ② 26. ② 27. ① 28. ④ 29. ③ 30. ④ 31. ④ 32. ② 33. ③

34 복어 살의 숙성시간으로 가장 좋은 것은?

① 4℃(48시간 이상)
② 12℃(20~36시간)
③ 20℃(24~36시간)
④ 4℃(24~36시간)

해설 4℃(24~36시간), 12℃(20~24시간), 20℃(12~20시간)

35 복어 맑은 탕에 들어가는 부재료 손질법으로 틀린 것은?

① 미나리는 마디가 없고 깨끗한 부분으로 골라 가지런히 정리해 달걀물을 입혀 초대로 만들어 탕에 올린다.
② 당근은 지리에 사용하는데, 살짝 삶아서 벚꽃 모양으로 모양을 내서 자른다.
③ 대파는 지리나 탕에 사용하며 5~8cm 정도로 어슷썰기를 한다.
④ 표고버섯은 갓의 중앙에 칼집을 내서 별 모양을 만든다.

해설 미나리 초대는 주로 한식에 사용하는 고명이다.

36 다음 중 복어술이 아닌 것은?

① 복어 복떡술　② 복어 지느러미술
③ 복어 정소술　④ 복어 살술

해설 복떡은 노릇하게 구워 복지리에 넣어 먹는다.

37 복어 껍질 손질법으로 적당하지 않은 것은?

① 복어 껍질은 굵은 소금으로 문질러 씻어 맑은 물에 헹군다.
② 복어 속껍질엔 가시가 많으므로 칼날을 눕혀 제거한다.
③ 복어 겉껍질은 끓는 물에 데친 후 얼음물에 넣어 식혀서 사용한다.
④ 복어 껍질을 초회용으로 썰 때에는 씹히는 식감이 좋도록 가늘게 채 썬다.

해설 복어는 겉껍질에 가시가 있다.

38 복어 술찜 재료를 용기에 담는 순서로 맞는 것은?

① 두부 → 대파 → 표고 → 팽이 → 다시마 → 당근 꽃 → 무 → 배추말이 → 죽순 → 미나리 → 복어
② 다시마 깔기 → 배추말이 → 두부 → 무 → 대파 → 죽순 → 표고 → 당근 꽃 → 복어
③ 복어 → 두부 → 무 → 대파 → 죽순 → 표고 → 팽이 → 당근 꽃 → 미나리 → 배추말이 → 다시마
④ 다시마 깔기 → 복어 → 두부 → 무 → 대파 → 죽순 → 표고 → 팽이 → 당근 꽃 → 배추말이

해설 다시마를 맨 아래 깔아 감칠맛을 주고 복어는 맨 위쪽으로 보기 좋게 배치한다. 미나리는 마지막에 뜸들이기 전에 넣는 것이 좋다.

39 품질 좋은 다시용 멸치를 고르는 방법은?

① 등이 적자색이며 기름진 것
② 검붉은 색이 많은 것
③ 등이 푸르고 은빛이 나는 것
④ 생선 특유의 시큼한 바다냄새가 나는 것

해설 품질이 좋은 것은 기름기가 배지 않고, 등이 푸르고 잘 말려진 것

40 복어와 바지락에서의 식중독 독성 물질을 맞게 연결한 것은?

① 테트로도톡신, 아플라톡신
② 삭시톡신, 베네루핀
③ 무스카린, 삭시톡신
④ 테트로도톡신, 베네루핀

해설 아플라톡신은 땅콩 등의 견과류, 삭시톡신은 섭조개, 무스카린은 버섯의 독성분이다.

41 식품접객업소의 위생기준 및 규격에 의한 조리용 도구의 미생물 규격으로 맞는 것은?

① 포도상구균 음성, 대장균 음성
② 살모넬라 음성, 대장균 양성
③ 포도상구균 음성, 곰팡이균 양성
④ 대장균 음성, 살모넬라 양성

해설 조리용도구는 미생물균이 음성이어야 한다.

42 콩으로 만든 식품 중 발효 과정이 있는 것은?

① 두부　② 유부
③ 땅콩버터　④ 된장

해설 된장은 대표적 발효식품이다.

43 돼지고기의 비타민 B_1의 흡수를 돕는 식품과 성분을 맞게 나열한 것은?

① 무 - 디아스타아제　② 상추 - 락투신
③ 파 - 인　④ 마늘 - 알리신

44 생선 손질법으로 틀린 것은?

① 흐르는 물에 씻는다.
② 10% 소금물에 담근다.
③ 표면의 점액질을 깨끗하게 씻어낸다.
④ 칼집을 낸 후에는 안 씻는 편이 좋다.

해설 소금물의 농도는 2~3%가 좋으나 가능한 흐르는 물로 씻는 것이 좋다.

정답 34. ④　35. ①　36. ①　37. ②　38. ②　39. ③　40. ④　41. ①　42. ④　43. ④　44. ②

45 생선 튀김 시 기름에서 푸른 연기가 나기 시작하는 것은?

① 용해점 ② 발화점
③ 발연점 ④ 연화점

46 하수 오염도 측정 시 BOD(생화학적 산소요구량)를 결정하는 요인은?

① 하수량 ② 광물질량
③ 경도 ④ 유기물질량

해설 BOD가 높으면 유기물이 잔류하게 되므로 오염도가 높게 나타난다.

47 다음 중 음식물과 상관없는 감염병은?

① 일본뇌염 ② 대장균 식중독
③ 장염 비브리오 ④ 콜레라

해설 일본뇌염의 경우 매개체는 모기임

48 질병 감염 후 면역력이 생기는 것은?

① 유행성 독감 ② 유행성 이하선염
③ 세균성 이질 ④ 장염

해설 감염에 의한 면역이 획득되는 질병 : 홍역, 수두, 백일해, 성홍열, 발진티푸스, 장티푸스, 페스트, 황열, 콜레라

49 식품 제조 시 거품 발생을 제거하기 위해 사용되는 첨가물은?

① 발포제 ② 착색제
③ 소포제 ④ 발색제

50 장염 비브리오 식중독균을 설명한 것으로 틀린 것은?

① 어패류에 존재하는 세균이다.
② 그람양성균으로 아포를 생성한다.
③ 3%의 소금물에 담가놓은 생선에서 발견된다.
④ 설사와 두통이 심하다.

해설 그람음성균으로 아포가 없다.

51 조리장의 조명 불량으로 발생하는 질환이 아닌 것은?

① 근시 ② 결막염
③ 안정피로 ④ 안구진탕증

해설 결막염이란 세균, 바이러스, 진균 등의 미생물과 꽃가루나 화학 자극 등 환경적 요인에 의해 결막에 염증이 생긴 상태를 말한다.

52 조개 맛을 내는 조미료에 첨가되는 것은?

① 안식향산 나트륨 ② 글루타민산 나트륨
③ 구연산 나트륨 ④ 호박산이나트륨

해설 안식향산은 보존제, 글루타민산은 다시마의 정미성분, 구연산은 pH조정제로 사용된다.

53 벼의 왕겨층을 제거하고 배아, 배유, 섬유소를 포함하고 있는 것은?

① 백미 ② 5분도미
③ 찹쌀 ④ 현미

54 생선류가 자가 소화를 일으키며 부패하는 이유는?

① 호렴성 세균 ② 산가가 높다.
③ 질소 함량이 높다. ④ 단백질 분해 효소

55 꽃 부분을 식용하는 채소는?

① 두릅 ② 파슬리
③ 아스파라거스 ④ 아티쵸크

해설 식용 가능한 화채류는 브로컬리, 아티쵸크, 컬리플라워

56 물품의 검수, 저장에 필요한 집기류는?

① 대형 보울 ② 대형 계량컵
③ 저울, 온도계 ④ 손 세정제

57 무기질 함유량이 많고 배추 절이기, 젓갈 담기에 사용되는 소금의 종류는?

① 정제염 ② 호렴
③ 맛소금 ④ 죽염

해설 호렴(천일염)

58 유지류의 조리 특성과 관계가 없는 것은?

① 밀가루의 연화작용 ② 글루텐 형성
③ 유화작용 ④ 열 전달체 역할

해설 유지류는 글루텐 형성을 방해한다.

59 다음 중 고유의 향미 성분이 생기는 방식이 다른 것은?

① 생선구이 ② 커피
③ 너비아니 ④ 와인

해설 와인의 향미는 발효 과정에서 생긴다.

60 자외선의 측정 단위로 맞는 것은?

① kg ② ℃
③ dB ④ Å

정답 45. ③ 46. ④ 47. ① 48. ② 49. ③ 50. ② 51. ② 52. ④ 53. ④ 54. ④ 55. ④ 56. ③ 57. ② 58. ② 59. ④ 60. ④

2020년 최단기완성

조리기능사 필기시험문제 총정리

발 행 일 2020년 2월 20일 초판 1쇄 발행
2020년 4월 21일 초판 2쇄 발행

저　　자 박 순

발 행 처  

발 행 인 이상원

신고번호 제 300-2007-143호

주　　소 서울시 종로구 율곡로13길 21

대표전화 1566-5937, 080-850-5937

팩　　스 02) 743-2688

홈페이지 www.crownbook.com

I S B N 978-89-406-4230-6 / 13590

특별판매정가 15,000원